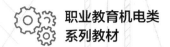

职业教育机电类
系列教材

UG NX 12.0
实例教程

微课版

钟奇 韩立兮 李俊文 / 编著

ELECTROMECHANICAL

人民邮电出版社
北京

图书在版编目（CIP）数据

UG NX 12.0 实例教程：微课版 / 钟奇，韩立兮，
李俊文编著. -- 3版. -- 北京：人民邮电出版社，
2021.12
职业教育机电类系列教材
ISBN 978-7-115-57333-9

Ⅰ. ①U… Ⅱ. ①钟… ②韩… ③李… Ⅲ. ①计算机
辅助设计－应用软件－职业教育－教材 Ⅳ. ①TP391.72

中国版本图书馆CIP数据核字(2021)第182232号

内 容 提 要

本书通过大量实例，介绍了 UG NX 12.0 环境下产品三维模型构建、三维装配、运动仿真、有限元分析及工程图的建立等相关内容，目的是让读者了解现代机械产品自顶向下设计的全过程。本书将作者多年工程设计与教学实践的经验提炼出来，为读者提供一个学习 UG 的优秀平台。

全书共 6 章，内容包括 UG NX 12.0 简介、建模基础、一般实体三维建模实例、复杂三维模型构建、产品设计装配、工程图等，涵盖了现代机械产品设计所需要的基本知识。各章内容衔接紧密、实例丰富，内容由浅入深、层次分明、条理清晰。

本书可作为本科院校、高职高专院校、相关培训学校的机械类及相关专业的教材，也可作为工程技术人员、UG 爱好者的学习与参考用书。

◆ 编　著　钟　奇　韩立兮　李俊文
责任编辑　王丽美
责任印制　彭志环

◆ 人民邮电出版社出版发行　北京市丰台区成寿寺路 11 号
邮编　100164　电子邮件　315@ptpress.com.cn
网址　https://www.ptpress.com.cn
保定市中画美凯印刷有限公司印刷

◆ 开本：787×1092　1/16
印张：16.75　　　　　　　2021 年 12 月第 3 版
字数：404 千字　　　　　2021 年 12 月河北第 1 次印刷

定价：56.00 元

读者服务热线：(010)81055256　印装质量热线：(010)81055316
反盗版热线：(010)81055315
广告经营许可证：京东市监广登字 20170147 号

前言

UG 作为 CAD/CAM 四大主流工程软件（I-DEAS、UG、Pro/ENGINEER 和 CATIA）之一，其应用越来越普遍，已在航空航天、汽车、通用机械、工业设计、玩具设计、医疗器械等领域得到了广泛的应用。

随着智能制造技术在我国的推广应用，使用现代工程软件进行机械产品的设计、仿真、分析、加工制造，成为今后主要的发展趋势。UG 就是这些工程软件的重要代表，因此，编写一本优秀的 UG 教材就显得十分重要。

本书作者从事 UG 教学与 UG 应用工作多年，具有丰富的教学经验与工程实践经验，完成了大量与 UG 相关的科研与教研工作，培养了大量 UG 应用人才。本书汇集了作者们多年的教学与应用经验。

本书的主要特点如下。

1．面向工程实践与工程应用，所有实例贴近工程实际。

2．从模型构建原理、构建方法及 UG 命令的使用方法 3 个方面入手，通过理论与实例相结合的方式，展示不同命令在不同应用场合下的使用方法与技巧，目的是让读者知其然，也知其所以然，从而达到触类旁通的目的。

3．实例安排由易到难、循序渐进。不同实例中提供了大量的操作技巧与操作方法，让读者更加容易理解 UG 各种命令的使用方法，从而提升读者学习的效率与兴趣。

4．教学资源配套齐全，每章都有练习题，难点、重点有视频，读者可以使用手机等移动终端扫描二维码播放，也可到人邮教育社区（www.ryjiaoyu.com）下载更加详细的视频、UG 原模型、教学 PPT、教学大纲、模拟试卷等教学资源，还可以在学习通、超星等媒体上下载资料、学习课程、解惑答疑等。

5．内容涵盖知识面宽，可满足机械工程、机械电子、工业设计、数控技术、汽车制造、玩具设计、航空航天等各专业的学习需要。

由于 UG 命令种类较多，本书采用每讲解一个实例，就详细介绍该命令的使用，而后续碰到同样命令时，不再进行详细解释的教学方式，因此，读者在学习过程中，要按照章节顺序学习。本书选择的实例难易适中，成书前经教学实践证明，效果良好。

学习本书时，各教师应该根据本校的教学情况对书中章节进行取舍，对于本科院校，参考学时在 48～64 学时；对于高等职业院校或专科学校，参考学时在 64～80 学时。

本书由钟奇、韩立兮、李俊文编著。

由于作者水平有限，书中不足之处在所难免，敬请从事 UG 软件应用和研究的人员及广大读者批评指正。

编著者
2021 年 5 月

目录

二维码目录

第 5 章

第 6 章

第 1 章

UG NX 12.0 简介

早期的 UG 是美国 EDS 公司推出的集成开发系统。EDS 公司后来经过多次并购，于 2003 年更名为 UGS 公司。2007 年，西门子股份公司完成对 UGS 公司的收购，次年发布 UG（Unigraphics）NX 6.0。它是 Siemens PLM Software 公司出品的一种产品工程解决方案，为用户的产品设计及加工过程提供了数字化建模和验证手段，集 CAD（计算机辅助设计）、CAM（计算机辅助制造）、CAE（计算机辅助工程分析）于一身。UG 与 I-DEAS、Pro/ENGINEER 和 CATIA 并称为全球最具影响力的四大工程软件。其中的 NX 表示 EDS 公司新一代 MCAD 软件的总称。目前，UG 已经发展到 NX 12.0 版本。本书就以 NX 12.0 版本为依据，对 UG 进行讲解。UG NX 12.0 与 UG NX 10.0 及 UG NX 11.0 等版本有相似之处，学习其他版本时也可用本书作为参考。

UG 软件功能强大，功能模块多，应用范围十分广泛。随着我国智能制造行业的不断发展，制造自动化、生产无纸化将会进入实现阶段，UG 软件的现代化产品设计及智能制造功能将得到极大展现，将有越来越多的行业使用该软件从事产品设计与产品生产工作。

UG 适用于机械、汽车、船舶、建筑、模具设计、电气等不同行业，可完成的工作包括产品设计、机械加工、模具设计与分析、电气布线、运动仿真、有限元分析、生产线设计等。本书只以机械设计制造、模具设计制造、机械产品加工、工程图设计、运动仿真与有限元分析等内容为重点进行介绍。

本章重点介绍 UG 的基本知识，让初学者对 UG 有基本认知，熟悉 UG 的工作环境与界面，并学会基本操作。其中，对 UG 界面，初学者应重点熟悉以下内容。

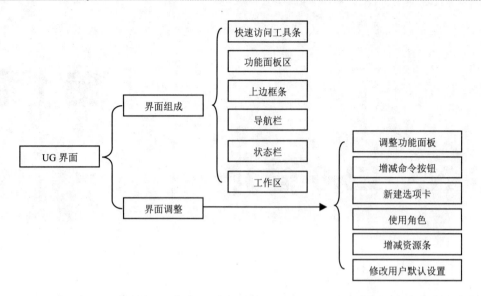

为了方便后续使用，本章还重点讲解了 UG 中常用的一些概念及基本操作，主要内容如下。

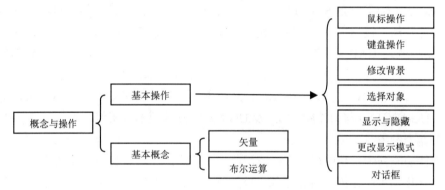

通过对本章的学习，读者应能掌握 UG 的基本操作，熟悉 UG 界面的调整方法，以方便后续操作。

1.1 认识UG

能力目标

1. 掌握 UG 界面的基本组成、各选项卡的组成及排列方式。
2. 掌握导航栏的操作。

UG 启动后，将进入 UG 界面。图 1-1 所示为 UG NX 12.0 的界面。在界面菜单中选择"文件"→"新建"命令或单击"主页"面板中的"新建"按钮 ，打开"新建"对话框。该对话框有"模型""船舶整体布置""DMU（数字样机）""图纸""布局""仿真""增材制造""加工生产线规划器""加工""检测""机电概念设计""冲压生产线""生产线设计""船舶结构"共 14 个面板。默认面板是"模型"，选择"模型"面板"名称"列表框中的"模型"选项，然后在"新文件名"区"文件夹"文本框处修改文件保存路径，再在"名称"文本框输入适当的文件名，单击"确定"按钮，进入 UG NX 12.0 的基本建模环境中。

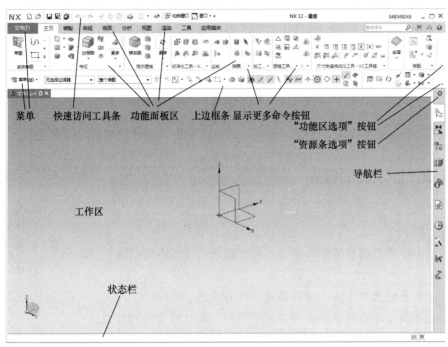

图 1-1　UG NX 12.0 的界面

这里需要说明一下，在 UG 早期版本中，文件名及保存文件的路径名均只能使用英文，从 UG NX 10.0 版本开始，才可以使用中文文件名及路径名。

在打开的界面中可以看到，UG 的界面分为以下内容。

1．快速访问工具条

快速访问工具条在整个界面的最上方。可以通过单击最右侧的"工具条选项"按钮 ▼ 增加或减少快速访问工具条（简称工具条）内容，在弹出的下拉菜单中选中或取消选中相应项，则能增加或取消工具条中的工具项，使快速访问工具条中的命令按钮数量增加或减少。

如果需要，可以取消工具条的显示，方法是：在功能面板右侧空白处右击，在弹出的快捷菜单中取消选中"快速访问工具条"选项（即通过单击使选项前面的"√"消失）即可隐藏该工具条，若选中该选项（即通过单击使选项前的"√"出现）则可重新显示该工具条。

2．功能面板区

功能面板区是界面中的选项卡区，由于每个选项卡中有大量的功能命令，因此习惯称为功能面板。功能面板区如图 1-1 所示，常用的功能面板包括主页、装配、曲线、曲面、分析、视图、渲染、工具、应用模块等。根据需要，可以添加或减少功能面板数量，方法和工具条的显示与隐藏相同，即右击选项卡最右侧的空白处，在弹出的快捷菜单中选中相应的面板名称即可显示，取消选中则隐藏对应已显示的功能面板。

3．上边框条

如图 1-1 所示，上边框条提供了常用的操作工具，自左至右分别是菜单、选择、视图 3 个区域，其中选择区最为复杂，又包括过滤方式、选择范围、查找、选择方式等。

4. 导航栏

导航栏是特殊工具栏，提供了装配、约束、部件、重用库、历史记录等重要工具，并且在不同环境下，导航栏内容会随之变化，以适应不同操作需求。可以单击图 1-1 所示"资源条选项"按钮⚙来设定导航栏放置在工作区的左侧或右侧，也可通过该功能设置"锁住"来锁定或取消锁定导航栏。

5. 状态栏

状态栏也叫提示行或状态行，在界面的最下方，用来显示操作过程的提示或操作状态信息。

6. 工作区

工作区用于为三维建模、装配、仿真、有限元分析等各种功能提供主要操作区。

1.2 UG 界面调整

能力目标

1. 掌握 UG 界面调整的基本方法，包括显示或隐藏各命令按钮、添加选项卡。

2. 掌握角色的使用方法，学会新建与保存角色。

3. 学会添加资源条的方法，并能对常用用户默认设置进行修改。

UG 界面调整

当进行操作时，一个好的操作界面会让设计工作事半功倍，UG 提供了用户可以根据需要随意调整界面的强大功能。虽然 UG NX 12.0 已经将不同命令进行归类，用功能面板的形式展现出来，但不一定符合每个用户的使用习惯。因此，用户可根据自身习惯及需要，对操作界面进行调整。下面介绍如何进行界面调整。

1. 功能面板的调整

功能面板的增减，可根据任务需要经常进行调整。其调整方法如下所述。

在功能面板右侧空白处右击，会弹出快捷菜单，其中包括主页、装配、曲线、曲面、逆向工程等选项。根据需要，选中或取消选中其中一个选项，可以显示或隐藏对应的功能面板。

对于同一功能面板，布局是分区进行的，将不同用途的命令放在同一区域，方便用户选用。由于所有功能面板的布局类似，下面以"主页""曲线"两个面板为例，说明功能面板的情况。

（1）"主页"面板

图 1-2 所示为"主页"面板上的命令分布情况。

图 1-2 "主页"面板布局

从图 1-2 可以看到，"主页"面板中从左到右包括"直接草图""特征""同步建模""齿轮""弹簧"等多个区的内容。这些内容的命令项可以通过单击右侧的"功能区选项"按钮来添加或减少，方法就是单击"功能区选项"按钮后，弹出下拉菜单，选中其中某项，则会在功能面板区显示与这项相关的命令，反之，取消选中则隐藏相关命令。

（2）"曲线"面板

图 1-3 所示是"曲线"面板上的命令分布情况。

图 1-3 "曲线"面板布局

其他面板的布局形式与以上面板形式一样，只是不同面板的功能不同，命令项不同。

但从上面两个面板可以看到，有时有重叠现象，如"主页"面板中有"直接草图"区，在"曲线"面板中也有"直接草图"区，这主要是为了方便用户使用而重复布局。用户可以根据自己工作的需要与习惯，建立自己特有的面板。

2. 命令按钮的增减

有时，我们需要的命令在功能面板中没有显示出来，可以自行添加，如在"主页"面板的"特征"区中，一般不会显示"变换"命令，该命令是早前版本常用命令，为了增加该命令到"特征"区中，可以这样操作：

在任意工具条上右击，弹出快捷菜单，选择"定制"命令，弹出图 1-4 所示"定制"对话框。在"定制"对话框的"命令"选项卡"类别"列表框中，选择"菜单"→"编辑"选项，然后在右侧显示的"项"列表框中找到"变换"按钮 ⚙，然后移动鼠标指针使其指向该按钮，按住鼠标左键拖动该按钮到"特征"区，松开鼠标后，"变换"按钮就添加到这个面板上了，如图 1-5 所示。

图 1-4 "定制"对话框

图 1-5 添加的"变换"按钮

3. 新建选项卡

在图 1-4 所示的"定制"对话框中，打开"选项卡/条"选项卡，单击右侧的"新建"按钮，弹出"新建卡属性"对话框，输入名称，单击"确定"按钮后，就可以建立自己需要的选项卡，然后按上面增加命令按钮的方式添加按钮，就可以创建自己需要的面板，如图 1-6 所示。

图 1-6　添加选项卡与面板

如果想删除自己建立的选项卡，只需要在图 1-4 所示的"定制"对话框的"选项卡/条"选项卡中，找到要删除的选项卡名并将其选中，然后单击右侧的"删除"按钮即可。

通过对选项卡的定制，可以更好地满足和适应用户需求。

4. 新建角色

角色是 UG 中提供的保存用户界面的方法，其目的是为不同用户保存满足自己需求的界面形式。UG 提供了一些角色，可供用户使用，但如果用户对这些提供的角色不满意，也可以自己建立新的角色。

在导航栏中，单击"角色"按钮，展开"角色"面板，其中有"内容""演示"等文件夹选项，选择"内容"选项，会显示系统自带的几种"角色"模式，如图 1-7 所示。单击其中一个角色按钮，可以看到用户界面会发生相应的变化。默认情况下是使用了高级角色，也有 CAM 高级功能、CAM 基本功能、基本功能等其他角色选项。用户可以在该面板下方的空白处右击，然后在弹出的快捷菜单中选择"新建用户角色"命令，会弹出"角色属性"对话框，输入角色名称，并单击"位图"处的"浏览"按钮，找一张合适的位图，单击"确定"按钮完成新角色的建立。结果存放在图 1-7 所示的"用户"文件夹选项处，单击"用户"就可以看到刚才建立的角色，角色在 UG 系统中是以扩展名".mtx"保存的。右击自建角色，在弹出的快捷菜单中选择"保存角色"命令，就可以将该角色保存下来，供今后需要时使用。

图 1-7　"角色"面板

自建的角色保存后，也可提供给其他 UG 用户使用，方法是将保存的角色文件"××.mtx"复制到对方计算机的某文件夹中，然后选择"菜单"→"首选项"→"用户界面"选项，在弹出的"用户界面首选项"对话框中，单击"角色"选项，在面板右侧单击"加载角色"按钮，找到保存的角色文件，即可将保存的角色加载进来，重新启动 UG，将使用保存的角色作为用户界面。

5. 新建或添加资源条

资源条指右侧导航栏中的不同按钮所对应的资源项，如图 1-7 右侧的"装配导航器"、"约束导航器"、"部件导航器"、"重用库"等。如果需要，可以自己新建资源条，只需要单击"历史记录"、"Process Studio"、"加工向导"或"角色"4 个按钮中的任意一个，然后在展开的面板的空白处右击，在弹出的快捷菜单中选择"新建资源板"命令，则可将一个新的资源板添加在导航栏最下方。然后单击这个新建的资源板，再在空白处右击，在弹出的快捷菜单中选择"新建条目"命令，就可以添加相关内容。

如果想删除这个新建的资源板，可以按下述方法，单击上面介绍的 4 个按钮中的任意一个，然后在展开的面板的空白处右击，在弹出的快捷菜单中选择"定制"命令，弹出"资源板"对话框，如图 1-8 所示。选择自己建立的资源板，如图 1-8 中的"palette2"，然后单击右侧的"关闭"按钮 ✕，即可删除该资源板。

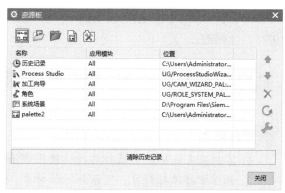

图 1-8 "资源板"对话框

如果想将系统已有的或自建的资源板加入导航栏，可以在图 1-8 所示的对话框中单击"打开资源板"按钮 📂，找到相关文件，即可在导航栏中加入该资源板。一般情况下，UG 中没有在导航栏中显示制图模板，为此，可按以下方法加载。步骤是：在图 1-8 所示的对话框中单击"打开资源板"按钮 📂，在弹出的"打开资源板"对话框中单击"浏览"按钮，找到 UG 安装目录下的文件（Siemens\NX 12.0\LOCALIZATION\prc\simpl_chinese\startup\ugs_drawing_templates_simpl_chinese.pax），然后单击"确定"按钮，就完成了制图模板的加载，并可在右侧导航栏中显示"图纸模板（公制）"按钮 🗂，这样就可以方便制作工程图。

读者如果有需要，可以新建或打开已有的资源板，以方便使用。

6. 用户默认设置

UG 中提供了"用户默认设置"这一工具，可以让用户方便地按照自己的需要设置操作时的各项参数，有的参数要求符合国家标准，有的则是符合个人习惯，其操作过程如下。

（1）启动 UG 后，选择"菜单"→"文件"→"实用工具"→"用户默认设置"命令，打开"用户默认设置"对话框，如图 1-9 所示。

图 1-9 "用户默认设置"对话框

（2）在左侧列表框中选择"制图"→"常规/设置"选项，则右边将更改为与之相关的选项卡。如图 1-9 所示，选择"标准"选项卡，在"制图标准"下拉列表框中选择"GB"，单击"定制标准"按钮，弹出"定制制图标准-GB"对话框，选择"常规"→"标准"选项，在右侧面板上将"基准符号显示"由原来的"中国国家标准"修改为"正常"，这样就使制作工程图时的基准符号符合最新的国家标准。然后单击"另存为"按钮，在弹出的对话框中输入标准名称"GB_myself"，单击"确定"按钮完成操作，重新启动 UG 后刚才的修改才可生效。

上面仅介绍了用户默认设置的一个修改实例，在后续的学习中，会对多种用户默认设置进行具体修改。

1.3 UG 的操作特征

 能力目标

1. 掌握在 UG 环境下鼠标的特殊使用方法。
2. 熟练掌握选择对象、显示与隐藏对象、修改对象颜色等方法。

UG 的操作特征 1

UG 的操作特征 2

每一种软件都有自己的操作风格和特征，使用 UG 操作时，经常出现各种对话框、浮动工具条等，在很多情况下，UG 的对话框与浮动工具条有些共性，掌握这些共性，有利于快速掌握 UG 的操作。另外，不同软件有不同的快捷操作方式，UG 在这方面是比较突出的，为此本节也对常用快捷操作进行了介绍。

1.3.1 常用操作

1. 鼠标使用

UG 中鼠标有特殊的用法，因此，在学习 UG 时，首先要掌握鼠标的特殊用法。如图 1-10 所示，鼠标有左、中、右 3 个键，分别称为 MB1、MB2、MB3。在使用鼠标时，左键的操作分为单击、双击（连击两下）与按住左键拖动 3 种；中键的操作分单击、滚动、拖动 3 种；右键的操作分为右单击（简称右击）和右长按 2s 再移动（简称右长按）。

（1）左键操作

一般情况下，左键单击用于选择对象、执行命令等操作；左键双击则用于进行对象回滚编辑（即对对象进行修改）；左键拖动一般可用于框选对象。

（2）中键操作

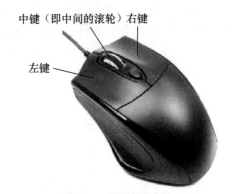

图 1-10　鼠标的 3 个键

中键滚动可对视图进行缩放；按住中键拖动，可旋转对象；按住中键同时按住右键拖动，可移动对象；按住中键、左键并同时拖动鼠标，也可缩放对象；单击鼠标中键，相当于单击"确定"按钮，特别是在 UG 的很多操作中，如对话框出现后，各种按钮不可用，此时往下的操作就是单击鼠标中键。

（3）右键操作

右击会弹出快捷菜单，当鼠标在不同位置右击时，弹出的快捷菜单不同。当快捷菜单弹出后，单击左键可执行其中的命令。长按右键会弹出图标菜单，如图 1-11 所示。此时，按住右键将鼠标拖动到不同的图标上，松开右键，就可以执行相应图标所对应的命令。如移动至

"艺术外观"图标●上松开，就会使界面以艺术外观的形式显示；移动到"适合窗口"图标■上松开，就会使工作区中所有对象显示在屏幕中央。对于初学者，有时自己作了图后，反复旋转与移动窗口中的图像，可能会找不到自己想要图像的位置，此时，可以执行"适合窗口"命令，系统会将对象显示在窗口中央。

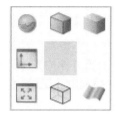

图 1-11　长按右键时出现图标菜单

注意

　　在不同对象上右长按，显示的图标菜单与图 1-11 会不一样，只有在工作区中空白位置右长按才会出现图 1-11 所示菜单。

　　单击左键也会出现菜单，单击的位置不同，显示的菜单内容也不同，当在工作区的空白位置单击左键时，会出现常用的命令，包括切换窗口、处理显示装配、编辑截面、剪切截面、测量距离、撤销、重做等。当显示菜单后，根据需要选择相应命令即可。

　　另外，鼠标操作也可以结合键盘进行：

　　"Ctrl"+鼠标左键：可在列表框中重复选择其中的选项。

　　"Shift"+鼠标左键：取消选择。

2. 键盘操作

　　键盘操作主要用于输入数据，用来辅助的键有："Tab"键，可以切换指针位置，如输入数据时，要使指针从一个文本框转换到另一个文本框中，可以按此键；使用方向键也可移动指针，回车键相当于确定，在 UG 中输入数据后，一定要按回车键，以保证数据输入的有效性；其他键多为快捷键，在后面的操作中会逐步讲解，结合操作情况理解快捷键有更好的效果，这里不多介绍。

3. 修改背景

　　选择"菜单"→"首选项"→"背景"命令，弹出"编辑背景"对话框，如图 1-12 所示。在"着色视图"区中，单击"顶部"右侧的███，弹出"颜色"对话框，单击"自定义颜色"下面任意一个白色框，然后单击"确定"按钮，完成颜色的设定；同理，将"着色视图"区中"底部"的颜色也修改为白色；类似地，对"线框视图"区中的颜色进行修改，也让其变为白色，单击"确定"按钮后，屏幕背景变为白色。

图 1-12　"编辑背景"对话框

4. 选择对象

　　在进行各种操作时，往往需要先将对象进行选择，然后才能进行操作。在 UG 环境中，选择的对象包括实体、曲线、面、坐标系、基准、特征、点、草图等，且在不同环境中，可供选择的对象不一样，比如，在建立一个实体后，可以选择实体的面、边、顶点等，而在没有建立实体时，就不会出现边、面等内容。

　　由于选择对象是其他操作的基础，因此，UG 提供了丰富的选择对象的方法。为了让读者更好地掌握这些方法，下面先建立几个简单的三维模型，帮助读者理解这些操作。

【课堂实例1】简单三维模型的制作及对象选择练习。

选择"菜单"→"插入"→"设计特征"→"长方体"命令，在弹出"长方体"对话框后，单击鼠标中键，完成一个长方体的建立；然后选择"菜单"→"插入"→"设计特征"→"球"命令，在弹出"球"对话框后，单击"指定点"右侧的"点对话框"按钮，弹出"点"对话框，在"XC"右侧文本框中输入300，然后单击鼠标中键两次，完成球的建立。此时，工作区效果如图1-13所示。

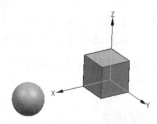

图1-13 建立两个三维图形

下面就介绍选择的常用方法。

（1）单击选择

单击要选择的对象，则此对象就被选中。此时，图形颜色会发生改变。要注意的是，不同设置状态下，选择对象改变的颜色可能是不同的。当对象被选择后，可以通过选择"菜单"→"首选项"→"可视化"命令进行设置，当出现"可视化首选项"对话框时，打开"颜色/字体"选项卡，在该选项卡的"部件设置"区，单击"选择"左侧的方框，弹出"颜色"对话框，选择某种合适的颜色后，单击鼠标中键两次，再单击选择图1-13中的球，就会看到球变为刚才设定的颜色。

（2）取消选择

要取消选择已选择的对象，可以按住"Shift"键+鼠标单击进行，这种操作能逐个完成取消选择；也可以按住"Shift"键+框选（见下面的介绍）；如果想将所有已选择的对象都取消选择，则可以按键盘左上角的ESC键。

（3）框选

框选是很多软件都支持的选择方法。操作过程是：按住鼠标左键从左上角向右下角拖动，将需要选择的对象包含其中，则被包含的对象就被选择了。

（4）全选

按"Ctrl+A"组合键，可以将界面中的所有内容选中。

（5）过滤选择

过滤选择指可以通过部件模型的颜色、图层、特征、类型等属性来缩小模型选择的范围。"上边框条"包括选择和视图，选择内容非常丰富，而且在不同操作状态下，内容会自动变化。图1-14所示是选择内容。

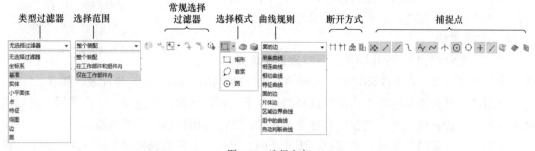

图1-14 选择内容

选择包括选取各种对象，以及捕捉对象功能。捕捉与选取，都是对不同对象的选择。下面解释图1-14中各项内容。

① 类型过滤器：用来过滤选择。操作方法是：修改类型过滤器中的内容，然后在工作区中框选，就可以按要求选择，比如，想选择工作区中的面，先将类型过滤器设置为"面"，然后左键单击想要选择的面，则可完成单个面的选择；如果要多选，则可以框选。选择完成后，将类型过滤器修改为"无选择过滤器"，以方便后面的操作。

② 选择范围：一般不修改，多用在装配环境中。在环境模式下，有很多零件，因此，使用选择范围较为方便。

③ 常规选择过滤器：包括细节过滤与颜色过滤。其中细节过滤可对使用类型、图层、显示属性（如线型、线宽等）进行过滤；颜色过滤可对不同颜色属性进行筛选。

④ 选择模式：框选时使用的模式，包括矩形选择、套索选择、圆选择3种。

⑤ 曲线规则：多为建立模型时自动选择模式，此内容在一般情况下是隐藏的，但在执行某种命令时会自动出现，如单击"主页"功能面板"特征"区中的"拉伸"按钮，就会弹出"曲线规则"，使用的命令不同，"曲线规则"的内容也不同。操作时，单击其中一个合适的项目，就可提高选择的效率。比如，在做曲面时，曲面的边可能是由复杂曲线组成的，但这些曲线相切，这时使用"曲线规则"中的"相切曲线"功能，就可大大提高选择效率。

⑥ 断开方式：用于复杂曲线选择，比如，当一条曲线与另一条曲线相交，只想选择其中一条时，就可以使用该功能，在后面操作中会进行详细介绍。

⑦ 捕捉点：选择点的方式，主要用来自动捕捉特征点，比如曲线或边的中点、端点、任意点等。

（6）快速选择

将鼠标指针放在某对象上几秒，会在指针右下角出现"…"，此时单击鼠标左键，会弹出"快速选取"对话框，如图1-15所示。用鼠标在该对话框中选择需要的对象即可。

5. 隐藏与显示对象

在复杂的操作中，隐藏对象可以提高工作效率，方便操作，特别是在装配环境、复杂零件建模环境下，经常使用隐藏对象的操作。UG提供的隐藏对象的方法很多，下面介绍常用的几种方法。

（1）快速隐藏

选择好对象后，按"Ctrl+B"组合键即可完成隐藏对象的操作。如果要显示已隐藏的对象，则只需要按"Ctrl+Shift+U"组合键。也可以右击要隐藏的对象，在弹出的快捷菜单中选择"隐藏"命令实现隐藏。

图1-15 "快速选取"对话框

（2）导航器中隐藏

在"部件导航器"中，各操作都会按时间顺序记录下来，其前面均有一个复选框，如图1-16所示。

取消选中"块（1）"（即前面创建的正方体）前面的复选框，则该正方体会隐藏起来，再次选中该复选框，则该正方体又显示出来。其他对象的显示与隐藏

图1-16 部件导航器

均可仿此操作。

除了"部件导航器"外，其他导航器也有类似操作，如"装配导航器"等。

（3）通过图层隐藏

具体内容见第 2 章。

6. 更改显示模式

长按鼠标右键，在出现图 1-11 所示图标菜单时，选择"艺术外观" 、"带边着色" 、"着色" 以及"带有淡化边的线框" 等命令，能改变显示模式。

鼠标在工作区的空白处右击，在弹出的快捷菜单中选择"渲染样式"命令，可选择不同的显示模式。

"上边框条"中的视图可以修改显示模式。

1.3.2　概念与操作特征

1. 矢量概念

在建立模型时，通常会用到矢量这个概念。一般情况下，矢量是一个既有大小又有方向的量，但在 UG 中，矢量主要用来表示方向，它主要用于在建模时提供一个方向。什么情况下会用到矢量？如设计一个圆柱体，圆柱体以底部作为生长起点，沿圆柱体回转轴向上，就是矢量；使用"拉伸"命令（该命令的调用可通过单击"拉伸"按钮 来实现[①]）时，拉伸的生长方向，就是矢量；使用"回转"命令（ ）时，回转中心轴就是矢量。

2. 对话框

建立一个三维图形，是在三维空间中进行的，包括空间位置，即 x、y、z 3 个坐标；同时，对象在空间还有朝向问题，由矢量来决定。比如要在空间建立一个圆柱体，可以先确定朝向（矢量），然后确定空间位置。下面以建立一个圆柱体为例进行说明。

选择"菜单"→"插入"→"设计特征"→"圆柱"命令（ ），弹出"圆柱"对话框，如图 1-17（a）所示。

| （a） | （b） | （c） | （d） | （e） |

图 1-17　"圆柱"对话框及相关对话框

[①] 以下简单表述为"命令（按钮图标）"的形式。

在这个对话框中，分为几个区，最上面是"类型"，然后是"轴""尺寸""布尔""设置"及"预览"，最下面是"确定""应用"与"取消"几个命令按钮。

其中，"轴"区中有"指定矢量"与"指定点"，通过这两个功能，可确定圆柱体的位置与方向，而"尺寸"区则确定了圆柱体的"直径"与"高度"，即确定了圆柱体大小；"布尔"区则确定该圆柱体是否与其他已经存在的三维图形进行布尔运算。通过"类型""轴""尺寸"这 3 个区的设置，就确定了圆柱体在三维空间的固定位置。UG 其他建模命令有类似功能，通过这个实例，读者就能理解 UG 是如何将一个三维图形固定在具体空间中的。

单击"矢量对话框"按钮，会弹出图 1-17（b）所示的"矢量"对话框，用户可以在该对话框中选择合适的矢量作为建立圆柱体的矢量；单击"矢量方式"按钮右侧的下拉按钮，可弹出图 1-17（c）所示的下拉列表，用户也可从这里选择合适的矢量。在建立一个对象时，可以用上面这两种方法中的任意一种来建立矢量。当建立的矢量与实际要求相反时，可单击"指定矢量"右侧的"反向"按钮，使矢量反向（转 180°）。

同理，单击"指定点"右侧的"点对话框"按钮，会弹出图 1-17（d）所示的"点"对话框，用户可以根据需要选择该对话框中的"类型"来建立点，这个点可确定圆柱体在三维空间中的位置。当然，也可以单击"点方式"按钮右侧的下拉按钮，弹出图 1-17（e）所示的下拉列表，从中选择合适的方式来确定点的位置。

3. 布尔

布尔是一种逻辑运算，在 UG 中将先创建的对象与现在创建的对象进行布尔运算，得到新的模型。单击图 1-17（a）中"布尔"右侧的下拉按钮，会弹出图 1-18 所示的下拉列表。

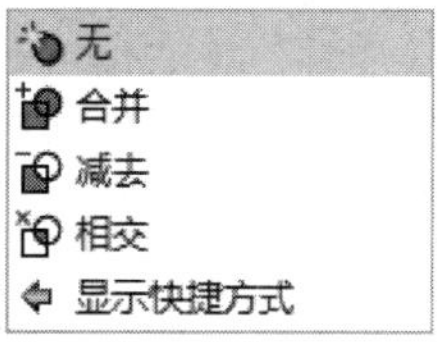

① 合并：将现在创建的对象与已经创建的对象进行合并，变成一个整体，类似数学中的并集。

② 减去：从原先创建的对象上将现在的对象减去（例如在一个正方体上打一个孔洞，使原先图形内容减少），类似数学中的差集。

图 1-18　"布尔"下拉列表

③ 相交：保留原先创建的对象与现在创建的对象的公共部分，类似数学中的交集。

1.4　简单建模实例

能力目标

1. 通过简单建模实例掌握 UG 三维建模的基本过程。

2. 掌握圆柱、倒斜角、孔等建模命令的使用方法，特别是建模中矢量、点的灵活运用方法。

3. 理解布尔运算：合并、减去、相交等。

简单建模实例

为了能让读者很好地掌握上面所介绍的内容，下面介绍一个简单的建模实例，以便加深印象。操作后的效果如图 1-19 所示，下面介绍其过程。

（1）启动 UG 后，单击"新建"按钮，弹出"新建"对话框，在"模型"选项卡中选中模板类型为"模型"，并输入新文件名，修改保存文件的路径，单击鼠标中键，进入建模环境。选择"菜单"→"插入"→"设计特征"→"圆柱"命令，打开图1-20所示的"圆柱"对话框。

图1-19　练习用的简单建模实体

图1-20　"圆柱"对话框

（2）"类型"区给出了两种制作圆柱体的方法，即"轴、直径和高度"法和"圆弧和高度"法，选择第一种，在"轴"区中单击"指定矢量"右侧的"矢量对话框"按钮，弹出图1-17（b）所示的"矢量"对话框，将该对话框中的"类型"修改为"ZC轴"，表示圆柱体中心轴的方向与z轴平行，单击鼠标中键，回到图1-20所示"圆柱"对话框。

（3）单击"轴"区中的"指定点"右侧的"点对话框"按钮，弹出图1-17（e）所示的"点"对话框，在该对话框中输入 xc、yc、zc 坐标分别为"10""10""10"，确定要建立的圆柱体的底部端面圆心坐标为（10，10，10）。单击鼠标中键，再次回到图1-20所示对话框中。

（4）在"尺寸"区中，将"直径"处的数值修改为"70"，将"高度"修改为"20"，单击"确定"按钮，就制作了一个底面圆心坐标在（10，10，10）处、轴线平行于 z 轴的圆柱体，如图1-21所示。

（5）用同样的方法，再建立一个圆柱体，矢量类型仍使用"ZC轴"，但在完成上面的步骤（2）后，单击"圆柱"对话框"轴"区中的"指定点"，会看到该区变为红色，然后用鼠标选中图1-21所示圆柱体的上面圆的圆心（将鼠标指针移到图1-21中上面边缘时，会出现⊙图标，说明已经选中了该面的圆心），单击鼠标中键，再在"尺寸"区中，输入直径为40、高度为100，将"布尔"区中将布尔类型修改为"合并"，再单击"确定"按钮，就完成了另一个圆柱体的制作，并且因为刚才使用了"合并"操作，两个圆柱体变成了一个整体。效果如图1-22所示。

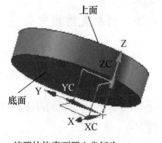

该圆柱体底面圆心坐标为
（10,10,10），轴线平行于 z 轴

图1-21　完成的圆柱体

图1-22　制作出来的两个圆柱体效果

（6）单击"特征"面板中的"孔"按钮 🐾，弹出"孔"对话框，如图 1-23 所示。由于该对话框太长，将其截断，分为左右两部分，右边部分是接在左边部分下面的。在本书的其他操作中，也常用这种方法来截断对话框，以便节省空间，希望读者注意。

图 1-23 "孔"对话框

在该对话框中，"类型"区给了"常规孔""钻形孔""螺纹孔""螺钉间隙孔"及"孔系列"5 个选项，此处选择"常规孔"选项，在"孔"对话框的"位置"区单击，使其变为红色时，用前面介绍的捕捉方法捕捉图 1-21 所示的圆柱体底面的圆心，再将"形状和尺寸"区中的"直径"修改为"20"，将"深度"修改为"120"，将"布尔"修改为"减去"，单击鼠标中键，完成孔的制作，效果如图 1-24 所示。

（7）单击"特征"面板中的"倒斜角"按钮 🐾，弹出"倒斜角"对话框，如图 1-25 所示。在该对话框的"横截面"右侧下拉列表中，有"对称""非对称"及"偏置和角度"3 个选项，使用默认的"对称"选项，在"距离"处将数值修改为"2"，并且按回车键，然后用鼠标依次选择图 1-24 中的 A、B、C 3 条边，最后单击鼠标中键，完成操作，得到图 1-19 所示的效果。

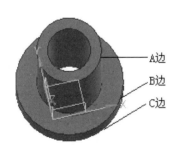

图 1-24 制作了"孔"的效果

图 1-25 "倒斜角"对话框

（8）单击功能面板中的"视图"选项卡，单击"可见性"区中的"图层的设置"按钮 🐾 或按"Ctrl+L"组合键，弹出"图层设置"对话框，在"图层"区中，取消选中数字"61"前面的复选框，就可以让该图层的内容不可见，然后单击鼠标中键，完成操作。

（9）选择"文件"→"保存"命令或单击"快速访问工具条"中的"保存"按钮 🐾，保存刚才建立的文件，完成本次实例操作。

上面的实例很简单，主要是让读者明白各种对话框的结构形式及基本操作，如果对操作还不太熟悉，还可以通过后面的实例加以练习。

小结

　　本章主要介绍了 UG 的作用和概况，对 UG 界面进行了简单的介绍，并重点讲解了 UG 中对话框的结构形式和基本操作。通过对本章的学习，请读者重点掌握 UG 的界面调整及基本操作，为今后进行复杂建模打下基础。

 练习题

　　1. CAD、CAM、CAE 分别代表什么意思？

　　2. UG 中常用的快捷键有哪些？

　　3. UG 中鼠标操作有哪些方式？作用是什么？

　　4. 本章介绍了 UG 中几种常用的对话框形式，它们各有何操作特点？

　　5. 试着作图 1-26 所示工程图的三维实体（使用圆柱体命令），图中所有倒角均为 2。

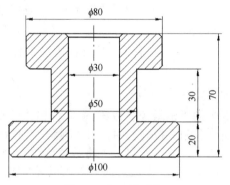

第 1 章练习题 5

图 1-26　练习题 5 图

第2章

建模基础

建模也称为实体建模（Solid Modeling）或造型，它使用计算机以数学方法来描述物体或物体与物体之间的空间关系。例如，使用方程式在屏幕上生成直线、圆或其他形状，并依据它们相互之间所在的二维或三维空间的关系精确定位与放置。UG 建模的作用是通过计算机将设计内容变成三维工程模型，以便于分析、加工、制造等后续处理。

建模有不同的分类方法，如果根据建模中使用的元素对象的不同，建模可分为点云建模（由点云组合成片体再变为体，逆向建模常用此法）、线架建模、片体建模、实体建模；按分解元素的方式不同，建模可分为叠加法建模、缝合法建模、综合法建模。如果按建模时模型与产品出现顺序的不同，建模可分为正向建模与逆向建模，即反求工程（Reverse Engineering），当然还有其他分类方法，在本书中，为操作方便，根据建模复杂程度不同（即根据建模时是否使用"曲面"面板中的命令），将建模分为一般实体建模与复杂曲面建模两大类。

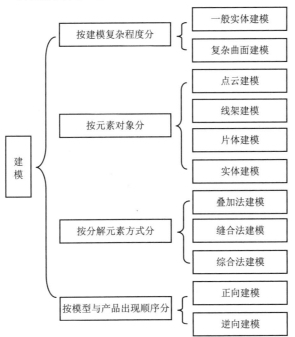

一般实体建模，就是指在建模时没有使用"曲面"面板中的命令进行的建模。这种建模有很大的应用范围，机械类零件多用这种方法建模，虽然没有使用"曲面"这个面板功能，但并不是说建模的效果全是直线或平面的，实际上也可能是曲面形状的。但有些复杂的曲面形体，必须用到"曲面"面板上的命令方可完成建模，因此，称这种建模为复杂曲面建模。当然，复杂曲面建模也要用到前面说的一般实体建模的命令，因此，复杂曲面建模的复杂程度大于一般实体建模。这样分类主要是可以为不同行业的学习者提供难度不同的学习模块，因为一般机械类零件只要学会一般实体建模就可以完成大部分零件的建模工作，但模具类、玩具类、工业设计类、汽车类专业等则需要使用复杂曲面建模。

　　根据建模时对材料的组织情况不同，或者说分解元素的方式不同，可将建模方法分为叠加法、缝合法、综合法。利用叠加法可以制作出非常复杂的三维模型，包括曲面实体模型或非曲面实体模型；叠加法的难点是从众多的叠加效果中分离出每个叠加细节，从而逆向建模。缝合法则是使用曲面组成三维图形的外形，然后通过缝合功能制成实体。综合法是二者的综合。

2.1　建模方法简介

能力目标

　　1. 掌握叠加法的概念、操作方法与操作技巧，包括如何对实体拆分、拆分后操作顺序的确定、使用增材还是减材等知识。

　　2. 掌握缝合法的基本概念、缝合法的重要步骤和常用命令。

　　3. 了解综合法的基本原理。

　　4. 掌握常用命令：长方体、圆柱、拉伸、有界平面、缝合、加厚等。

2.1.1　叠加法

　　叠加法是应用较广泛的一种方法，所谓叠加法，就是在作出一个基本体的基础上，像"砌墙"时不断加砖那样不断增加新图素，从而使一个简单的模型变成一个复杂的三维模型。

叠加法

　　叠加法在"增加"图素时可能是增加材料，使模型材料越来越多；也可能是去除材料，使模型中的部分材料减少；或者是二者兼而有之。

　　叠加法的关键是如何拆分三维模型，如图 2-1 所示，这个三维模型可拆分为 1 个长方体和 4 个圆柱体，其中，1 个圆柱体要增加材料，另外 3 个圆柱体则要减少材料，作为其中的 3 个孔。具体操作如下。

　　【课堂实例 1】图 2-1 所示是使用"叠加法"作图的效果。

　　操作过程如下。选择"菜单"→"插入"→"设计特征"→"长方体"命令，弹出"长方体"对话框，单击"指定点"右侧的"点对话框"按钮，弹出"点"对话框，将其中的"XC""YC""ZC"分别设置为"0""−10""0"。然后单击鼠标中键，返回前面的"长方体"对话框中，在其中的"长度（XC）""宽度（YC）""高度（ZC）"文本框中分别输入数据"60""20""100"，单击鼠标中键，完成操作，得到图 2-2 所示的效果。

注意，"*xc*""*yc*""*zc*"分别与坐标 *x*、*y*、*z* 对应。

选择"菜单"→"插入"→"设计特征"→"圆柱"命令，弹出"圆柱"对话框，单击"指定矢量"右侧的"矢量方式"按钮 右侧的下拉按钮 ，在弹出的面板中选择"ZC 轴"选项，表示矢量沿 *z* 轴方向，再单击"指定点"右侧的"点对话框"按钮 ，弹出"点"对话框，单击鼠标中键，表示指定点为（0，0，0），然后将"直径"修改为"50"、"高度"为"100"，将"布尔"修改为"合并"，然后单击鼠标中键，完成操作，得到图 2-3 所示的效果。

图2-1　叠加法操作效果

图2-2　作出的长方体效果

图2-3　增加圆柱体后的效果

同上面操作一样，再插入圆柱体，当出现"圆柱"对话框时，将"直径"修改为"25"、"高度"为"100"，将"布尔"修改为"减去"，然后单击鼠标中键，完成操作，得到图 2-4 所示的效果。

再次插入圆柱体，当出现"圆柱"对话框时，指定"矢量"为"YC 轴"，表示矢量沿 *y* 轴方向。将"点"对话框中的"XC""YC""ZC"分别修改为"45""–10""80"，然后单击鼠标中键，返回到前面的"圆柱"对话框中，将"直径"修改为"15"，"布尔"修改为"减去"，单击鼠标中键完成操作，效果如图 2-5 所示的孔 A。

图2-4　减去圆柱体后的效果

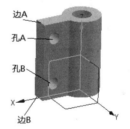

图2-5　作出孔 A、B 的效果

再插入圆柱体，与上面操作基本一致，只是将"点"对话框中的"XC""YC""ZC"分别修改为"45""–10""20"。完成操作后，得到图 2-5 所示的孔 B。

最后，单击"主页"面板中的"边倒圆"按钮 ，弹出"边倒圆"对话框，选择图 2-5 中边 A 及边 B，将"边倒圆"对话框中的"半径 1"修改为"15"，然后单击"确定"按钮完成操作，就可得到图 2-1 所示的效果。

上面仅以一个简单的实例说明了叠加法的作图过程。其实许多复杂图形均可用此法制作。

从上面的操作可以看出，在最初作图时，首先要弄清哪个图作为基本形体，在此基础上进行怎样的叠加，然后按步骤进行操作即可。简单的模型无须制订作图步骤，但如果模型特别复杂，可以先制订作图步骤，这样操作起来更方便。

2.1.2　缝合法

在 UG 中，缝合法是指在作图时，先作出片体，然后根据片体情况使用不同命令将片体转换成实体。其中，当片体是开放的片体集时，就用"加厚"命令（⬚）将片体转换成实体；如果片体集是封闭时，就使用"缝合"命令（📖）使片体集变成实体。在曲面建模中，常用到这种方法。

为了让读者易于理解，下面举个简单实例来说明。

【课堂实例2】缝合法示例。

新建一个文件，然后进入建模环境，选择"菜单"→"插入"→"曲线"→"艺术样条"命令（～），弹出"艺术样条"对话框，在该对话框的"制图平面"区中，单击"XC-YC"按钮，表示这个曲线作在 xy 平面内，然后作图 2-6 所示的一条任意样条曲线（读者作得类似即可），单击"确定"按钮完成操作。

单击"主页"面板"特征"区中的"拉伸"按钮（⬚），在打开的"拉伸"对话框中，将"距离"修改为"50"，效果如图 2-7 所示（注：这里拉伸后得到的效果就是"片体"）。

然后选择"菜单"→"插入"→"曲线"→"直线"命令（／），任作两条直线，使其与原来的样条曲线组成封闭形式，效果如图 2-8 所示。

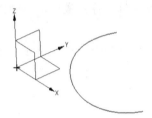　　　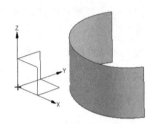　　　

图 2-6　任意样条曲线效果　　　　图 2-7　拉伸后成为片体效果　　　　图 2-8　任作两条直线效果

用"拉伸"命令拉伸这两条曲线，拉伸长度也是 50，分别得到两个片体，效果如图 2-9 所示。

选择"菜单"→"插入"→"曲面"→"有界平面"命令（⬚），弹出"有界平面"对话框，同时在"上边框条"中出现"曲线规则"下拉列表框，将其内容修改为"单条曲线"，然后单击图 2-9 所示片体表面上的所有边，共 3 条曲线，再单击鼠标中键，产生了一个平面将原来图形的上表面封闭，效果如图 2-10 所示。

图 2-9　拉伸后的另一片体效果　　　　　　　图 2-10　生成有界平面效果

按住鼠标中键旋转图形，使图形翻转过来，然后用同样的方法将底面也用"有界平面"命令封闭起来，效果如图 2-11 所示。

要注意的是，上面的造型看上去是封闭图形，类似实体，但实际上不是实体，它只是由几个片体合在一起的效果。要使它变成实体，还要用到"缝合"命令：选择"菜单"→"插入"→"组合"→"缝合"命令（📖），弹出"缝合"对话框，如图 2-12 所示，单击刚才作的片体中任意一片，然后用框选的方式选择其他所有片体，单击鼠标中键，完成缝合操作。

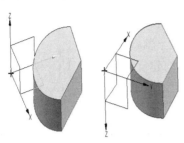

图 2-11　封闭后的效果　　　　　　图 2-12　"缝合"对话框

操作完成后造型看上去没有发生变化，但经缝合后，原来封闭的片体已经变成了实体，这点要特别注意。

这种先作片体再缝合成实体的建模方法，就是缝合法。

作完的片体如果不是封闭的，可以通过"加厚"命令来使其变成实体，这种情况被视为缝合法的一种特殊情况。"缝合"命令可以将封闭的片体转换为实体，也可将不封闭的片体合并成一个更大的片体。

缝合法在曲面建模中比较常用，可以制作出复杂的实体。

2.1.3　综合法

所谓综合法，就是在建模时，既要用到叠加法，又要用到缝合法，即将两种建模法用于一体。在后面的实例操作中，将有多个这样的实例，如第 4 章中"化妆品瓶盖制作"就属于综合法建模。

2.2　重要概念与工具

能力目标

1. 掌握 3 种坐标系，并熟练掌握坐标系的编辑方法。
2. 掌握用坐标系的变化进行三维建模的基本思路。
3. 熟练掌握图层的概念及其操作方法。

2.2.1　坐标系概念

UG 坐标系在不同环境中有所不同。比如，在建模环境中，有 3 种坐标系，即绝对坐标系、工作坐标系（WCS）与基准坐标系，如图 2-13 所示；在加工环境中则有加工坐标系；在模具设计环境中会有用户坐标系；等等。这里先介绍建模环境中的坐标系，其余坐标系在用到时再介绍。

坐标系

绝对坐标系为整个模型、整个建模环境的总参照，其他坐标系在此基础上建立，其位置、方向不可修改，建立模型后，其标志显示在工作区的左下角。虽然绝对坐标系是不可修改的，但我们可以双击该图标，使其处于活动状态，此时单击其 x 轴的手柄时，则 x 轴激活，若要旋转对象（按住鼠标中键拖动）就只能沿绝对坐标系的 x 轴旋转。

工作坐标系（WCS）是在建立模型时系统自动建立的，一个 UG 模型只有一个工作坐标系（WCS），它是建立模型的参照。与早期版本不同，在 UG NX 12.0 中，默认状态下 WCS 是隐藏的，要显示 WCS，可选择"菜单"→"格式"→"显示"命令（↙），也可使用该命令隐藏 WCS。使用其他方法不能更改 WCS 的显示与隐藏。相对于绝对坐标系，WCS 的位置和方向可以修改。修改的方法是对其进行双击，使其激活，则会显示图 2-14 所示的效果，用户可以单击"移动手柄"来实现 WCS 沿某方向移动；也可单击"旋转手柄"使 WCS 沿某轴旋转；或单击"球形手柄"使 WCS 任意移动；单击鼠标中键完成对 WCS 的修改。WCS 是默认建模状态下常用的坐标系，比如，前面在介绍叠加法建模时，创建的圆柱体、长方体，以及后面将要学习的其他建模命令，都默认使用 WCS 作为坐标参照。

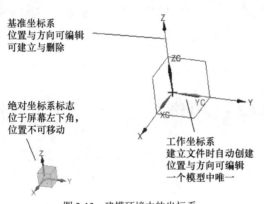

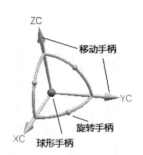

图 2-13　建模环境中的坐标系　　　　图 2-14　激活后的 WCS

基准坐标系在 UG 早期版本中称为"基准 CSYS"，是可以多次建立与删除、随意修改位置与方向的用户坐标系，这种坐标系可以在建立复杂模型时，多次创建和选择使用，方便建立复杂模型。修改基准坐标系的方法与修改 WCS 的方法相同；新建基准坐标系可以选择"菜单"→"插入"→"基准/点"→"基准坐标系"命令（↳），或单击"主页"面板中"基准/点"下拉菜单的 □ 基准平面 ▼，单击"基准坐标系"选项（↳），弹出图 2-15 所示的对话框，此时，可以将"参考"处修改为"WCS"或"绝对坐标系"或"选定部件"等作为新坐标的参照，也可修改坐标系的位置与方向。

添加并修改各坐标系后，得到图 2-16 所示的效果。如果修改后，由于某种原因，需要对修改的坐标系还原到原来的方向或位置，可以双击要还原的坐标系，弹出图 2-15 所示对话框时，将"参考"处修改为"WCS"，再单击"确定"按钮即可。当建立了新的基准坐标系后，在建模时如何使用？还是以圆柱体为例进行说明。

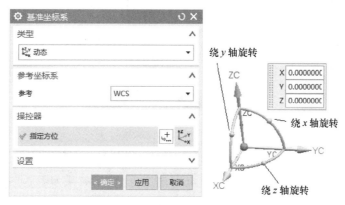

图 2-15　创建基准坐标系

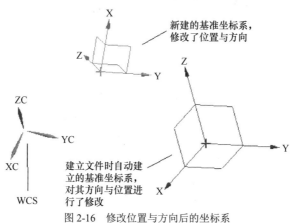

图 2-16　修改位置与方向后的坐标系

【课堂实例 3】用新建坐标系建立三维模型。

先选择"菜单"→"插入"→"设计特征"→"圆柱"命令，弹出"圆柱"对话框后，将"直径"修改为"20"，将"高度"修改为"100"，然后单击"确定"按钮完成操作，得到图 2-17 所示的圆柱体 A，此圆柱体是以 WCS 为参照完成的。然后，再作一个圆柱体，当出现"圆柱"对话框时，单击"轴"区的"指定矢量"，将矢量模式修改为"自动判断的矢量"（ ），然后单击图 2-16 所示的新建的基准坐标系的 x 轴，选择该轴作为新圆柱体的矢量方向，然后单击鼠标中键完成圆柱体的建立，得到图 2-17 所示的圆柱体 B。可以看到，A、B 两个圆柱体由于使用不同的参照，得到的效果不一样。

一般情况下，使用 WCS 进行建模即可满足要求。但在创建复杂图形，特别是在复杂曲面情况下，增加基准坐标系更方便作图，因此，何时使用何种坐标系，取决于图形形状的复杂程度与使用者的思维方式，应根据需要来确定。

为让读者有更清楚的认识，下面再以一个简单造型为例来说明基准坐标系、WCS 在建模中的使用。

【课堂实例 4】用基准坐标系、WCS 建模。具体造型效果如图 2-18 所示。

（a）外形效果　　　　（b）剖开效果

图 2-17　用不同坐标建立圆柱体效果　　　图 2-18　三通管造型效果

（1）新建文件，建立圆柱体，直径为 40，高度为 100，效果如图 2-19（a）所示。

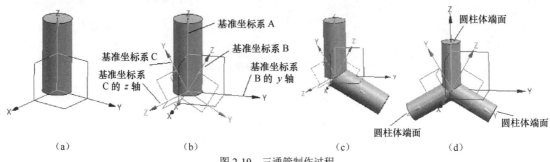

（a）　　　　　　　　（b）　　　　　　　　（c）　　　　　　　　（d）

图 2-19　三通管制作过程

（2）按图 2-15 所示方法创建新基准坐标系，当出现"基准坐标系"对话框时，单击图 2-15 所示的"绕 x 轴旋转"手柄，在右侧出现的输入框中输入"角度"值为"–30"，并按回车键确定。然后单击鼠标中键，完成建立基准坐标系 B 的操作；同理，再建立一个基准坐标系 C，不过输入的"角度"值为"120"。完成后的效果如图 2-19（b）所示。

（3）再次建立圆柱体，当出现"圆柱"对话框时，单击"轴"区的"指定矢量"右侧的"矢量方式"按钮 右侧的下拉按钮 ，在下拉列表中选择"自动判断的矢量"选项（ ），然后单击图 2-19（b）所示的"基准坐标系 B 的 y 轴"，并且将"布尔"修改为"合并"，再单击鼠标中键完成操作，效果如图 2-19（c）所示。

（4）按第（3）步的方法再建立圆柱体，只是将"指定矢量"修改为"基准坐标系 C 的 z 轴"即可，其余参数不变。操作效果如图 2-19（d）所示。

（5）单击"主页"面板"特征"区中的"抽壳"按钮 ，弹出"抽壳"对话框，在"厚度"处输入"5"，并按回车键确定，然后分别单击选中图 2-19（d）中 3 个圆柱体的端面，单击鼠标中键完成操作，则 3 个圆柱体都被抽空成管。

（6）单击"视图"面板"可见性"区中的"移动至图层"按钮 ，弹出"类选择"对话框，在工作区中空白位置右击，在弹出的快捷菜单中将类型过滤器修改为"基准"，然后框选整个图形，或者按"Ctrl+A"组合键，选择所有创建的基准坐标系，单击鼠标中键，出现"图层移动"对话框，在"目标图层或类别"下面的文本框中输入"61"并按回车键完成操作，表示要将这些基准移动至第 61 层，但在屏幕上还能看到这些基准，为此，单击"视图"选项卡"可见性"区中的"图层设置"按钮 ，弹出"图层设置"对话框，取消选中"61"前面的复选框，再单击鼠标中键完成操作，效果如图 2-18（a）所示。

（7）单击"视图"面板"可见性"区中的"编辑截面"按钮 ，弹出"视图剖切"对话框，将"剖切平面"区中的"平面"修改为"设置平面至 X"（ x），然后单击鼠标中键完成操作，效果如图 2-18（b）所示。要关闭右侧显示效果，只需要单击"视图"面板"可见性"区中的"剪切截面"按钮 。多次单击该按钮，可显示或隐藏剖切效果。

通过上面的简单实例操作，读者应该掌握坐标系在作图过程中的基本应用，为后续学习打下基础。

2.2.2　常用概念

在 UG 环境中，经常用到实体、特征、片体、面、基准等概念，分别介绍如下。

1. 实体

在 UG 环境中，经常用到特征与实体的概念，实体在不同场合有不同解释，在 UG 中指有形的、可编辑的三维立体图形，是一个完整的对象。例如，一个讲台可以看成一个实体，一个人也可看成一个实体。

2. 特征

特征的概念也是随场合不同有着不同的解释。在 UG 中可以理解为：特征是一个客体或一组客体特性的抽象结果，是指一个实体中的部分内容或特性。如讲台上有一个孔，就是讲台的特征；人有五官，这也是特征；不同人有不同性格，这同样是特征。在三维图形中，比如一个长方体，它有长、宽、高，这是特征；在长方体上打个孔，这也是特征；一个图形有对称的形状等，这还是特征。在具体操作中，布尔运算、阵列、镜像等操作产生的结果，都是对象的特征。比如，一个长方体上通过布尔"减去"功能打个孔，是特征；一个图形通过阵列，得到一个对称图形，这也是特征。

3. 片体与面

在 UG 中，还常用到片体、面等概念，其中，面比较容易理解，就是各种实体的表面，可能是平面的，也可能是曲面的。片体是一种没有厚度、质量、体积等属性的开放特征体，具有可独立存在性、可建立性的特征。其形状类似面，但面是附着在实体表面的；而片体是独立图形。

4. 基准

由于 UG 在建模时，有三维空间环境，也有平面环境，因此，作图时的参照对象可能用到坐标系，也可能用到坐标平面、坐标轴或坐标点等不同对象。凡是作为位置与方向的参照物的对象，都可称为基准。因此有基准坐标系、基准轴、基准点、基准面，甚至还有基准点云等。坐标系只是基准中的一种。

2.2.3　图层

1. 图层的概念

大多数作图软件有图层的概念。在平面作图时，可以将图层理解为很多透明的纸，一个图层理解为一张透明的纸，我们就是在这些纸上作图，在不同纸上（即不同图层）上作出图形的不同部分，然后将所有图形的图

图层操作

层叠合在一起所形成的就是一个复杂而完整的图。

在三维环境下，可以将图层理解为透明空间，这些空间可以重叠在一起，也可以显示或隐藏，当重叠时，各图层对象都会显示在同一空间里。我们可以显示或隐藏其中一部分透明空间，从而达到不同显示效果。

2. 图层的特点

图层的好处显而易见：首先可以使复杂图形变得简单，因为可以在不同图层上作出图的一部分，这样就将图分解为多个部分来作；其次可以使所作的图形层次分明，易于修改与管理，例如，可以对图形的某图层进行修改而不影响到其他图层，可以选中某图层，而不会选中其他图层上的图素，还可以隐藏一些图层而显示另一些图层，另外还可以让设计更有条理性。因此，养成良好的分层作图的习惯可以提高作图效率。

3. 图层的应用

UG 有 1～256 共 256 个图层，用户可以将图作在任意的图层上，系统启动后，默认的图层是第 1 层，但用户可以通过"用户默认设置"对话框进行修改。

用户要将自己的图放在某一层，可以有两种方法：第一种方法是先作图，然后单击"视图"面板"可见性"区中的"移动至图层"按钮，这时将在工作区中弹出"类选择"对话框，选择完要移动的对象后，单击鼠标中键，出现图 2-20 所示的"图层移动"对话框。

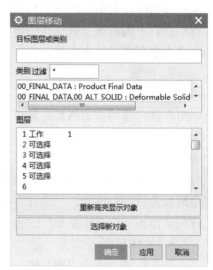

图 2-20　"图层移动"对话框

在此对话框中的"目标图层或类别"下的文本框中输入要移到的图层号，单击"确定"按钮或鼠标中键，则刚才被选择的图形对象就移到了指定的图层中；另一种方法是在"视图"面板"可见性"区中的"工作图层"中输入图层号并按回车键确定，然后再作图，则所作图就在此图层中。

4. 对工作图层的操作

（1）单击"视图"面板"可见性"区中的"图层设置"按钮，弹出图 2-21 所示的对话框。

在该对话框中，选中其中一个或多个图层（选多个时可按住"Ctrl"键或"Shift"键），可以修改此图层的属性，可选属性有"工作""不可见"及"仅可见"。其中，"工作"表示该图层上的图素是可见、可修改的，是当前层的意思，即如果现在画图，图将加在这一层中，因此称为工作图层；"不可见"就是此层上的图不显示，也无法选择与修改，要使图层不可见，只要取消选中图层前面的复选框即可；"仅可见"表示此层上的图可以看见，但不能选择与修改。选择完成后，单击"确定"按钮或鼠标中键，完成属性设置。

在"图层设置"对话框中还可以对图层进行类别显示。图层类别可以让图层具有某些共性，如可以被同时选择、操作等，图层类别有"曲线""实体""片体"等选项，选中对话框中的"类别显示"复选框，就可以看到图层前面的类别。

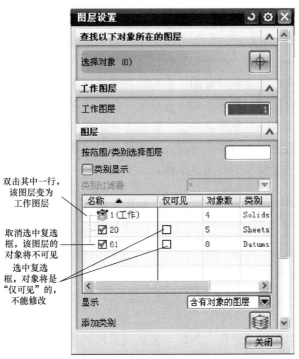

双击其中一行，该图层变为工作图层

取消选中复选框，该图层的对象将不可见

选中复选框，对象将是"仅可见"的，不能修改

图 2-21　"图层设置"对话框

UG 中由于图层多，用户可以将不同的图素放在不同的图层中，这样，在设计复杂产品时比较方便，另外，UG 的产品设计具有数据关联性，即作图过程中，各图素之间具有关联性，当关联的图素删除后，其他相应的图素受影响或因为没有关联源数据而不能生成实际图形，因此，将不必要显示的图素存放在不同图层，也是 UG 图层的重要功能之一。设计者作图时，最好形成一定规范，为此，建议按如下方式将常用对象放置在不同图层。

实体：1～20 层。

点、曲线、草图：21～40 层。

片体：41～60 层。

基准、坐标系：61～80 层。

特征、小平面体：81～100 层。

其他：101～256 层。

（2）在"视图"面板的"可见性"区中还提供了"移动至图层"按钮。在前面的操作中已进行了介绍，读者可以根据前面的讲解进行类似操作。

2.3　草图

能力目标

1. 熟练掌握草图命令的使用。

2. 掌握草图约束的概念，理解 UG 控制图形形态与位置的原理。

3. 掌握草图操作的基本方法与技巧。

草图是进行复杂三维造型不可或缺的重要工具，一个三维模型越复杂，其草图可能也越复杂或者草图数量越多。如果没有学好草图操作，又想快速作出复杂的三维模型，是非常困难的。因此，读者有必要花较多的时间与精力来学习快速操作草图。

　　在 UG 中，以某个指定的二维平面为作图基准平面，在其上作出二维平面轮廓，并以此轮廓图作为三维建模基础，这种特殊的平面轮廓图就是草图。通过草图，可以建立各种复杂的模型。但是，不是所有的三维模型均需要草图。有些简单的或者是较规范的图形可以通过其他途径进行建模，可通过基本形体命令，如长方体、圆柱等来建模，前面有多个实例就是用这些基本形体命令来建模的。由此可见，草图是复杂建模常用的一种工具，它可以加快建模速度，但不是所有的建模都需要用到草图。

2.3.1　草图基本作图命令

　　当启动 UG 后，新建"草图.prt"文件，进入建模的基本环境中。此时，就可以利用系统提供的各种工具条上的工具进行建模了，对于简单的模型，可以直接使用工具条中的命令完成建模，但对于复杂的模型，可能就要用草图来完成。

　　这里先讨论使用草图进行建模，为此，先认识草图的基本命令。

　　单击"主页"面板或"曲线"面板左侧的"草图"按钮，弹出"创建草图"对话框，如图 2-22 所示。

　　在此对话框中，"草图类型"有"在平面上"与"基于路径"两种方式，这里使用默认的"在平面上"来作草图，在"草图坐标系"区中，按图 2-22 设置即可，设置完成后单击鼠标中键或单击"确定"按钮，会进入"草图环境"中。此时，界面发生变化，"主页"面板中增加了与草图相关的命令，方便了草图操作；同时，"曲线"面板中的曲线命令均可用于草图制作，为方便操作，建议进入草图制作后，使用"曲线"面板中的命令来完成草图制作。由于"曲线"面板中的草图命令齐全，因此，

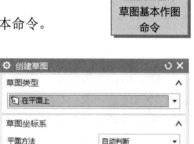

图 2-22　"创建草图"对话框

下面讲解以此面板中的命令介绍为主，而"主页"面板中草图命令较少，使用方法与"曲线"面板中相应命令的使用方法相同，因此，就不作专门介绍。

　　下面分别对"曲线"面板中的主要命令进行介绍。

　　图 2-23 是"曲线"面板中"直接草图"区中的命令按钮菜单，当单击该图右侧"直接草图"下拉按钮 ▾ 时，可弹出图 2-23 下部的常用草图命令的按钮菜单，菜单分为 3 个区，首先是"曲线"区，其中有"轮廓""矩形""直线""圆弧""圆"及"点"等命令；其次是"编辑曲线"区，其中包括"倒斜角""圆角""快速修剪"等 12 个命令；最后是"更多曲线"区，包括"艺术样条""多边形""椭圆"等命令。下面，对其中常用的部分命令进行介绍，其余没有介绍的命令，会在后续使用过程中进行介绍。

1. "轮廓"命令

　　"轮廓"命令（Ϣ）是 UG 草图操作中极为重要的命令，其作用是制作直线与圆弧，是使用

极为广泛、极为方便的命令。单击"轮廓"按钮（卜），会弹出图 2-24 所示"轮廓"对话框。对话框中"对象类型"包括"直线"与"圆弧"两个命令的按钮。按住鼠标左键拖动，可以在"直线"与"圆弧"间切换；"输入模式"包括"坐标模式"与"参数模式"，默认情况是"坐标模式"，当用鼠标在作图区中单击得到一个点后，系统会自动进入"参数模式"，便于输入曲线的参数。

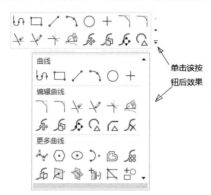

单击该按
钮后效果

图 2-23　"直接草图"区中的命令按钮菜单

图 2-24　"轮廓"对话框

【课堂实例 5】"轮廓"命令的操作。

（1）单击"轮廓"按钮启动该命令，弹出图 2-24 所示对话框时，用鼠标在作图区中单击，得到直线的起点，然后移动鼠标，使直线接近水平，当出现图 2-25（a）所示的水平箭头时，单击鼠标左键，完成一条直线的创建。

（2）然后按住鼠标左键拖动，进入圆弧模式，移动鼠标，当出现图 2-25（b）所示垂直的虚线时，单击鼠标左键，完成圆弧的创建。

（3）再往左移动鼠标，当出现图 2-25（c）所示的垂直虚线及右侧与圆弧相切的符号时，单击鼠标左键完成另一条直线的创建，得到图 2-25（c）所示直线。

（4）再按住鼠标左键拖动，进入圆弧模式，移动鼠标，捕捉最先创建的直线的起点作为圆弧终点，完成腰圆形草图制作，如图 2-25（d）所示。

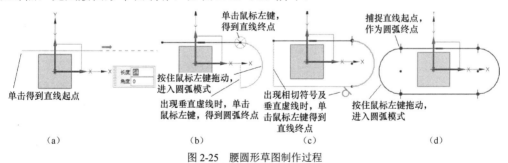

图 2-25　腰圆形草图制作过程

由于"轮廓"命令能方便制作直线与圆弧，因此，是 UG 草图绘制时常用的命令，初学者应该花时间反复练习，达到熟练的程度。

2. "矩形"命令

单击"矩形"按钮 □ 启动该命令，会弹出图 2-26 所示的"矩形"对话框，其中有 3 种制作矩形的方式。

（1）"按 2 点"就是在作图区中单击得到矩形的一个对角点，然后拖动鼠标，到达合适位置后，再单击鼠标左键得到矩形的另一个对角

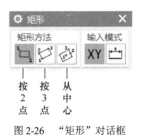

图 2-26　"矩形"对话框

点，完成矩形的制作方式。

（2）"按 3 点"就是先在工作区单击得到一点，作为矩形一边的起点，然后拖动鼠标，到达合适位置后单击，得到矩形一边长，再拖动鼠标到适当位置单击，得到矩形另一边长的制作方式。

（3）"从中心"则首先在作图区中单击得到矩形中心，然后拖动鼠标得到矩形长度，再拖动鼠标得到矩形高度，最后单击完成矩形制作。

以上 3 种制作方式应根据情况灵活使用，其中，"按 2 点"只能制作水平矩形，其余两种可制作倾斜的矩形。

3. "圆"命令

单击"圆"按钮○启动该命令，可弹出"圆"对话框，其中有两种制作圆的方式。

（1）"圆心与直径定圆"方式，首先在绘图区中单击得到圆心点，然后拖动鼠标，得到圆的直径，达到合适直径长度后单击，完成圆的制作。

（2）"三点定圆"则是单击不在一直线上的 3 点，确定圆。

这两种方式均常用，操作较为简单。

4. "偏置曲线"命令

【课堂实例 6】偏置曲线制作过程。

（1）单击"偏置曲线"按钮⌒启动该命令，弹出"偏置曲线"对话框，如图 2-27（a）所示。

（2）选择图 2-25（d）所示的腰圆形草图，修改"偏置曲线"对话框的各项，如修改"距离"，以便让偏置后的曲线与原曲线有合适的间距，如图 2-27（b）中距离为 5。

（3）修改副本数，可产生多根偏置曲线，如图 2-27（c）中，副本数为 2。

（4）单击"反向"按钮⊠，可使偏置方向改变，如图 2-27（d）所示；选中"对称偏置"复选框，可得到图 2-27（e）所示的效果。

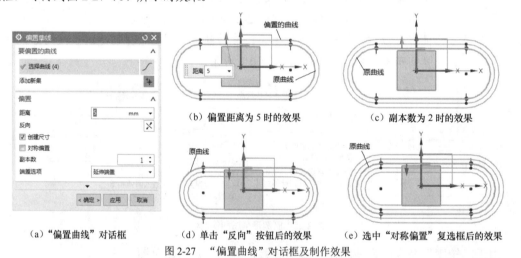

（a）"偏置曲线"对话框　　（d）单击"反向"按钮后的效果　　（e）选中"对称偏置"复选框后的效果

图 2-27　"偏置曲线"对话框及制作效果

"偏置曲线"命令功能强大，除了以上可以修改的项外，还可单击"偏置曲线"对话框中"确定"按钮上方的下拉按钮▼得到更多的修改项。由于其在一般操作中不常用，留给读者自己试作。

镜像曲线与阵列曲线

5. "镜像曲线"命令

【课堂实例 7】镜像曲线制作过程。

（1）删除曲线。在制作镜像曲线之前，先删除原来所有曲线，操作方法是：将类型过滤器设置为"曲线"，同时按"Ctrl+A"组合键全选所有曲线，然后按 Delete 键。

（2）制作草图曲线。将类型过滤器还原为"无选择过滤器"，方便后面操作。然后作图 2-28（a）所示效果的图形，供镜像曲线使用。

（3）镜像曲线。单击"镜像曲线"按钮，弹出"镜像曲线"对话框，选择要镜像的曲

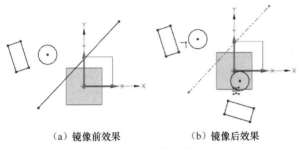

（a）镜像前效果　　　（b）镜像后效果

图 2-28　镜像曲线

线即图 2-28（a）中的矩形与圆，然后单击鼠标中键，再选择作为镜像的中心线（即对称轴线），可以是自己制作的直线，也可以是坐标轴 x、y 等，这里单击图 2-28（a）中的长直线，再单击鼠标中键，就完成了镜像曲线操作，效果如图 2-28（b）所示。

6."阵列曲线"命令

单击"阵列曲线"按钮，弹出图 2-29（a）所示"阵列曲线"对话框。该对话框的"阵列定义"区中，"布局"有"线性""圆形"和"常规"3 种，下面分别介绍。

（1）"线性"阵列布局

【课堂实例 8】阵列曲线制作过程 1。

我们还是以图 2-28（a）中的矩形作为阵列对象，选择该矩形，以此进行陈列。

① 确定方向 1：在"布局"右侧下拉列表中选择"线性"，单击鼠标中键后，鼠标指针自动进入"方向 1"区"选择线性对象（0）"处，单击选择图 2-28（a）中的直线（"要阵列的曲线"处），效果如图 2-29（b）所示。

② 调整参数：此时，可以根据需要，修改"阵列曲线"对话框中的"数量"及"节距"，以便确定阵列个数及阵列对象间的距离。

③ 完成操作：如果只需要一个方向，此时可以单击鼠标中键完成线性阵列，效果如图 2-29（c）所示。

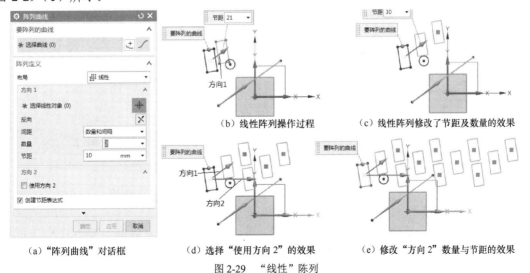

（a）"阵列曲线"对话框　　（d）选择"使用方向 2"的效果　　（e）修改"方向 2"数量与节距的效果

图 2-29　"线性"阵列

④ 确定方向 2：如果有必要，可以选中对话框中的"使用方向 2"复选框，此时，图 2-29（a）中的对话框会变长，鼠标指针自动指到"选择线性对象（0）"处，选择基准坐标系的 x 轴作为方向，则出现图 2-29（d）所示效果。

⑤ 调整参数：同样，修改"方向 2"区中的"数量"及"节距"，效果如图 2-29（e）所示效果，单击鼠标中键可完成陈列曲线操作。

线性阵列可以使用一个方向或两个方向，根据实际需要来确定，在选择方向时，可以使用现有曲线作为方向，也可以用坐标轴作为方向，在上面的操作中已经有所体现。操作过程中，可以用鼠标拖动图 2-29（d）所示的"方向 1"与"方向 2"的箭头来任意修改"节距"，也可以到图 2-29（a）对话框中输入准确的"节距"值；如果有必要，可以单击图 2-29（a）中的"反向"按钮 ⊠ 来改变阵列方向。其他设置可根据需要进行修改，在此不一一介绍。

（2）"圆形"阵列布局

【课堂实例 9】阵列曲线制作过程 2。

还是以图 2-28（a）中草图为例来说明"圆形"布局的阵列操作，当出现图 2-29（a）所示对话框时，先选择矩形，然后修改"布局"为"圆形"，再单击鼠标中键，鼠标指针指在"阵列曲线"对话框中"旋转点"区中的"指定点"处，单击基准坐标原点，效果如图 2-30（a）所示。根据需要，修改"阵列曲线"对话框中的"数量"及"节距角"，比如，要阵列 10 个，沿阵列的中心点均匀分布，可以在"数量"处输入"10"，并按回车键确定，然后在"节距角"处输入"360/10"，并按回车键确定，效果如图 2-30（b）所示。

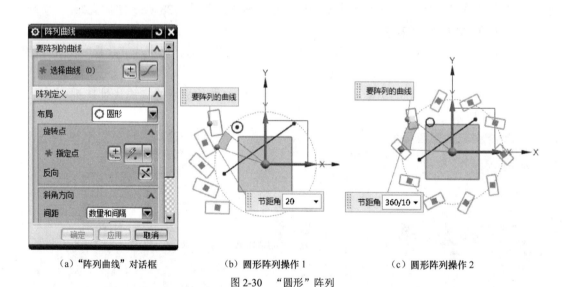

（a）"阵列曲线"对话框　　　　（b）圆形阵列操作 1　　　　（c）圆形阵列操作 2

图 2-30　"圆形"阵列

（3）"常规"阵列布局

【课堂实例 10】阵列曲线制作过程 3。

按上面的操作，将"布局"选择为"常规"后，"阵列曲线"对话框如图 2-31（a）所示，单击选择图 2-28（a）中的矩形，然后单击鼠标中键，鼠标指针自动指在"从"区中的"指定点"处，效果如图 2-31（b）所示，此时，需要用鼠标在绘图区中选择一个点，这个点是后面复制矩形时的参考点，可以任选，但建议选择矩形的中心点或角点，便于后面控制，这里选择矩形右下角的端点，如图 2-31（c）所示。完成参考点选择后，鼠标指针自动指到"至"区中的"指定点"处，此时，读者可以根据需要，在需要复制矩形的地方单击，就可在单击处得到一个复制的矩形，如图 2-31（d）所示，如此反复单击就能复制一系列的矩形。图 2-31（e）是最终结果。完成后单击鼠标中键，结束阵列曲线操作。

（a）"阵列曲线"对话框

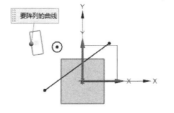

（b）选择矩形后效果

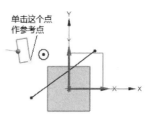

（c）选择参考点

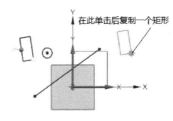

（d）在需要的地方单击，复制一个矩形

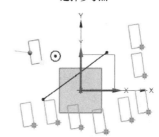

（e）反复单击得到一系列复制的矩形

图 2-31   "常规"阵列

"常规"阵列与 AutoCAD 中的"多重复制"功能一样，是根据需要用于对曲线进行反复复制的命令，每个复制的对象位置与数量任意确定，使用非常方便。

7. "快速修剪"命令

单击"快速修剪"按钮，会弹出"快速修剪"对话框，单击要修剪的对象，就可以进行修剪。

【课堂实例 11】"快速修剪"命令的使用。

作图 2-32 所示草图，如果要修剪掉图中的弧 AD 段，单击"快速修剪"按钮后，直接选中要修剪掉的弧 AD 段即可，同样，要修剪掉直线段 FG，则选中该段，就可以修剪掉。

在进行草图操作时，由于曲线可能由多种线条组成，"快速修剪"命令是经常使用的，因此，读者有必要熟练掌握。

8. "圆角"命令

【课堂实例 12】"圆角"命令的使用。

还是以图 2-32 所示的图为例，说明"圆角"命令的使用方法。

图 2-32   快速修剪草图

单击"圆角"按钮，弹出"圆角"对话框，其中的"圆角方法"有两种使用方法：默认"修剪"及"取消修剪"，当使用默认的"修剪"方法时，分别单击线段 GM 与 LG，朝下移动鼠标，会产生一段移动的圆弧，到合适位置单击鼠标左键，就可完成圆角制作。由于使用的是"修剪"方法，可以看到，圆角制成后，直线被修剪掉了，如图 2-33（a）所示；而如果使用"取消修剪"，虽然制作了圆角，但原来的直线没有被修剪掉，如图 2-33（b）所示。

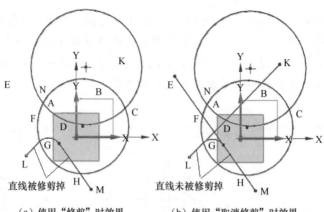

（a）使用"修剪"时效果   （b）使用"取消修剪"时效果

图 2-33　两种不同的修剪效果

9. 定向视图到草图

在制作草图时，可能在操作过程中按了鼠标中键并拖动，结果草图进行了旋转，再继续操作时不方便，此时，可以右击，在弹出的快捷菜单中选择"定向视图到草图"命令，或按"Shift+F8"组合键来摆正草图。

> 在"曲线"面板中，只有"直接草图"区的命令是用于制作草图的，而"曲线"区、"派生曲线"区、"编辑曲线"区的命令均是在建模环境中使用的命令。虽然这些区中的部分命令在草图环境中也可以用，但性质不同，建议大家不要用这些区的命令作草图，否则容易产生意想不到的错误且不容易查找出这些错误。

2.3.2　草图约束

1. 约束的概念

我们在作平面图时，往往要保证平面图的位置与尺寸符合要求，同时还要保证两个图素间的位置关系。为实现这些要求，目前各种工程软件中有两种解决办法。

草图约束 1

（1）直接输入坐标值，然后给出其他必要尺寸。

如制作一条直线，可以先确定一个端点坐标，然后给出直线的另一个端点坐标；也可以给出一个端点坐标后，给出直线长及直线与 x 轴的夹角。又比如，要制作一个圆，可以先给出圆心坐标，然后给出圆的半径或直径；也可以给出圆周上三点坐标；等等。这些都是通过直接输入关键尺寸来完成的。优点是作图后尺寸固定，操作方法简单易掌握；缺点是一旦完成制作，修改困难，特别是复杂图形，可能需要重新制作。

草图约束 2

（2）通过约束对图形的位置与尺寸进行限制，从而达到固定图形形状与位置的目的。

这种方式的优点是图形的修改变得非常简单，在设计初期、中期与后期，可随时对图形进行修改，尺寸具有关联性；缺点是初学者掌握难度增加。许多著名的工程软件如 CATIA、

Pro/E 等都采用这种方式，UG 也使用了约束的方式。

2. 约束的分类

约束就是限制、束缚的意思，在 UG 中，就是使用某种方法，对图形的尺寸与位置进行限制，从而保证图形形状与相对位置的唯一性与确定性。

（1）按约束方式不同分类

根据约束方式不同，可将约束分为尺寸约束与几何约束两种。

① 尺寸约束就是对图形尺寸与位置关系使用尺寸进行限制，操作过程类似 AutoCAD 中的标注尺寸，但 UG 中的尺寸约束不是标注尺寸，而是限制图形尺寸与位置的关系。区别：标注尺寸时不能修改图形的大小，图形大小决定尺寸大小，尺寸数据只能反映图形的真实大小；而尺寸约束则可以通过标注的尺寸改变图形大小，是尺寸决定图形大小及位置，改变两图位置关系的远近等。

② 几何约束是通过对图形几何关系进行限制来确定图形的尺寸与位置关系的，如两圆相切、相交、等半径、同心等，两直线等长、垂直、平行、重合、相交（夹角）等，这些都属于几何约束。

在 UG 中，约束命令在"曲线"面板的"直接草图"区中，如图 2-34 所示。图中"快速尺寸"及其下拉菜单中的尺寸命令即是尺寸约束命令，包括快速尺寸、线性尺寸、径向尺寸、角度尺寸和周长尺寸。"几何约束"与"设为对称"是几何约束命令，其中，"设为对称"命令的使用方法是单击图 2-34 所示的"更多"按钮，在弹出的面板中可找到"设为对称"命令，可以通过使用这两个命令来完成几何约束。

图 2-34　约束命令

需要注意的是：在初次使用 UG 时，可能"几何约束"命令没有显示出来，读者可以单击图 2-34 所示"更多"右下角的"直接草图"下拉按钮 ▾，在弹出的下拉菜单中，选中"几何约束"复选框，就可以将到图 2-34 所示效果。

当然，如果是使用过 UG 早期版本的读者，习惯在草图任务环境中操作，则可以单击图 2-34 所示"更多"按钮，弹出下拉菜单，选择"在草图任务环境中打开"命令，就会进入草图环境，则这些命令均显示在"主页"面板中，操作也很方便。

为让大家熟悉约束功能，下面以制作一个边长为 100mm 的正五角星草图为例，来说明尺寸约束与几何约束的使用。

【课堂实例 13】草图正五角星的制作过程。

制作正五角星草图的过程如图 2-35 所示。

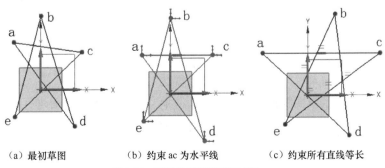

　　（a）最初草图　　　　　（b）约束 ac 为水平线　　　（c）约束所有直线等长

图 2-35　正五角星草图制作过程

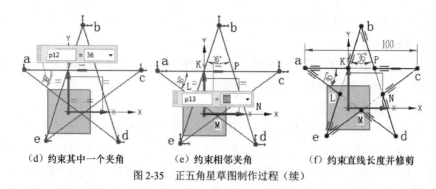

(d) 约束其中一个夹角　　　　(e) 约束相邻夹角　　　　(f) 约束直线长度并修剪

图 2-35　正五角星草图制作过程（续）

① 新建一个文件"五角星草图.prt"，单击"主页"面板上的"草图"按钮，弹出"创建草图"对话框，单击鼠标中键，进入直接草图状态，然后使用"轮廓"命令制作如图 2-35（a）所示的草图。

② 制作时，先单击"轮廓"按钮启动该命令，再按顺序分别单击点 a、c、e、b、d、a，然后单击鼠标中键两次，完成草图制作，效果如图 2-35（a）所示。由于这时的草图是随意制作的，因此图形并不规范。下面通过几何约束与尺寸约束功能，使制作的草图最终符合要求。

③ 单击"曲线"面板中的"几何约束"按钮，会弹出"几何约束"对话框，如图 2-36 所示。先单击"水平"按钮，然后选中图 2-35（a）中的直线 ac，效果如图 2-35（b）所示。

图 2-36　"几何约束"对话框

④ 单击"等长"按钮，然后依次选中 ac、bd、be、ec，单击鼠标中键后再选中 ad，使这 5 根线长度相等，效果如图 2-35（c）所示。

上面的操作使用的是几何约束，下面再对草图进行尺寸约束。

⑤ 单击图 2-35（d）所示"快速尺寸"按钮，弹出"快速尺寸"对话框，先选中直线 ac，再选中直线 ad，然后往右拖动鼠标到合适位置后单击，在文本框中输入角度尺寸"36"并按回车键确定，完成一个尺寸约束操作，得到图 2-35（d）所示效果。

⑥ 分别选中 be、bd，然后朝下拖动鼠标到合适位置后单击，输入角度为"36"，并按回车键确定，得到如图 2-35（e）所示效果，此时的五角星已经是正五角形了。

⑦ 选中直线 ac，然后朝上拖动鼠标到合适位置后单击，输入"100"并按回车键确定，则约束直线 ac 长度为 100，效果如图 2-35（f）所示。最后使用"快速修剪"命令（）将图 2-35（e）中的线段 kl、lm、mn、np、pk 分别修剪掉，结果得到完成的草图效果，如图 2-35（f）所示。最后单击"完成草图"按钮，返回建模状态。

上面的操作演示了草图制作的基本过程：先制作类似图形，然后进行几何约束、尺寸约束等，完成图形的尺寸与位置的约束，使图形具有确定性。

（2）按约束程度不同分类

根据约束程度不同，可将约束分为欠约束、完全约束、过约束 3 种。

① 欠约束。在上面制作正五角星的过程中，当没有进行约束时，可以用鼠标选中图 2-35（a）中的任意直线拖动，也可以对同一直线的不同位置，如线端点、中点、任意点拖动，但拖动效果不同，图形会随着拖动而改变形状与位置，这种状况是因为约束不够多，因此图形形状与位置不能确定，这种约束不够的状态称为欠约束。

当我们按照前面的方法完成了正五角星草图后，其实这个草图还可以移动，因为它相对于坐标的位置还没有确定，因此，虽然正五角星大小与形状确定了，但位置还没有确定，因此，也是欠约束状态。

② 完全约束。如果在图 2-35（f）中，增加点 a 到坐标 x 轴、y 轴的距离各为 40，则五角星不但形状与大小确定了，而且其相对坐标的位置也确定了，这种约束状态称为完全约束。

③ 过约束。如果一个图形已经完全约束了，再增加一个约束，就会使约束过多，从而出现约束间相互矛盾、相互干涉，此时尺寸约束或几何约束的颜色会变成红色，说明这些变红色的约束是相互干涉的。这时应该删除多余的或矛盾的约束，否则，图形就不稳定。

通过上面的讲解，可以认为，完全约束就是图形大小、形状与位置均得到合理的约束，约束数量恰好能使图形具有唯一确定性，约束间没有矛盾与干涉。此时，选择约束命令后，图形颜色变成绿色。欠约束则是约束不够，致使图形大小、形状或位置能任意改变的状态。过约束则是两个或多个约束间出现相互制约、相互干涉、相互矛盾的状态。读者在操作时，可以看 UG 状态栏中的提示，如果提示"草图包含过约束的几何体"，说明有过约束行为；如果提示"草图已完全约束"说明完全约束；如果提示"草图需要 X 个约束"说明是欠约束。

需要高度重视的是：在制作草图时，完全约束是最理想的，但欠约束也是作图允许的，而过约束是禁止的。因此，发现有过约束时，必须马上删除多余约束。

一般情况下，草图约束是显示在图形中的，如图 2-35（b）、（c）中的几何约束及图 2-35（d）、（e）中的尺寸约束。如果 UG 状态栏中没有显示，可以打开显示开关，方法是：打开"曲线"面板，在图 2-34 所示约束命令处单击"更多"按钮，然后单击弹出面板中的"显示草图约束"按钮　即可。

当约束显示出来后，如果要删除一个约束，可以选择要删除的约束，然后右击并在快捷菜单中选择"删除"命令或按"Delete"键即可。以删除图 2-35（b）中直线 ac 的水平约束为例，使用框选模式选中水平约束符号━━，然后右击并在快捷菜单中选择"删除"命令或按"Delete"键，就完成了对该约束的删除。尺寸约束可直接右击选择"删除"命令。

（3）按约束的自动性情况分类

根据约束的自动性情况将约束分为自动约束与人为约束两种。

① 自动约束。在默认状态下，进入草图状态作草图时，系统会自动进行各种几何约束。如两线共点、线与圆相切、端点对齐等。这种操作是自动进行的，称为自动约束。

② 人为约束。通过前面图 2-34 所示的约束命令进行约束，即人为约束。这种约束在前面图 2-35 中制作正五角星时，进行了水平约束、等长约束等，以及夹角和 ac 边长 100 的约束，都属于人为约束。

3. 约束的操作实例

下面以制作图 2-37（a）所示的草图为例，对草图的约束进行说明。

【课堂实例 14】草图约束的使用 1。

（1）建立文件"草图 2.prt"，并进入草图环境，单击"轮廓"按钮　，然后在图 2-37（a）

草图约束操作 1

的点 A 处单击（位置大体类似即可），将鼠标右移到适当位置，当鼠标指针处出现虚线加一个向右的箭头时，即这种效果：⇢⇠（这是水平自动约束符号），单击鼠标左键，得到水平线 AB。

（2）此时可以在水平线上看到水平约束符号━，然后按住鼠标左键拖动一下，让轮廓变成圆弧，然后拖动鼠标，得到圆弧 BC，可看到图 2-37（b）所示的相切符号，同时，在直线与圆弧交点处有个圆点，这是两曲线共点符号。需要注意的是，有些标志在制作过程中与制作完成后，其标志效果不同。

（3）朝左上角移动鼠标，会出现图 2-37（c）所示直线与圆弧相切符号○，给出适当长度后单击，则可使圆弧 BC 就与直线 CD 相切。当鼠标指针移动到大致 D 点处时单击，即可完成直线 CD 的制作；同理，按上述方法制作曲线的其他部分，最后得到图 2-37（d）所示效果。

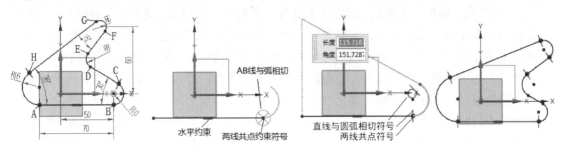

| （a）完成后草图效果 | （b）水平与共点约束 | （c）完成后的相切及共点符号 | （d）未完全约束的草图效果 |

图 2-37　约束操作

（4）再使用"几何约束"命令（⊥），将圆弧 BC 的圆心点约束在 x 轴上（"点在曲线上"约束↑）；将 AB 线的中点约束在 y 轴上。将其他制作过程中不相切的线约束为相切，最后按图 2-37（a）所示进行尺寸约束，就完成了图形的所有约束。

从上面的操作过程可以看到，在作图时，系统会自动约束，完成草图初步效果后[图 2-37（d）]，再进行人为几何约束与尺寸约束，最终达到使图形唯一的目的。

◎ 注意

正确理解自动约束非常重要，需要自动约束的地方就进行自动约束，这会加快作图速度；如果不需要，可以适当放大或移动鼠标，以便不产生自动约束，否则，产生了多余自动约束，会引起过约束，反而降低了作图效率。因此，读者要根据图形具体情况，正确使用自动约束功能。如果在作图过程中，有些约束已经出现，但又不想要，应该将多余的约束删除。

4. 绘制 UG 草图的操作技巧

上面介绍了 UG 约束的概念、分类与操作实例，对于初学者来说，UG 草图是个难点，因此，需要花至少 6~8 学时进行学习，并进行至少 20 学时的操作练习才能达到较好的效果。另外，要注意一些操作技巧，才能更加快速地完成草图。下面介绍几点绘制 UG 草图的操作技巧。

（1）草图尺寸

在作草图时，注意草图尺寸应该与实际产品尺寸接近，否则，在后面进行约束时，会发生大的变形，有时甚至变成了难以接受的形状，使后续操作难以进行。如图 2-37（a）所示草图，最下面直线 AB 尺寸为 70，在作这条直线时，尺寸作成 70 左右即可，一般相差±30% 对后续操作影响不大。一开始作图时要注意尺寸大小，以便后续作图有个参照。

草图约束操作2

（2）调整图形

【课堂实例 15】草图约束的使用 2。

图 2-38（a）所示为草图需要达到的理想效果，图 2-38（b）是初步作出的草图效果，由于二者形状相差较远，应该首先进行调整，调整的方法是使用鼠标拖动，按住图 2-38（b）中的 C 点往右上方拖，按住 E 点往左边拖，就可以得到图 2-38（c）所示效果。然后使用"几何约束"命令中的"相切"功能（ ），使圆弧 BC 与直线 CD 相切，使圆弧 DE 与直线 EA 相切，再用"快速尺寸"命令按如下建立尺寸约束：直线 AE 与 AB 夹角75°，圆心 1 到直线 AB 的距离45，直线 AB 长80，圆弧 DE 半径25，圆弧 BC 半径15，直线 AB 到 x 轴距离25，点 A 到 y 轴距离50。完成这些约束后，就可得到图 2-38（a）所示效果。

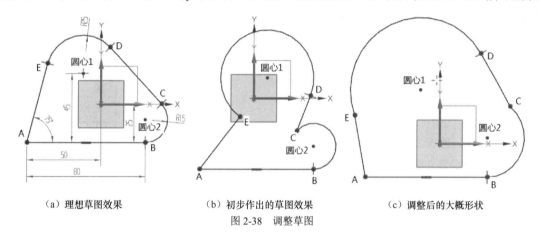

（a）理想草图效果　　　　　（b）初步作出的草图效果　　　　　（c）调整后的大概形状

图 2-38　调整草图

需要注意，调整草图时，按住曲线不同部位拖动，效果不同。如图 2-38（b）所示，按住直线 CD 的端点 C 或 D 拖动与按住 CD 线中间位置拖动，会有不同效果；按住圆弧 DE 的圆心、与按住端点 D 或 E、与按住圆周上任意点等不同部位拖动，效果也不同。读者可以自己反复试验操作，掌握其中规律，以便加快掌握草图制作技巧。

（3）合理的约束顺序

一般应先几何约束，后尺寸约束。在进行尺寸约束时，先定位，后定形，相对坐标放最后。即先确定关键曲线的位置关系，再来确定曲线的形状尺寸。例如，在图 2-38（c）中，应先约束直线 CD 与圆弧 BC 相切、直线 AE 与圆弧 DE 相切；完成这些几何约束后，再定 AE 与 AB 的夹角，及圆心 1 到直线 AB 的距离，即确定直线 AE、圆弧 DE 与直线 AB 的位置关系；然后定直线 AB 长及圆弧 DE、圆弧 BC 的半径等；最后确定草图与坐标的位置关系。

读者在注意上述操作技巧后，反复练习，就能快速掌握 UG 草图制作方法，为后续三维建模打下坚实基础。

2.4　铁钩草图制作

能力目标

1. 通过实例掌握草图的操作步骤与方法。

2. 掌握草图制作的操作技巧及操作顺序：先约束关键位置的圆弧中心

铁钩草图制作

（图 2-39 中"R20""R50"及"R6.5"三个圆弧的中心），再约束边界元素（图 2-40 中 AB 直线到坐标中心的距离），最后约束其他元素。

3. 草图约束的基本原则：先定位（先约束草图关键元素的位置），后定心（然后约束草图中各圆心位置），再定形（约束草图形状）。

图 2-39 所示是一种铁钩的草图。本节以该图作为操作对象，演示较复杂草图的制作。制作过程将遵循上面介绍的方法，请读者认真理解。

创建"铁钩草图.prt"文件，并单击"主页"面板中的"草图"按钮，单击鼠标中键，以默认方式进入草图状态，下面介绍操作步骤。

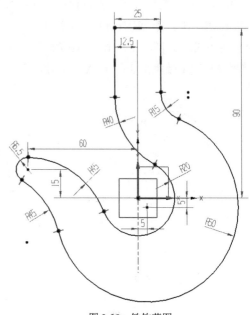

图 2-39　铁钩草图

1. 完成草图轮廓制作

单击"曲线"面板中的"轮廓"按钮，在图 2-40 所示的 A 点（大概接近即可）单击，得到直线起点，然后往下拖鼠标，使其出现"竖起"约束标志，且长度约为 25 时，单击鼠标左键，完成直线 AB 的制作，然后按住鼠标左键拖动，使"轮廓"命令由直线模式转换成圆弧模式，再拖动鼠标大概到达图 2-40 所示的 C 点位置，单击鼠标左键完成圆弧 BC 的制作。同理，以相似方法完成图 2-38 中圆弧 CD、圆弧 DE、圆弧 EF、圆弧 FG、圆弧 GH、圆弧 HK，然后制作竖直线 KL、水平直线 LA。制作完成后，效果如图 2-40（a）所示。在制作时，尽量让各曲线的端点和尺寸与图 2-40 的端点位置及尺寸接近。但初学者可能不容易操作，类似就可以。

2. 调整草图

对于初学者来说，可能制作的草图与原图相差非常大。这时，需要对草图进行调整，以调整图 2-40（a）中的圆弧 HK 为例，可以用鼠标按住圆弧 HK 的中间位置 P，然后朝右上角拖动鼠标，达到图 2-40（b）所示圆弧 HK 的效果即可。注意，拖动时先将"上边框条"中选择组中的"圆弧中心"捕捉功能（⊙）关掉，这样方便选择操作，从而方便拖动；同时注意，不要按住圆弧 HK 的中点拖，这样拖动的效果不同。同样，读者可以对圆弧 EF 进行调整，可试着按住圆弧端点 E、端点 F、中点、圆心点、圆弧 EF 上的任意点 W 进行拖动，会有不同的拖动效果，读者应该从中理解不同拖动所得到的不同效果。如果读者在制作这一草图时得到的效果与图 2-39 所示相比差别大，应该逐一进行调整，直到接近图 2-39 所示效果。

3. 进行几何约束

在图 2-40（c）所示草图中，圆弧 HK 与圆弧 HG、直线 KL 不相切，因此，使用几何约束使其相切（具体操作参照前面）。并检查其他弧，没有相切的均约束为相切。然后将圆心 M（圆弧 CD 的圆心）拖动到坐标圆点 O 上松开，使圆心 M 约束在坐标中心点上。再按住圆心 N（圆弧 GH 的圆心）拖动到坐标的第 4 象限，方便下面尺寸约束操作，此时效果如图 2-40（d）所示。

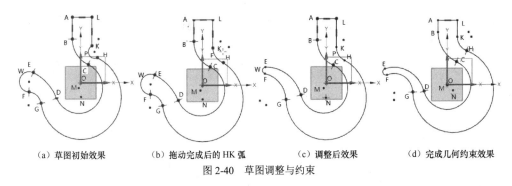

（a）草图初始效果　　（b）拖动完成后的 HK 弧　　（c）调整后效果　　（d）完成几何约束效果

图 2-40　草图调整与约束

4. 完成尺寸约束

在完成上述操作后，就可以进行尺寸约束了，按先确定位置、后确定形状的原则，参照图 2-39 各尺寸关系，尺寸约束顺序如下。

（1）约束圆心 N 到 x 轴的距离为 5。

（2）约束圆心 N 到 y 轴的距离为 5。

（3）约束圆弧 EF 的圆心到 x 轴的距离为 15。

（4）约束圆弧 EF 的圆心到 y 轴的距离为 60。

（5）约束直线 AL 到 x 轴的距离为 90。

（6）约束直线 AB 到 y 轴的距离为 12.5。

（7）约束圆弧 CD 的直径为 40 或半径为 20。

（8）约束圆弧 GH 的直径为 100 或半径为 50。

（9）约束圆弧 EF 的直径为 13 或半径为 6.5。

（10）分别约束圆弧 DE 和圆弧 FG 的直径为 90 或半径为 45。

（11）约束圆弧 BC 的直径为 80 或半径为 40。

（12）约束圆弧 HK 的直径为 30 或半径为 15。

（13）约束直线 AL 的长度为 25。

其中，（1）～（6）为定位尺寸约束，（7）～（13）为定形尺寸约束。

完成以上约束后，草图是完全约束状态，说明草图已经完成，可以退出草图环境。

经过上面的操作，完成了一个草图建立的全过程。复杂的图形可能不止一个草图，后面介绍实体建模操作时会用到多个草图。

5. 对草图的进一步理解

（1）草图是二维平面图，是为作三维图形打基础的，可能是三维模型的某个方向上的投影或视图。

（2）一个复杂的产品可能要很多个草图。

（3）同一个产品，建模方法不同，草图也可以不同。

（4）不要草图也可以建模，但复杂模型没有草图时，建模很困难或者不可能完成，有草图就方便多了。

（5）草图除了作出基本图形外，还要进行约束，可以是欠约束，但不允许过约束。

（6）草图的约束顺序：先约束关键元素的位置尺寸及形状尺寸，再约束边界尺寸的位置与形状，最后是其他元素的约束。

（7）进行草图操作时要注意细节，细节操作没有掌握好，会给草图操作带来许多困难，初学者不要怕麻烦，应多作草图练习，本章后面有多个习题，要认真练习。

2.5 不用草图建模

1. 理解使用草图建模与不用草图建模的区别。
2. 通过实例理解建模的步骤与过程。
3. 掌握常用命令的操作方法。

不用草图也可以建立简单的模型，第 1 章中的图 1-19 就是一个简单的不需要草图的建模操作实例，由于不用草图建模时效率低，操作相对麻烦，因此，只在这里再举两例，以后不再专门讲解不用草图建模的情况。

2.5.1 纸杯制作

纸杯的最终效果如图 2-41 所示。其操作过程如下。

纸杯制作

（a）外观效果　　（b）剖开内部效果
图 2-41　纸杯的最终效果

1. 新建文件

启动 UG，新建"纸杯.prt"文件。

2. 插入圆柱体

选择"菜单"→"插入"→"设计特征"→"圆柱"命令，当弹出"圆柱"对话框时，修改其中"尺寸"参数，"直径"修改为"50"，"高度"修改为"70"，单击鼠标中键完成圆柱体的制作，如图 2-42 所示。

图 2-42　生成圆柱体

3. 作出锥度

（1）单击"主页"面板"特征"区中的"拔模"按钮，弹出"拔模"对话框，鼠标指针自动指在"指定矢量"处，单击圆柱体的顶面，使矢量指向 z 轴。

（2）鼠标指针指在"选择固定面"处，单击图 2-42 中圆柱体下表面，作为固定面；单击鼠标中键，鼠标指针指在"选择面"处，即选择要拔模的面，单击选择圆柱体的侧表面，作为要拔模（即倾斜的面）面，在"角度 1"处输入"-6"，即拔模角为-6°，然后单击"确定"按钮完成圆柱体的拔模操作，将圆柱体变成圆锥体，如图 2-43（a）所示。

（a）拔模后效果　　（b）增加圆柱体后效果　（c）做出底部圆柱体效果　　（d）抽壳后效果
图 2-43　制作过程

4．增加顶部圆柱体

再次插入圆柱体，操作方法同上，将"圆柱"对话框中的参数修改如下："指定点"选择圆柱体的上表面的圆心，"直径"为"69"，"高度"为"1"，"布尔"为"合并"。完成后的效果如图 2-43（b）所示。

5．增加底部圆柱体

再次插入圆柱体，操作方法同上，将"圆柱"对话框中的参数修改如下："指定点"选择圆柱体的下表面的圆心，"直径"为"47"，"高度"为"2"，"布尔"为"减去"。完成后的效果如图 2-43（c）所示。

6．抽壳

单击"特征"区中的"抽壳"按钮，弹出"抽壳"对话框，将其中的"厚度"修改为"1"，并按回车键确定，然后单击选择图 2-42 的上表面，单击鼠标中键完成操作，效果如图 2-43（d）所示。

7．移动面

单击"同步建模"区中的"移动面"按钮，弹出"移动面"对话框，选中图 2-43（d）中的面 P，然后在对话框的"距离"处输入"1"，单击"确定"按钮完成操作，可以看到，这个面朝上移动了 1，使边加厚了。

8．倒圆角

单击"特征"区中的"边倒圆"按钮，选择图 2-43（d）中的上表面的边 A、边 B，在对话框的"半径 1"处输入倒圆半径值"1.5"，然后单击鼠标中键或单击"确定"按钮完成第一次边倒圆；同理，对图 2-43（d）中的边 C 进行边倒圆，半径值为"0.75"，图 2-43（c）中边 D 的边倒圆半径值为 1。完成后在工作区中空白处单击鼠标右键，在弹出的快捷菜单中选择"编辑截面"命令（ ），弹出"视图剖切"对话框，将"剖切平面"区中的"平面"修改为"Y"（ ），可以看到剖切效果，放大后看到的边倒圆处效果如图 2-44 所示。

9．渲染处理

在工作区中空白处长按鼠标右键（2s 以上），弹出按钮菜单，移动鼠标到"着色"按钮 上松开，执行"着色"命令，同样地，执行"艺术外观"命令（ ）。

图 2-44　边倒圆后剖切效果

单击导航栏中的"系统艺术外观材料"按钮，在展开的面板中，选择"塑料"→"亮泽塑料-白色"选项，将该球图标拖动至纸杯上，可看到纸杯添加材料后的效果。

10．隐藏不必要的图素

单击"视图"面板"可见性"区中的"图层设置"按钮，弹出"图层设置"对话框，取消选中图层"61"前面的复选框，然后单击鼠标中键完成操作，就可将基准坐标隐藏。完成后的最终效果如图 2-41 所示。

经过上面的操作，读者应该可以看到，不使用草图也可以制作出三维图，但在制作过程中，一定要注意制作顺序，如果顺序不对，可能效果不同；同时尺寸设置也需要技巧，比如前面第 4 步中，在增加顶部圆柱体时，选择高度为 1，在后面第 6 步时抽壳厚度也为 1，这就保证了草图能在抽壳后得到图 2-43（d）所示的平面 P，否则效果将不一样。但抽壳后，为加厚面 P 处实体厚度，使用了第 7 步移动面操作。这些操作技巧需要读者在制作过程中慢慢理解与掌握。

2.5.2 骰子制作

骰子效果图如图 2-45 所示。

制作过程如下。

骰子制作

（1）进入建模环境。启动 UG，并新建"骰子.prt"文件，然后进入建模基本环境中。

（2）制作正方体。选择"菜单"→"插入"→"设计特征"→"长方体"命令（ ），弹出"长方体"对话框，选择坐标中心为"指定点"，长方体的长、宽、高均设为 100，单击"确定"按钮，完成长方体的建立。

（3）创建辅助直线。单击"曲线"面板中"曲线"区内（不是"直接草图"区内的）的直线"按钮 ，弹出"直线"对话框，捕捉长方体的一个顶点并单击，完成直线的第一点的选取，然后捕捉同一面上的对角点并单击，得到图 2-46 所示的效果。单击鼠标中键完成直线的创建。

图 2-45 骰子效果图

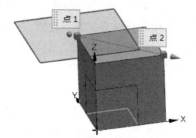

图 2-46 未完成的直线

（4）制作孔眼。选择"菜单"→"插入"→"设计特征"→"球"命令（ ），弹出"球"对话框，单击"点对话框"按钮，弹出"点"对话框，捕捉到图 2-46 中直线（点 1 与点 2 之间的直线）的中点，然后单击"确定"按钮返回"球"对话框，输入直径值"30"，然后将"布尔"修改为"减去"，单击鼠标中键完成操作，则一个孔眼就作成了，如图 2-47 所示。

（5）分割辅助线。同样在另一面作一根直线，方法同上。然后单击"曲线"面板最右侧空白处的"功能区选项"按钮 ，在弹出的下拉菜单中，选中"更多库"复选框，则在"曲线"面板"编辑曲线"区右侧添加了"更多"区，如图 2-48 所示，单击"更多"按钮会弹出下拉菜单，选择"分割曲线"命令（ ），弹出"分割曲线"对话框，该命令的"类型"有多种，这里使用默认类型"等分段"，并将"段数"设置为 3，然后选中刚才作的直线，表示要将该直线等分，此时会弹出一个"分割曲线"提示框，直接单击"确定"按钮，然后单击鼠标中键完成分割操作，就可将刚才的直线分成 3 段。分段的目的是为后面建立球提供球心定位。

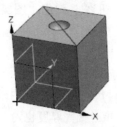

图 2-47 作成一个孔眼

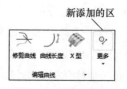

新添加的区

图 2-48 新添加的区

（6）制作两个半球孔。再次选择"球"命令（ ），在刚才等分的直线的中间段的首尾各建立一个球，球的直径修改为 15（后面所作孔直径均与此相同），"布尔"选择"减去"，则得到图 2-49 所示效果。

（7）制作 6 孔面。用同样的方法作出其他面的孔眼，效果如图 2-50 所示。其中，制作 3 个孔时，将直线分成 3 段，在中间段的两个端点及中点上各作一个球；制作 4 孔、5 孔时，均使用交叉的二线，并将二线分成 3 段，也是在中间线的端点及中点上定位球心；制作 6 孔时，则先沿长方体的边制作二线，并将二线分割成 3 段，再在两线的中间段的端点上各连一根线，如图 2-50 所示，然后将二连线分割成 3 段，也是在中间段的端点及中点上作球。

上面的操作中，始终只将曲线分割成 3 段，利用中间段的两端点及中点定位球心。

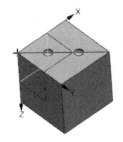

图 2-49　分段后作出两个孔效果

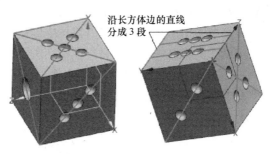

图 2-50　作出所有 6 个面的孔眼后的效果

（8）制作变半径倒圆角。单击"主页"面板"特征"区中的"边倒圆"按钮，弹出"边倒圆"对话框，将对话框中"形状"修改为"圆形"，将"半径 1"修改为"10"，然后使用框选法选中长方体的所有 12 条边，效果如图 2-51 所示。

单击"变半径"区中的"指定半径点"区，使鼠标指针停留在该区，逐一选中正方体各边中点，效果如图 2-52 所示；将"形状"修改为"二次曲线"，再次单击"变半径"区中的"指定半径点"区，使鼠标指针停留在该区，选中正方体其中一个顶点，然后将"V 边界半径"修改为"40"，将"V 中心半径"修改为"26.666"（V 中心半径/V 边界半径最大为 2/3）。再依次选择正方体其他 7 个顶点，如图 2-53 所示，单击鼠标中键完成边倒圆操作，效果如图 2-54 所示。

图 2-51　选中 12 条边效果

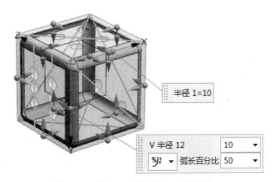

图 2-52　选中 12 条边的中点后效果

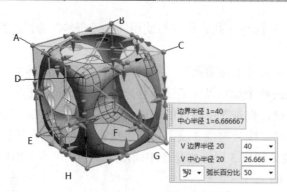

边界半径 1=40
中心半径 1=6.666667

√ 边界半径 20	40 ▾
√ 中心半径 20	26.666 ▾
♨ ▾ 弧长百分比	50 ▾

图 2-53 点选各顶点后效果

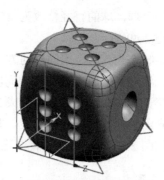

图 2-54 完成边倒圆效果

（9）隐藏不必要曲线。单击"视图"面板"可见性"区中的"移动至图层"按钮 ，弹出"类选择"对话框，在工作区中空白处右击，在弹出的过滤器快捷菜单中，选择"曲线"命令，然后框选骰子中所有曲线，单击鼠标中键后，弹出"图层移动"对话框，在"目标图层或类型"下面的文本框中输入"41"并按回车键确定，则将这些线条移动到了第 41 层。

单击"视图"面板"可见性"区中的"图层设置"按钮 ，弹出"图层设置"对话框后，取消选中"61"前面的复选框，单击鼠标中键完成操作，将基准坐标隐藏，完成隐藏操作，效果如图 2-55 所示。

（10）赋材料。在工作区空白处长按右键，单击按钮菜单中的"着色"按钮，再次长按右键，单击"艺术外观"按钮，展开"导航栏"中的"系统艺术外观材料"区，选择"塑料"材料中的"亮泽塑料-白色"按钮，拖动至图 2-55 所示的骰子上，赋予骰子整体材料；再在作图区中空白处右击，在弹出的过滤器中选择"面"选项，逐一选择骰子各孔表面，然后单击"塑料"材料中的"亮泽塑料-红色"选项，给各孔面加上材料，效果如图 2-56 所示。

图 2-55 隐藏曲线后效果   图 2-56 完成材料添加效果

（11）渲染。单击"渲染"面板中的"艺术外观任务"按钮 ，再单击"光线追踪艺术外观"按钮 ，弹出"光线追踪艺术外观"窗口，其中的效果如图 2-45 所示，至此，完成了骰子的制作。

（12）保存。单击界面左上角"保存"按钮 ，完成保存。

 小结

本章首先讨论 UG 中的坐标系、图层等基础概念，然后讨论建模的重要工具——草图的概念。从上面的学习可以知道，草图是建立复杂模型的基础；没有草图也可以建立简单的模型；一个草图可以有多种建模效果；同一模型可以用不同的方法建模，所以草图也不同；草图可以加快建模速度、方便模型编辑与修改。但不用草图也可以建立相对简单的模型，本章通过多个实例演示了不用草图制作三维模型的方法。

 练习题

完成下面的作图练习，并从中体会建模与草图之间的关系，掌握前面学过的命令的使用。

1. 作图 2-57 所示的草图，并进行拉伸 25 长的操作。

2. 作图 2-58 所示的草图，并将草图中最右侧的垂直线与 yc 轴共线，最下面的水平线与 xc 轴共线，作完草图后，以 yc 轴为轴心作旋转建模。

第 2 章练习题 1

第 2 章练习题 2

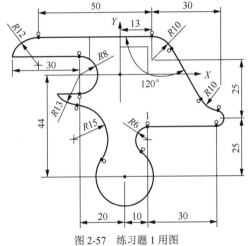

图 2-57　练习题 1 用图

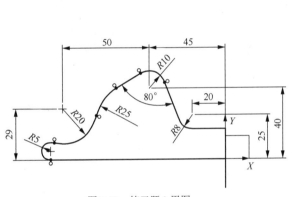

图 2-58　练习题 2 用图

3. 作图 2-59 所示的草图，并拉伸 50 长，取拔模锥角为 5°。

4. 作图 2-60 所示的草图。

第 2 章练习题 3　第 2 章练习题 4

图 2-59　练习题 3 用图

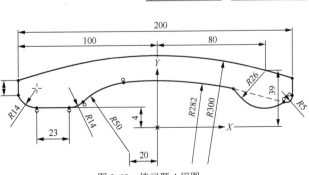

图 2-60　练习题 4 用图

5. 作图 2-61 所示的草图。

第 2 章练习题 5

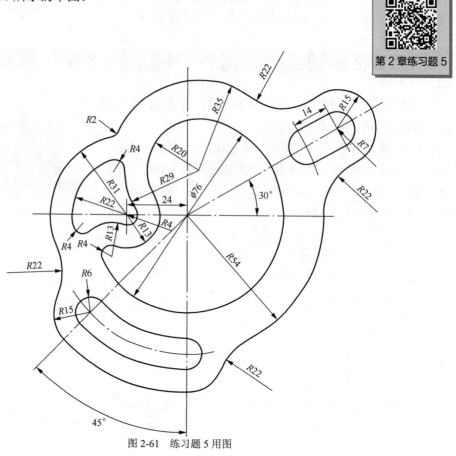

图 2-61　练习题 5 用图

6. 作图 2-62 所示的草图。

第 2 章练习题 6

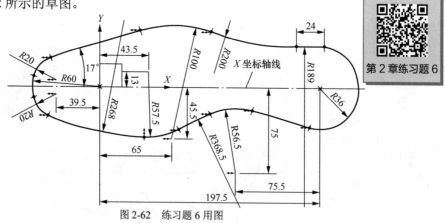

图 2-62　练习题 6 用图

7. 照本章 2.5.2 节的实例制作骰子草图。

第3章

一般实体三维建模实例

前面讲解了不用草图建模的实例，但要高效快速建模，使用草图方式建模更方便。学习用 UG 建模，首先要熟练掌握 UG 的建模方法，其次要熟悉 UG 建模命令，最后要反复思考并使用这些命令，才能真正掌握其精髓。

本章将讲解多个实例，以便让读者能轻松掌握建模的基本命令及操作技巧。这些实例按照从拉伸、旋转命令到特殊弹簧制作、参数化建模的思路由易到难地展开，且布局方式综合性渐强。

要真正掌握建模，做到各种类型的模型都能制作，就要理解建模方法。本章重点讲解第 2 章建模分类中的一般实体建模，采用的建模方法主要是叠加法、缝合法及综合法。为了能快速建立一个复杂的一般实体模型，首先要善于分解三维模型，将其分解成若干简单结构，然后使用 UG 提供的基本命令完成这些简单结构的构建，最终得到复杂的三维效果。

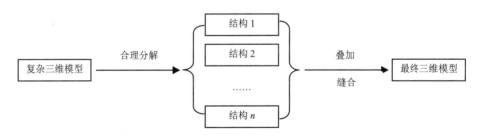

对于复杂曲面实体建模，则要学会建立线框，建立产品的轮廓，然后将轮廓化成面和实体；同时复杂曲面实体建模中也要使用一般实体建模中的叠加、缝合等思想。详细介绍见第 4 章曲面塑型方法部分。

所谓合理分解，就是尽量让分解的结构简单、制作方便，能使用常用命令完成，分解过程容易被读者理解、接受。同一实体，可以有很多种分解方法，只要能方便制作出符合要求的三维模型，适当地增加步骤也是可以的。为了方便读者理解，下面给出一个实例。

【课堂实例1】如图 3-1（a）所示，该三维模型可以看成是由$\phi 80$、$\phi 50$及$\phi 100$这3段圆柱体组成的，并由$\phi 30$内孔贯穿。

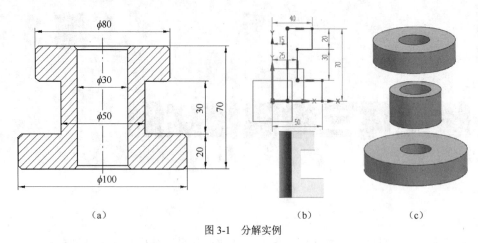

| (a) | (b) | (c) |

图 3-1　分解实例

1. 建模思路分析

我们在分解该模型时，可以有多种方法，其中，最常用的方法包括：①按图 3-1（b）下图所示，分解成一个旋转体，其草图如图 3-1（b）上图所示；②按图 3-1（c）所示，分解成3段中空圆柱体。

这里列举的实例非常简单，而对于较复杂的三维模型，其分解显得更加重要，如图 3-2 所示是3种不同类型的较复杂箱体。

图 3-2　3 种不同类型的较复杂箱体

由于这些零件结构较为复杂，因此，先进行分解，并确定建立模型的步骤，最后进行三维制作，才能有较高的效率，使制作更加合理。

2. 将 UG 背景设置为白色

为了让图形在印刷时看得清，下面先将 UG 的背景修改为白色，希望读者能够习惯。具体操作过程如下。

（1）方法一

启动 UG，选择"文件"→"实用工具"→"用户默认设置"命令，弹出"用户默认设置"对话框，选择该对话框左侧列表框中的"基本环境"目录树下的"可视化"选项，在右侧选择"背景色"选项卡，选中"渐变"单选按钮，将各颜色值全改为"255"，如图 3-3 所示。然后单击"应用"按钮，这样在重新启动 UG 后，工作区的背景就改为白色，便于看图与打印。通过这种设置，以后建立三维模型及制作草图时，其背景将为设置的颜色（即白色）。

图 3-3　修改背景颜色

（2）方法二

如果不进行上述设置，也可以在进入建模环境时，在工作区空白处右击，在弹出的快捷菜单中选择"背景"→"白色背景"命令，也可将背景颜色修改为白色。但草图环境下的背景颜色修改则需要使用"菜单"→"首选项"→"可视化"命令，执行该命令后可弹出"可视化"对话框，再按图 3-4 所示进行设置即可修改草图背景颜色。

单击可修改草图背景颜色

图 3-4　"可视化首选项"对话框

这种修改的缺点是每新建一次文件，其背景颜色必须重新设置一次。

 3.1　套筒扳手套筒头制作

能力目标

1. 掌握本实例中拉伸的方法与技巧。

2. 掌握本实例的草图制作技巧与方法。

3. 掌握本实例中"拉伸""多边形""圆""直线""圆角""球""快速修剪"等不同类型的命令的使用。

套筒扳手套筒头制作

套筒扳手套筒头的效果如图 3-5 所示，需要说明的是，在生活中，该产品有多种形式，这里只是选择其中一种来说明 UG 中"拉伸"命令的使用。

1. 新建文件

启动 UG，新建文件，命名为"扳手头部.prt"，进入建模环境中。

图 3-5　套筒扳手套筒头效果图

2. 制作拉伸草图

单击"主页"面板"特征"区中的"拉伸"按钮启用该命令，弹出"拉伸"对话框，如图 3-6 所示。

图 3-6　"拉伸"对话框

单击鼠标中键两次，进入草图环境。单击草图环境主工具条中"曲线"区的"多边形"按钮，弹出"多边形"对话框，捕捉坐标原点作为多边形中心点，可以看到有一个随鼠标移动而变化的六边形，在"多边形"对话框中输入"半径"为"25"，"旋转"为"0°"，并按回车键确定，完成一个六边形的制作，如图 3-7 所示。

用同样的方法制作另一个六边形，除"旋转"设置为"30°"外，其余参数与前面制作的多边形相同，得到图 3-8 所示的效果。

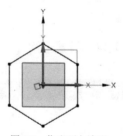

图 3-7　作出正六边形

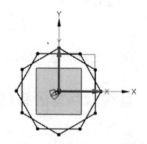

图 3-8　增加一个旋转后的六边形的效果

使用"快速修剪"命令（），将图 3-8 所示图形的内侧边进行修剪，得到图 3-9 所示的草图。再使用"圆角"命令（），弹出"圆角"对话框后，在随着鼠标移动的浮动文本框中输入要倒的圆角半径值为"2"，并按回车键确定。然后对图 3-9 所示的所有外侧顶点倒圆角，方法是分别单击相邻两根直线或者直接单击各外侧顶点即可，完成 12 个顶点的倒圆角；

同样，对内侧顶点也倒圆角，但圆角半径为 4。

使用"圆"命令（⭕），制作一个直径为 70 的圆，效果如图 3-10 所示。

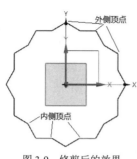

图 3-9　修剪后的效果

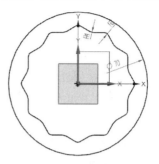

图 3-10　增加一个圆的效果

3. 进行第一次拉伸

单击"完成草图"按钮退出草图环境，同时，回到"拉伸"对话框处，将对话框中"结束"下面的"距离"修改为"40"，单击鼠标中键完成第一次拉伸操作，效果如图 3-11（b）所示。

4. 进行第二次拉伸

（1）单击"拉伸"按钮 📭，弹出"拉伸"对话框，用鼠标框选图 3-11（b）所示的"边棱 P"，即上表面外侧边，会出现拉伸效果。

（2）在"拉伸"对话框中将"布尔"修改为"合并"，并单击该区下方的"更多"按钮▼，展开"拉伸"对话框。

（3）单击其中的"拔模"，会展开"拔模"区，将"拔模"由原来的"无"修改为"从起始限制"，将"角度"修改为"30"，同时将拉伸的结束距离修改为"10"，单击鼠标中键完成第二次拉伸，得到图 3-12 所示的效果。

> **注意**
>
> 在 UG NX 12.0 中，有时候在"拉伸"对话框中找不到"拔模"这个项，是因为隐藏了，单击"拉伸"对话框左上角中的"对话框选项"按钮 ⚙，选中弹出菜单中的"拉伸（更多）"选项，就可以看到包括"拔模"在内的其他选项了。

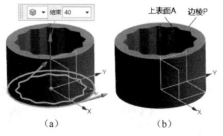

图 3-11　第一次拉伸效果

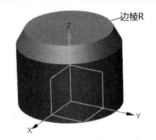

图 3-12　第二次拉伸效果

5. 进行第三次拉伸

单击"拉伸"按钮 📭，弹出"拉伸"对话框，单击图 3-12 所示的"边棱 R"，修改"结束"的"距离"为"30"、"布尔"为"合并"，单击鼠标中键完成第三次拉伸，效果如图 3-13 所示。

6. 进行第四次拉伸

（1）再次单击"拉伸"按钮 📭，弹出"拉伸"对话框，用鼠标单击图 3-13 所示的顶表面，系统会自动进入草图环境中，单击工具条中的"矩形"按钮 □，弹出"矩形"对话框。

（2）单击"从中心"按钮 ⊡，然后单击坐标原点作为矩形中心，在随着鼠标移动的浮动文本框中输入"宽度"与"高度"均为"20"，"角度"为"0°"。

（3）单击"完成草图"按钮 ▨，回到"拉伸"对话框中，效果如图 3-14（a）所示，双击图 3-14（a）所示的方向箭头，或单击"拉伸"对话框中"指定矢量"处的"反向"按钮 ✕，使拉伸反向，然后将"拉伸"对话框中的"结束"的"距离"修改为"50"，"布尔"修改为"减去"，单击鼠标中键完成第四次拉伸，效果如图 3-14（b）所示。

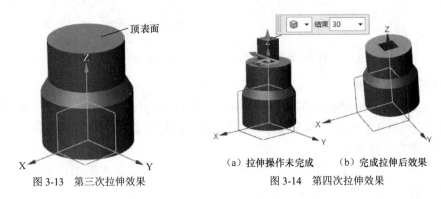

图 3-13　第三次拉伸效果

（a）拉伸操作未完成　　（b）完成拉伸后效果

图 3-14　第四次拉伸效果

7. 制作球形切口

（1）选择"菜单"→"插入"→"设计特征"→"球"命令，弹出"球"对话框，单击"指定点"处的"点对话框"按钮 ⊡，把坐标轴"ZC"的值修改为"128"，其余的值使用默认值。

（2）单击鼠标中键，回到"球"对话框，将球的"直径"修改为"100"，"布尔"修改为"减去"，然后单击鼠标中键完成操作，效果如图 3-15 所示。

8. 制作辅助直线

制作辅助直线的目的是为后面制作球时定位球心。

单击"曲线"面板"曲线"区（注意：不是"直接草图"区）中的"直线"按钮 ╱，弹出"直线"对话框。

单击选择图 3-16（a）所示边线 P 的中间点作为直线的起点，出现随鼠标移动的"长度"浮动文本框，在其中输入直线长为"25"，然后左右前后移动鼠标，直到出现"Z"时，表示该直线与坐标轴 z 轴平行，然后单击鼠标中键完成操作，如图 3-16（b）所示。

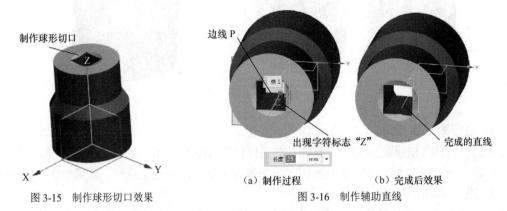

图 3-15　制作球形切口效果

（a）制作过程　　　（b）完成后效果

图 3-16　制作辅助直线

9. 制作球形孔

（1）使用"球"命令，当出现"球"对话框时，单击图 3-16（b）所示辅助直线的端点作为球的圆心点，将球的"直径"修改为"10"，将"布尔"修改为"减去"，单击鼠标中键完成操作，效果如图 3-17 所示。

（2）单击"主页"面板上的"阵列特征"按钮 ，弹出"阵列特征"对话框，将"布局"修改为"圆形"，然后选中图 3-17 中制作的球形孔，单击鼠标中键，指针聚焦到"指定矢量"处，用鼠标直接单击基准坐标系的 z 轴，"指定矢量"出现绿色 √，"指定点"为默认坐标原点，将阵列"数量"修改为"4"，将"节距角"修改为"90°"，单击鼠标中键，就完成了孔在其他面上的阵列，如图 3-18 所示。

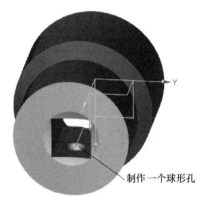

图 3-17　制作一个球形孔

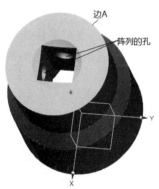

图 3-18　阵列出其他面上的孔

10. 倒斜角

（1）单击"主页"面板"特征"区中的"倒斜角"按钮 ，弹出"倒斜角"对话框，将"距离"值设置为"1.5"。单击图 3-18 中的边 A，单击鼠标中键完成第一次倒斜角。

（2）再次单击"倒斜角"按钮，当弹出"倒斜角"对话框时，将"上边框条"中的"曲线规则"修改为"面的边"，然后单击图 3-19 中的面 P，单击鼠标中键，完成倒斜角操作。

11. 隐藏不需要的图素

按第 1 章和第 2 章中隐藏曲线及基准的方法隐藏不必要显示的所有图素。

12. 渲染

（1）在工作区空白处长按右键，选择快捷菜单中的"着色"命令，再次长按右键，选择"艺术外观"选项，展开"导航栏"

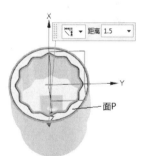

图 3-19　底面倒斜角

中"系统艺术外观材料"区，选择"金属"材料中的"可视化材料-铁"选项，拖动至图 3-19 所示的零件上，给零件赋予材料。

（2）单击"渲染"面板中的"艺术外观任务"按钮 ，再单击"光线追踪艺术外观"按钮 ，弹出"光线追踪艺术外观"窗口，其中的效果如图 3-5 所示。

本实例很好地展示了 UG 中"拉伸"命令的使用特点，在多次使用"拉伸"命令时，每次拉伸的方式与效果均不一样，并多次在拉伸时使用草图。同时，还使用了"阵列特征""倒斜角"等重要命令。本实例还重点讲解了常用"渲染"命令，为节约篇幅，在后面的操作中，如果没有特别情况，不再介绍渲染操作，请读者通过本例掌握以上学习内容。

3.2 支架零件制作

能力目标

1. 进一步掌握"拉伸"命令的灵活运用。
2. 掌握本实例中新出现"孔""镜像特征""基准坐标系"等不同类型
的命令的使用。

支架零件制作

在机械零件中，支架零件是较难制作成三维效果的零件之一，为此，本节制作图 3-20 所示的支架零件，为读者提供这类零件作图思路。

图 3-20　支架零件三维效果

1. 制作底板

启动 UG，新建"支架零件.prt"文件，进入建模环境后，使用"拉伸"命令（▥），进入草图环境，制作图 3-21（a）所示草图，注意草图关于坐标轴上下左右对称。完成草图后，设置拉伸"高度"为"12"，效果如图 3-21（b）所示。

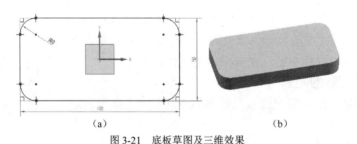

（a）　　　　　　　　　　（b）

图 3-21　底板草图及三维效果

2. 制作中间圆柱体

再次使用"拉伸"命令（▥），以图 3-21（b）拉伸效果的上表面作为草图平面，作图 3-22（a）所示草图，其中，草图圆边与原有拉伸体边缘相切。设置拉伸"高度"为"60"，"布尔"为"合并"，效果如图 3-22（b）所示。

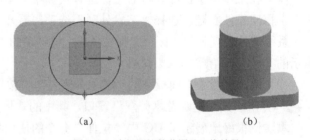

（a）　　　　　　（b）

图 3-22　中间圆柱体草图及三维效果

3. 制作左侧圆柱体

使用"拉伸"命令（），选择 *xz* 平面作为草图平面，然后作图 3-23（a）所示草图，完成草图后，将"拉伸"对话框中的"开始"设置为"对称值"，进行对称拉伸，将"距离"设置为"30"，将"布尔"设置为"合并"，完成拉伸后的效果如图 3-23（b）所示。

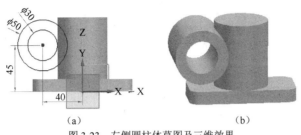

（a）　　　　　　　　　　　　（b）

图 3-23　左侧圆柱体草图及三维效果

4. 制作左下角加强肋

使用"拉伸"命令（），选择 *xz* 平面作为草图平面，然后作图 3-24（a）所示草图，完成草图后，将"拉伸"对话框中的"开始"设置为"对称值"，进行对称拉伸，将"距离"设置为"8"，将"布尔"设置为"合并"，完成拉伸后的效果如图 3-24（b）所示。

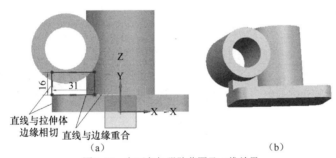

（a）　　　　　　　　　　　　（b）

图 3-24　左下角加强肋草图及三维效果

5. 制作左上角加强肋

同样，使用"拉伸"命令（），选择 *xz* 平面作为草图平面，然后作图 3-25（a）所示草图，完成草图后，将"拉伸"对话框中的"开始"设置为"对称值"，进行对称拉伸，将"距离"设置为"6"，将"布尔"设置为"合并"，完成拉伸后的效果如图 3-25（b）所示。

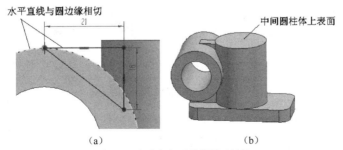

（a）　　　　　　　　　　　　（b）

图 3-25　左上角加强肋草图及效果

6. 钻中间圆柱体通孔

单击"主页"面板中的"孔"按钮 ，弹出"孔"对话框，如图 3-26 所示。

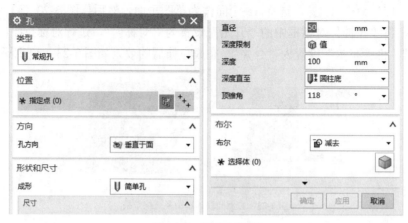

图 3-26 "孔"对话框

将"类型"修改为"常规孔"，捕捉中间圆柱体上表面的圆心点，设置"成形"为"简单孔"，"直径"修改为"30"，"深度"为"100"，"布尔"为"减去"，完成后的效果如图 3-27 所示。

7. 制作右侧加强肋

使用"拉伸"命令（▦），选择 *xz* 平面作为草图平面，然后作图 3-28（a）所示草图，完成草图后，将"拉伸"对话框中的"开始"设置为"对称值"，进行对称拉伸，将"距离"设置为"8"，将"布尔"设置为"合并"，完成拉伸后的效果如图 3-28（b）所示。

图 3-27 钻中间圆柱体通孔的效果

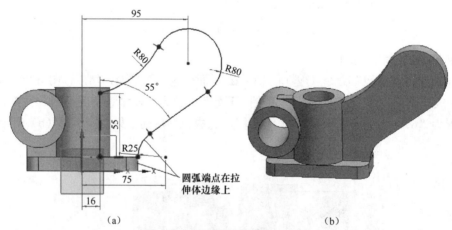

（a） （b）

图 3-28 右侧加强肋草图及三维效果

8. 制作右侧横向圆柱体

使用"拉伸"命令（▦），选择 *xz* 平面作为草图平面，然后作图 3-29（a）所示草图，完成草图后，将"拉伸"对话框中的"开始"设置为"对称值"，进行对称拉伸，将"距离"设置为"20"，将"布尔"设置为"合并"，完成拉伸后的效果如图 3-29（b）所示。

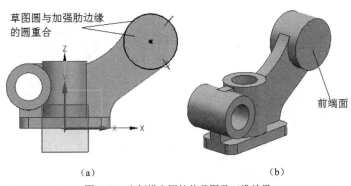

（a）　　　　　　　　　　　　　　　（b）

图 3-29　右侧横向圆柱体草图及三维效果

9. 制作横向圆柱体孔

单击"主页"面板中的"孔"按钮 🔲，弹出"孔"对话框，将"类型"修改为"常规孔"，捕捉右侧横向圆柱体前端面的圆心点，设置"成形"为"简单孔"，"直径"为"30"，"深度"为"100"，"布尔"为"减去"，完成拉伸后效果如图 3-30（b）所示。

10. 加强肋挖前槽

使用"拉伸"命令（🔲），选择右侧加强肋前端面作为草图平面，然后作图 3-30（a）所示草图，该草图曲线是通过"偏置曲线"命令（🔲）对原加强肋边缘向内偏置 5 得到的，然后对各尖角进行倒圆。

完成草图后，将"拉伸"对话框中的"开始"设置为"值"，将"距离"设置为"6"，将"布尔"设置为"减去"，完成拉伸后的效果如图 3-30（b）所示。

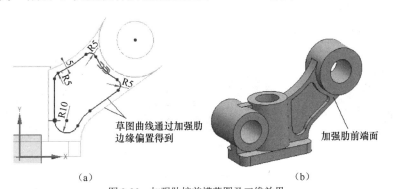

（a）　　　　　　　　　　　　　　（b）

图 3-30　加强肋挖前槽草图及三维效果

11. 加强肋挖后槽

单击"主页"面板中"特征"区中的"更多"按钮 🔳，在弹出的菜单中，单击"关联复制"区中的"镜像特征"按钮 🔳，弹出"镜像特征"对话框，选择图 3-30（b）所示的加强肋前槽，单击鼠标中键，选择 xz 平面作为镜像平面，然后单击鼠标中键完成操作，即可得到后槽。效果如图 3-31 所示。

图 3-31　镜像得到加强肋后槽效果

12. 倒斜角

单击"主页"面板上的"倒斜角"按钮 🔳，对图 3-31 所有圆柱体内孔两端倒斜角 C2。效果如图 3-31 所示。

13. 边倒圆

单击"边倒圆"按钮，对图 3-32 各处前后两面进行边倒圆，所有倒圆半径均为 1.5。效果如图 3-32 所示。

图 3-32　边倒圆效果

14. 制作底板四角上的螺纹孔

单击"主页"面板上的"孔"按钮，弹出"孔"对话框，将"类型"修改为"螺纹孔"，将"大小"修改为 M8×1.25，然后分别单击选中底板上四角圆心，得到底板孔的圆心点，单击鼠标中键完成操作，得到底板四角上的螺纹孔，如图 3-33（a）所示。

15. 添加基准坐标

（1）单击"主页"面板"特征"区中 [图标] 基准平面 ▾右侧的下拉按钮▾，在弹出的下拉菜单中选择"基准坐标系"选项，弹出"基准坐标系"对话框，同时出现可编辑的移动坐标的浮动文本框，效果如图 3-33（a）所示，并且"坐标任意移动手柄"是深颜色的，表示处于活动状态，单击选择图 3-33（a）所示右侧横向圆柱体外侧边缘孔的中心点，则坐标中心就移动到该点处，如图 3-33（b）所示。

（2）单击 yc 箭头手柄（沿水平移动手柄），在浮动文本框中的"距离"处输入"–30"并按回车键确定，就可把坐标往里移动一段距离。

（3）单击 xc 轴与 zc 轴间的旋转手柄，在浮动文本框中的"角度"处输入"–15"并按回车键确定，使坐标沿 yc 轴转动–15°，最后单击鼠标中键完成操作，就创建了一个新的基准坐标系，如图 3-33（c）所示。

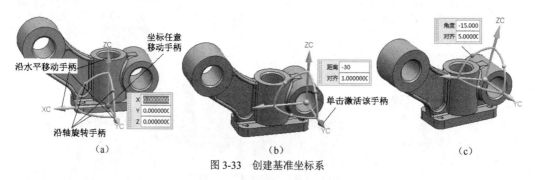

（a）　　　　　　　　　　　（b）　　　　　　　　　　　（c）

图 3-33　创建基准坐标系

16. 添加斜孔

（1）使用"拉伸"命令（），选择新创建的坐标系的 zc 面作为草图平面，然后以坐标中心作圆心，作一个直径为 6 的圆作为草图。

（2）完成草图后，将"拉伸"对话框中的"开始"设置为"值"，将"距离"设置为"0"，将"结束"的"距离"设置为"60"，将"布尔"设置为"减去"，如果方向不同，则单击"反向"按钮，完成拉伸，效果如图 3-34 所示。

17. 后处理

将所有基准移动至第 62 层，完成坐标隐藏；将不需要的图素移动至对应层隐藏，并进行渲染，效果如图 3-35 所示。

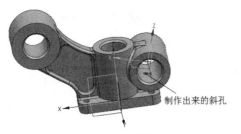

图 3-34　斜孔效果　　　　　　　　图 3-35　完成效果

 ## 3.3　话筒制作

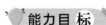

1. 进一步掌握"拉伸"命令的灵活运用。

2. 进一步掌握较复杂草图的制作。

3. 掌握新命令："抽壳""编辑截面""剪切截面"等。

话筒制作

随着科学技术的不断进步，电话机使用得越来越少，但话筒三维作图有其代表性，具有种类与式样多、操作需要一定技巧的特点，因此，本实例通过下面话筒模型的制作，让读者进一步理解"拉伸"命令及其技巧。完成后的话筒效果如图 3-36 所示。

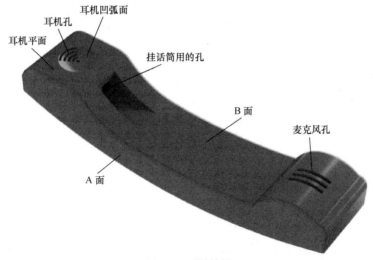

图 3-36　话筒效果

1. 作图分析

通常，非曲面建模使用的主要命令有"拉伸""旋转"等，其余的辅助命令包括"孔""长方体""球""边倒圆""外壳""变换"等。主要命令是作图的关键，辅助命令可以加快作图速度，方便操作。很好地掌握二者的关系，可以起到事半功倍的效果。

另外，根据前面介绍的叠加法，在制作模型时，先作大的结构，即主要结构，而主要结构又可能由"拉伸""旋转"等多种命令中的一种或多种命令共同完成；然后作细节，即作如孔、边倒圆等其他结构，在大结构上堆砌其他结构，直到完成作图为止。

要完成本例的建模，首先须分析模型的形状、适合哪种建模方式。从图 3-36 中的 B 面上看，此模型是个矩形，且存在多段不同结构，很难简单且快速地表达主体结构；从 A 面上看，则可以清晰表达此模型的主要形状，通过拉伸，可作出其主体结构，因此以 A 面为参照，作出 A 面的外形轮廓，然后通过拉伸来完成建模，此时细节不能表达清楚，可以用辅助方式通过叠加法来完成。

因此，本模型的制作顺序：在不考虑耳机凹弧面、耳机孔、挂话筒用的孔、麦克风孔及边倒圆等情况下，以 A 面外形轮廓为参考作一个草图，然后拉伸此草图，使其与话筒形状相符，然后使用叠加法作各处的细节。

2. 作第一个草图

启动 UG，新建一个名为"话筒.prt"的文件，然后单击"主页"面板上"特征"区中的"拉伸"按钮 ▥，单击鼠标中键两次，进入草图环境，作图 3-37 所示的草图。

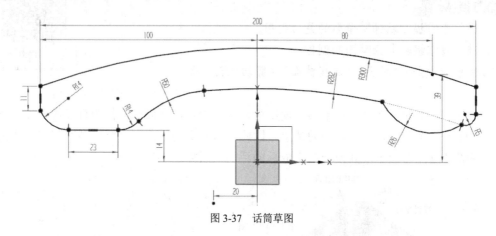

图 3-37　话筒草图

在作草图时要注意，"R282"与"R300"两个尺寸所对应的圆是同心的，且圆心在 y 轴上，"R5"圆弧与"R282"圆弧的延长线相切，"R26"圆弧的圆心不在"R300"圆弧曲线上，草图左端"R14"圆弧与相邻的长度为11 的直线并不相切。对初学者来说，这个草图有一定难度，如果操作有困难，读者可扫描"话筒制作"二维码观看视频。

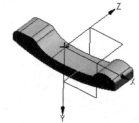

操作完成后，单击"主页"面板"草图"区中的"完成草图"按钮退出草图环境。回到"拉伸"对话框，在"拉伸"对话框中输入结束长度为"45"，起始长度为"0"，然后单击鼠标中键，则生成了话筒的初步模型，效果如图 3-38 所示。

图 3-38　拉伸后的效果

3. 生成耳机凹弧面

（1）制作辅助直线。单击"曲线"面板"曲线"区（注意：不是"直接草图"区）中的"直线"按钮 ╱，弹出"直线"对话框。分别选择图 3-39 所示的边 AB、CD 的中点，作一条直线 EF，如图 3-39 所示，再以 EF 直线的中点为起点，制作一根垂直于 y 轴的直线，操作时，先单击直线 EF 的中点 G，移动鼠标，直线会随着鼠标的移动而移动，当移动鼠标到适当位置时，在直线中间位置会出现字母"Y"，表示现在的直线与 y 坐标轴平行，此时单击鼠标中键，锁定直线方向，然后在右侧的浮动文本框中输入直线长度为"−40"，单击鼠标中键完成操作，效果如图 3-40 所示。

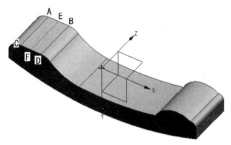

图 3-39　作出参考直线 EF

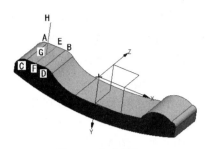

图 3-40　生成直线 GH

（2）制作凹弧面。单击"主页"面板"特征"区中的"更多"按钮，弹出下拉菜单，单击"设计特征"下的"球"按钮 ⬤，当弹出"球"对话框时，选择图 3-40 所示的直线 GH 的端点 H，然后将"球"对话框中的"直径"修改为"83"，"布尔"修改为"减去"，单击鼠标中键完成操作，效果如图 3-41 所示，切出了一个深度为 1.5 的凹弧面。

4. 边倒圆，作挂话筒用的凹台，抽壳

（1）制作边倒圆效果。单击"主页"面板"特征"区中的"边倒圆"按钮🖉，弹出"边倒圆"对话框，将"半径 1"的值改为"2.5"后按回车键，然后将"上边框条"中"选择组"的"曲线规则"修改为"面的边"，然后分别单击图 3-41 所示的"拉伸起始面 A"及其对面（图中不可见），再单击鼠标中键，完成操作，效果如图 3-42 所示，做出了边倒圆效果。

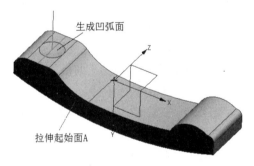

图 3-41　生成凹弧面

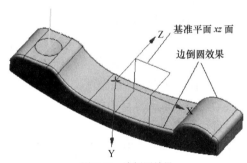

图 3-42　边倒圆效果

（2）拉伸凹台。单击"主页"面板"特征"区中的"拉伸"按钮🖫，弹出"拉伸"对话框，单击图 3-42 所示的"基准平面 xz 面"作为拉伸草图面，进入草图环境中，作图 3-43 所示的草图，完成后，回到"拉伸"对话框，将"结束"的"距离"修改为"32"，"布尔"修改为"减去"，注意修改拉伸方向，完成后单击鼠标中键完成拉伸操作，效果如图 3-44 所示。

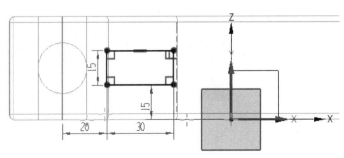

图 3-43　矩形草图效果

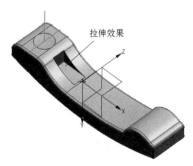

图 3-44　拉伸凹台效果

　　（3）抽壳。单击"主页"面板"特征"区中的"抽壳"按钮 ，弹出"抽壳"对话框，将"类型"修改为"对所有面抽壳"，将"厚度"修改为"1.5"，单击选中话筒，再单击鼠标中键完成抽壳操作。虽然刚才的操作从外观看没有使图形发生明显变化，但其实此时的话筒已经变成空心体了。

　　（4）显示抽壳效果。在工作区中的空白处单击鼠标右键，在弹出的快捷菜单中选择"编辑截面"命令（ ），然后单击鼠标中键，完成截面操作，效果如图 3-45（a）所示，可看到话筒是中空的，图 3-45（b）所示为抽壳前的效果。

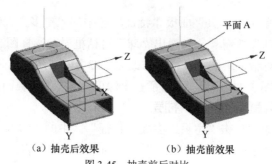

（a）抽壳后效果　　　　　（b）抽壳前效果

图 3-45　抽壳前后对比

　　如果不需要截面效果，可在工作区中空白处再次单击鼠标右键，在弹出的快捷菜单中选择"剪切截面"命令（ ），即可隐藏截面效果。

5. 打孔与最后成形

　　话筒上有些孔，如用来通话的透气孔、挂话筒用的孔等。下面就对这些孔进行制作。

　　（1）隐藏辅助线。为了使操作更清楚，现将部分内容隐藏：单击"视图"面板"可见性"区中的"移动至图层"按钮 ，选中前面制作的 EF、GH 直线，单击鼠标中键，在弹出的"图层移动"对话框的"目的图层或类型"文本框中输入"21"，单击鼠标中键完成操作，就将这两根直线移动到了 21 层。

　　（2）制作拉伸草图。单击"主页"面板"特征"区中的"拉伸"按钮 ，弹出"拉伸"对话框后，以图 3-45（b）中的平面 A 作为草图面，作图 3-46 所示的草图。完成草图后，在"拉伸"对话框中，将"结束"的"距离"设置为"5"，"布尔"设置为"减去"，完成操作后的效果如图 3-47 所示。

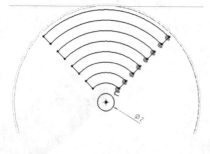

图 3-46　草图效果

图 3-47　耳机孔的效果

　　制作草图过程如下。

　　① 制作基圆。以图 3-41 所示的凹弧面的圆心为圆心，作一直径为 2 的圆。

② 制作偏置曲线。单击"偏置曲线"按钮 ，在弹出的"偏置曲线"对话框中，将"距离"修改成"1.2"，"副本数"修改为"8"，并取消选中"创建尺寸"及"对称偏置"复选框，完成后可得到 8 条偏置曲线。

③ 制作辅助直线。完成偏置曲线的制作后，过其圆心作一段竖直直线，再在其左右各作一条直线，并让它们分别与竖直直线夹角为 45°，如图 3-48 所示。

④ 修剪。使用"修剪"命令，对图 3-48 所示草图曲线进行修剪，最终修剪效果如图 3-46 所示。

（3）完成其他孔制作。同样使用"拉伸"命令，完成图 3-49 所示麦克风孔及图 3-50 所示小孔制作。

最后按前面 2.5 节所述的方法完成渲染操作，得到图 3-36 所示的话筒效果。

在上述操作中，所遇到的新命令或是加深学习的命令有"拉伸""抽壳""边倒圆""偏置曲线"等。本实例对初学者来说，草图制作有难度，是加强草图练习的重要实例；同时有一些作图的技巧，希望读者认真领会。

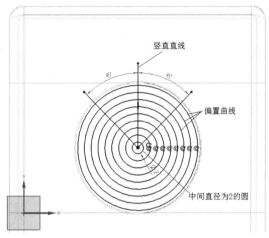

图 3-48　草图制作参考

图 3-49　麦克风孔

图 3-50　挂话筒的小孔

3.4　电吹风外壳制作

电吹风外壳制作

能力目标

1. 进一步掌握"拉伸"命令的灵活运用。
2. 进一步掌握较复杂草图的制作及操作技巧。
3. 掌握新命令："镜像几何体"。

电吹风的种类非常多，本节将介绍一种常用的电吹风外壳的制作，其最终效果如图 3-51 所示。

1. 作图分析

制作图 3-51 所示的电吹风外壳可以这样来思考：由于左右形状差别不大，左侧有开关孔，而右侧没有开关孔，其余形状呈对称状，因此可以只作右侧部分，再镜像左侧，然后开孔；右侧可分解为 3 部分：吹气筒、风机室、手柄。这 3 个部分构成电吹风外壳的方式是典型的叠加。下面就讲述其制作过程。

2. 制作拉伸体并进行边倒圆

（1）制作拉伸体。启动 UG 后新建"电吹风外壳.prt"文件，使用"拉伸"命令，单击鼠标中键两次，以"自动判断"的面作草图面进入草图环境，作一圆心在原点且直径为 90 的圆作为草图，完成草图后，返回"拉伸"对话框处，将拉伸长度设置为"27"，单击对话框左上角的"对话框选项"按钮，选中"拉伸（更多）"选项，然后单击"拔模"选项展开该区，将"拔模"选项由"无"修改为"从起始限制"，拔模角度设置为"5°"，然后单击鼠标中键完成拉伸操作，得到一个上小下大的圆台。

（2）边倒圆。使用"边倒圆"命令（）对小端进行边倒圆，圆角半径为 20，效果如图 3-52 所示。

图 3-51　电吹风外壳正反面效果

图 3-52　拉伸、边倒圆后的效果

3. 制作风筒

使用"拉伸"命令，以 yz 平面为草图平面，作图 3-53 所示的草图。注意此草图的特点是：半圆直径线与 x 轴共线。

完成草图后，回到"拉伸"对话框，将拉伸长度设置为"50"，"布尔"选择"合并"，效果如图 3-54 所示。

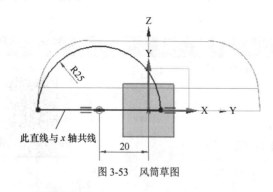

图 3-53　风筒草图

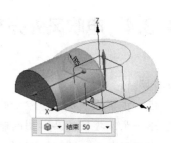

图 3-54　对风筒进行拉伸

4. 制作手柄

（1）制作草图。使用"拉伸"命令，单击鼠标中键两次，进入草图环境，作手柄部分的草图，如图 3-55 所示。

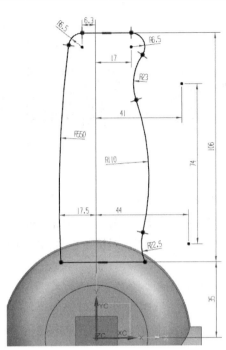

图 3-55　手柄草图

（2）制作拔模效果。完成手柄草图后回到"拉伸"对话框处，设置拉伸长度为"15"，拔模角为"5°"，"布尔"为"合并"，效果如图 3-56 所示。

（3）制作手柄上凸台的草图。再次使用"拉伸"命令，以 yz 平面作为草图面，作图 3-57 所示的草图。

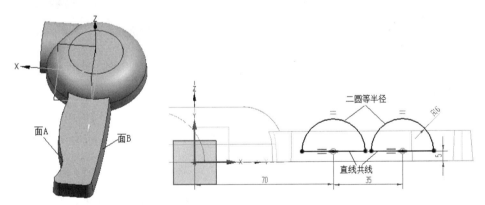

图 3-56　手柄拔模后结果　　　　　图 3-57　手柄上凸台的草图

（4）制作部分凸台。完成草图后，回到"拉伸"对话框处，将"结束"处修改为"直至延伸部分"后，单击图 3-56 所示的"面 B"作为拉伸的结束位置，"布尔"设置为"合并"，单击鼠标中键完成拉伸操作，效果如图 3-58 所示。

（5）完善凸台。使用"拉伸"命令，当弹出"拉伸"对话框时，把"上边框条"工具条中"选择"组的"曲线规则"修改为"面的边"，然后单击选择图 3-58 所示的面 C，将"拉伸"对话框中的"结束"修改为"直至延伸部分"，然后单击选择图 3-56 中的面 A，将"布尔"设置为"合并"，再单击鼠标中键完成拉伸操作，效果如图 3-59 所示。

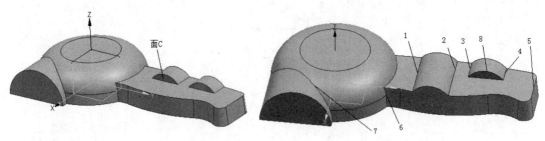

图 3-58　部分凸台效果　　　　　　　　图 3-59　完善后的凸台效果

5. 完成边倒圆

　　使用"主页"面板"特征"区中的"边倒圆"命令（🔲）对刚才制作的实例进行边倒圆，边倒圆时设置"半径 1"为"5"，分 3 次进行，第一次对图 3-59 中的 1、2、3、4 共 4 条棱边进行边倒圆，第二次对棱边 5 进行边倒圆，第三次对棱边 6、7、8 进行边倒圆，效果如图 3-60 所示。

6. 抽壳

　　使用"主页"面板"特征"区中的"抽壳"命令（🔳），当弹出"抽壳"对话框时，将"类型"修改为"移除面"，然后抽壳，将"厚度"设置为"1.5"，再分别单击图 3-61 所示的背面 P 及侧面 M，单击鼠标中键完成抽壳操作，效果如图 3-62 所示。

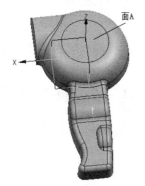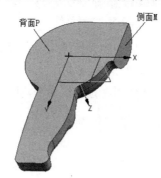

图 3-60　边倒圆后效果　　　　　图 3-61　背面效果　　　　　图 3-62　抽壳后效果

7. 制作尾部电源线孔

　　使用"拉伸"命令制作尾部电源线孔，拉伸草图平面就选择图 3-63 所示的面 W 即可，草图为一个半径为 4 的半圆，圆心在图 3-63 所示的边 A 中点处，拉伸时，"布尔"设置为"减去"，完成后效果如图 3-63 所示，是一个半圆孔。

8. 制作透气孔

　　使用"拉伸"命令完成透气孔制作。以图 3-60 所示的面 A 为草图平面，制作图 3-64 所示的草图。

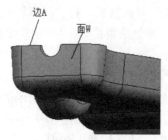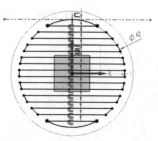

图 3-63　电源线孔效果　　　　　图 3-64　透气孔草图

透气孔草图制作过程如下。

（1）如图 3-65（a）所示，制作直径为 42 的圆。

（2）制作与圆相切的水平线。该线必须比圆直径长，以便后面修剪。

（3）使用"草图"工具条中的"偏置曲线"命令（），对上面的直线进行偏置，当弹出"偏置曲线"对话框时，设置偏置"距离"为"42/17"（42 为圆直径，17 为分段数，即后面的"副本数"，这样设置可让首尾二直线均与圆相切），将"副本数"设置为 17，单击鼠标中键完成操作，然后右击步骤（2）中作的水平线，选择快捷菜单中的"转换为参考"命令（），完成操作后的效果如图 3-65（b）所示。

（4）使用"快速修剪"命令（）对图 3-65（b）进行修剪，注意不要修剪掉参考线，否则达不到理想要求。第一次修剪效果如图 3-65（c）所示，再次修剪，得到图 3-64 所示的最终草图效果。

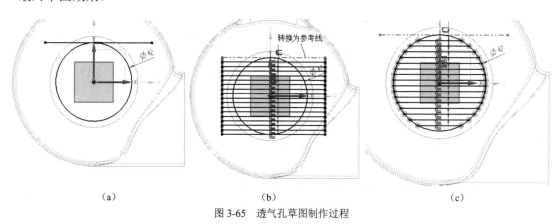

（a）　　　　　　　　　　（b）　　　　　　　　　　（c）

图 3-65　透气孔草图制作过程

完成草图后，返回"拉伸"对话框，将"布尔"设置为"减去"，结束长度为"10"，单击鼠标中键完成拉伸操作，效果如图 3-66 所示。

9. 镜像

选择"菜单"→"插入"→"关联复制"→"镜像几何体"命令（）（读者也可以自己定制本命令到"主页"面板中），弹出"镜像几何体"对话框，单击图 3-66 所示的外壳，然后单击鼠标中键，再单击选择基准坐标系的 *xy* 平面，最后单击鼠标中键完成操作，效果如图 3-67 所示。

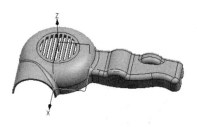

图 3-66　透气孔制作完成效果

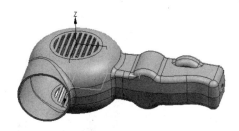

图 3-67　镜像后效果

10. 完成其他孔

使用"拉伸"命令，选择 *xy* 平面作草图平面，制作吹风机开关孔，草图如图 3-68 所示，拉伸完成后的效果如图 3-69 所示。注意，开关孔只在吹风机一边的外壳上有，另一边没有。

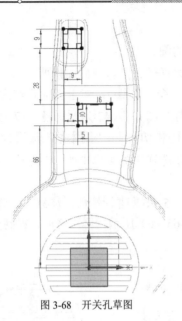

图 3-68　开关孔草图　　　　　　图 3-69　开关孔制成效果

11. 后处理

最后进行隐藏与渲染，效果如图 3-51 所示。

本节进一步讲解了"拉伸"命令的不同方式，草图制作也有一定难度，本节还使用了"镜像几何体"这个重要命令，读者应该熟练掌握。

3.5　蜗轮蜗杆箱体制作

 能力目标

1. 掌握较复杂零件的分解及制作过程。
2. 掌握制作复杂零件的操作方法与技巧。

蜗轮蜗杆箱体制作

箱体类零件是机械零件中极为重要的零件类型，复杂箱体零件制作有一定难度，因此正确把握箱体制作的思路非常重要。

1. 作图分析

图 3-70 是一种蜗轮蜗杆箱体，图 3-70（a）是其完整的外形效果，图 3-70（b）是剖切一部分后显示的内部效果，图 3-70（c）是其反面外观效果。

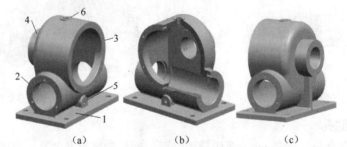

（a）　　　　　　　　（b）　　　　　　　　（c）

1—底板　2—蜗杆腔体　3—蜗轮腔体　4—凸台　5—放油孔结构　6—通气孔组件

图 3-70　蜗轮蜗杆箱体

这个箱体看上去较复杂，但仔细分析可以看出，这个箱体实际上是由图 3-70（a）中 6 个部分组成的，因此，在作图时，可以按顺序分别制作各部分，通过叠加完成零件制作。下面就分别进行操作。

2. 制作底板

启动 UG，新建"蜗轮蜗杆箱体.prt"文件，进入建模环境。

（1）制作底板草图。单击"主页"面板中的"拉伸"按钮 ，弹出"拉伸"对话框，单击鼠标中键两次，进入草图环境。使用工具条中的"矩形"命令（▱）制作一个长 330、宽 200 的矩形，并制作出 4 个圆，效果如图 3-71 所示。

（2）拉伸。单击"完成草图"按钮 ▰ 后，回到"拉伸"对话框处，将"开始"的"距离"设置为"0"，"结束"的"距离"设置为"20"，单击鼠标中键，完成拉伸操作，得到图 3-72 所示拉伸效果。

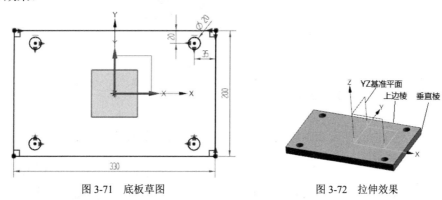

图 3-71　底板草图　　　　　　　图 3-72　拉伸效果

（3）边倒圆。单击"边倒圆"按钮 ▱，在弹出的"边倒圆"对话框中将"形状"修改为"圆形"，"半径 1"修改为"5"，然后将图 3-72 中的 4 条上边棱及 4 条垂直棱选中，单击鼠标中键完成"边倒圆"操作。

（4）制作凹槽草图。再次单击"拉伸"按钮 ▱，弹出"拉伸"对话框后，单击鼠标中键两次，进入草图环境，作图 3-73（a）所示草图。

（5）切出凹槽。完成草图后回到"拉伸"对话框处，将"结束"的"距离"修改为"5"，"布尔"修改为"减去"，单击鼠标中键完成操作，则在图 3-72 所示图形的底部切出一个凹槽，效果如图 3-73（b）所示。

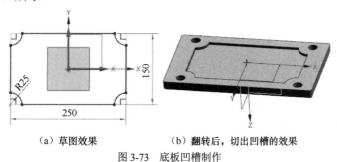

（a）草图效果　　　　　　　（b）翻转后，切出凹槽的效果

图 3-73　底板凹槽制作

3. 制作蜗杆腔体

（1）制作草图。单击"拉伸"按钮 ▱ 启用该命令，弹出"拉伸"对话框后，单击选中图 3-72 所示的 *yz* 平面作为草图平面，系统自动进入草图环境中，然后作图 3-74（a）所示草图。

注意

草图中两个同心圆，中心与 z 轴重合。

（2）拉伸腔体。完成草图后，回到"拉伸"对话框，将"开始"修改为"对称值"，将"距离"设置为"140"，将"布尔"设置为"合并"，单击鼠标中键完成操作，效果如图 3-74（b）所示。

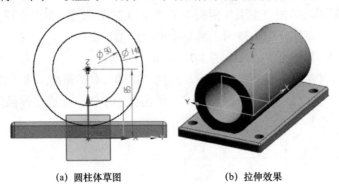

（a）圆柱体草图　　　　　　　（b）拉伸效果

图 3-74　制作蜗杆腔体部分

4. 制作蜗轮腔体（整体结构）

（1）制作圆形草图。再次使用"拉伸"命令，当弹出"拉伸"对话框时，选择 xz 平面作为草图平面，系统自动进入草图环境，作图 3-75（a）所示的圆形草图。

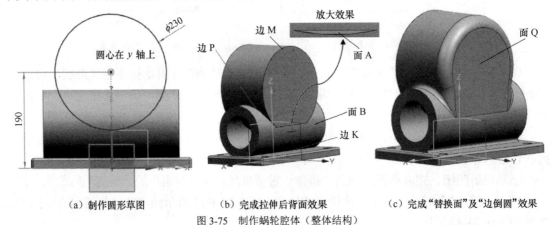

（a）制作圆形草图　　　　（b）完成拉伸后背面效果　　　　（c）完成"替换面"及"边倒圆"效果

图 3-75　制作蜗轮腔体（整体结构）

（2）完成拉伸。完成草图后，回到"拉伸"对话框处，将"开始"的"距离"设置为"−69.5"，"结束"的"距离"设置为"80"，"布尔"设置为"合并"，单击鼠标中键完成拉伸操作，其背面效果如图 3-75（b）所示。

（3）修剪凸台。从放大的效果可以看出，上面的拉伸体与面 B 的交替处有凸台，为消除放大处的凸台缺陷，单击"主页"面板"同步建模"区中的"替换面"按钮 ，弹出"替换面"对话框后，先单击选中图 3-75（b）中的面 A，单击鼠标中键后，再单击圆柱面 B，然后单击鼠标中键完成凸台修剪操作，则凸台缺陷消失。

（4）边倒圆。使用"边倒圆"命令（ ），对图 3-75（b）所示的边 P 进行倒圆，半径为10；然后对边 M 进行倒圆，半径为 25；对底板与蜗杆腔体接触的边 K（前后两面）进行倒圆，半径为 5。完成后效果如图 3-75（c）所示。

5. 制作凸台

（1）制作凸台草图。使用"拉伸"命令（），弹出"拉伸"对话框后，选择图 3-75（c）所示的面 Q 作为草图平面，进入草图环境，制作图 3-76（a）所示草图。

（2）拉出凸台。完成后，将"结束""距离"修改为"45"，"布尔"修改为"合并"，效果如图 3-76（b）所示。

（3）增加孔深。再次使用"拉伸"命令（），弹出"拉伸"对话框后，单击图 3-76（b）中的边 A，作为拉伸草图，将拉伸距离设置为"100"，"布尔"设置为"减去"，完成拉伸操作后，凸台孔深增加到了 100，为后续操作好准备。

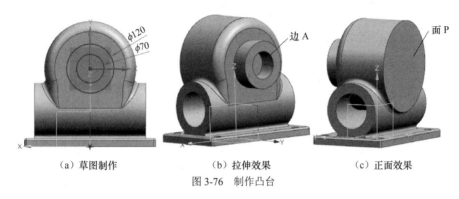

（a）草图制作　　　　　　（b）拉伸效果　　　　　　（c）正面效果

图 3-76　制作凸台

6. 制作蜗轮腔体（内部结构）

（1）制作蜗轮腔体草图。使用"拉伸"命令（），弹出"拉伸"对话框，选择图 3-76（c）中的面 P 作为草图平面，进入草图环境后，制作一个图 3-77（a）所示的圆。

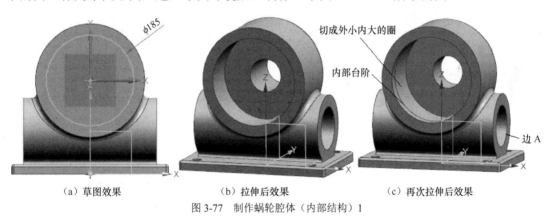

（a）草图效果　　　　　　（b）拉伸后效果　　　　　　（c）再次拉伸后效果

图 3-77　制作蜗轮腔体（内部结构）1

（2）制作腔体。完成草图后，回到"拉伸"对话框，将"距离"设置为"80"，"布尔"设置为"减去"，拉伸完成后效果如图 3-77（b）所示。

（3）制作腔体内台阶。同上面操作一样，也是以图 3-76（c）中面 P 作为草图平面，进入草图环境，制作一个圆，其直径为 195，完成后，回到"拉伸"对话框，将"开始"的"距离"设置为"25"，"结束"的"距离"设置为"130"，"布尔"设置为"减去"，完成后，效果如图 3-77（c）所示。

（4）挖出凹槽圆柱腔。再次使用"拉伸"命令，对图 3-77（c）中的边 A 进行拉伸，拉伸距离为 280，"布尔"设为"减去"，完成后效果如图 3-78（a）所示。

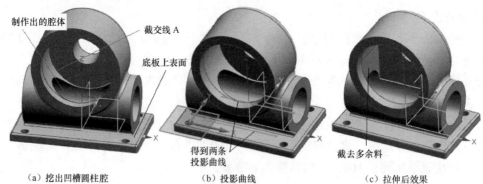

（a）挖出凹槽圆柱腔　　　　（b）投影曲线　　　　　（c）拉伸后效果

图 3-78　制作蜗轮腔体（内部结构）2

（5）制作投影曲线。继续使用"拉伸"命令，以图 3-78（a）中底板上表面作为草图平面，进入草图环境中，单击"草图"工具条"曲线"区中的"更多"按钮，在弹出的下拉菜单中选择"投影曲线"命令（），弹出"投影曲线"对话框，选择图 3-78（a）中的截交线 A 及相同圆柱面在另一侧的截交线，单击鼠标中键完成投影曲线操作，结果得到两条直线，如图 3-78（b）所示。

（6）截去腔体多余料。单击"草图"工具条中的"直线"按钮（）将刚才制作的投影曲线两端分别相连，形成一个矩形，单击"完成草图"按钮返回"拉伸"对话框处，将"开始"的"距离"设置为"65"，"结束"的"距离"设置为"170"，"布尔"设置为"减去"，单击鼠标中键完成拉伸操作，效果如图 3-78（c）所示。

注意

在这里的尺寸设置是有讲究的，其中，65、170 这两个尺寸正好使拉伸的首尾两端分别在蜗杆与蜗轮两个腔体圆柱中心线上，从而让截交处是光滑过渡的。另外，前面使用"投影曲线"也是保证截交处光滑过渡的重要方法。

7. 制作蜗杆腔体内部台阶

（1）制作第一级内部台阶。使用"拉伸"命令，以 yz 平面为草图平面，进入草图环境后，制作一个直径为 100 且与图 3-79（a）中边 A 同心的圆，完成草图后回到"拉伸"对话框，将"开始"设置为"对称值"，"距离"设置为"105"，"布尔"设置为"减去"，单击鼠标中键，完成第一级内部台阶制作。

（2）制作第二级内部台阶。同样，使用"拉伸"命令，以 yz 平面为草图平面再作一个直径为110 的圆，拉伸时同样使用"对称值"拉伸，拉伸"距离"为81，完成后效果如图 3-79（a）所示。

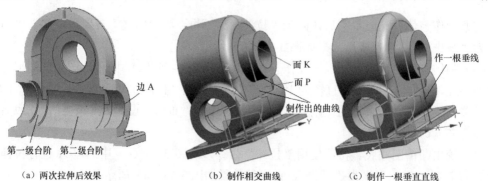

（a）两次拉伸后效果　　　　（b）制作相交曲线　　　　（c）制作一根垂直直线

图 3-79　制作蜗杆腔体内部台阶及加强肋草图

8. 制作加强肋

（1）制作第 1 条相交曲线。使用"拉伸"命令（▦），弹出"拉伸"对话框后，选择 *yz* 平面作为草图平面，进入草图环境后，单击"草图"工具条"曲线"区中的"更多"按钮▼，弹出下拉菜单，单击其中的"相交曲线"按钮⬙，当弹出"相交曲线"对话框时，单击图 3-79（b）所示的面 P，单击"循环解"按钮⟳，再单击"相交曲线"对话框中的"应用"按钮，完成第 1 条相交曲线的操作。

（2）制作第 2 条相交曲线。同样，再单击面 K，单击"循环解"按钮⟳，最后单击鼠标中键完成第 2 条相交曲线的制作。

（3）制作垂线。使用"直线"命令（╱），制作过最右侧下边缘端点的一根垂线，得到图 3-79（c）所示的效果。

（4）修剪曲线。使用"快速修剪"命令（⤙）将多余的线条剪掉，剩下一个封闭草图，右击箱体，弹出快捷菜单后，选择"隐藏"命令，将箱体隐藏，得到图 3-80（a）所示的封闭草图。

（5）拉伸。完成草图后，回到"拉伸"对话框处，将"开始"设置为"对称值"，将"距离"设置为"7.5"，将"布尔"设置为"无"，单击鼠标中键完成拉伸，得到图 3-80（b）所示效果。

（6）拉长实体。再次使用"拉伸"命令，弹出"拉伸"对话框后，将"上边框条"中"选择组"中的"曲线规则"设置为"面的边"，然后单击选择图 3-79（b）中的面 P，将"结束"的"距离"设置为"5"，"布尔"设置为"合并"，单击鼠标中键，完成拉伸，让面 P 所在实体加长 5，目的是便于后面的求和操作，如图 3-80（c）所示。

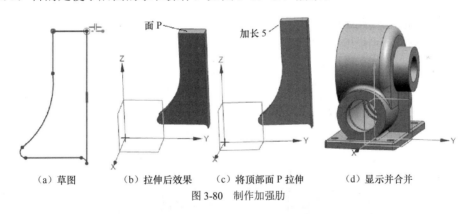

| （a）草图 | （b）拉伸后效果 | （c）将顶部面 P 拉伸 | （d）显示并合并 |

图 3-80　制作加强肋

（7）合并实体。按"Ctrl+Shift+U"组合键，显示前面隐藏的箱体，然后单击"主页"面板"特征"区中的"合并"按钮📑，弹出"合并"对话框，先单击刚才显示的箱体，然后单击制作的加强肋板，单击鼠标中键，完成加强肋的制作，效果如图 3-80（d）所示。

9. 制作放油孔结构组

（1）制作凸台草图。使用"拉伸"命令，当出现"拉伸"对话框时，将"上边框条"中"选择组"中的"曲线规则"修改为"自动判断曲线"，然后单击图 3-81（b）中的面 A 作为草图平面，进入草图环境中，制作图 3-81（a）所示草图。为了让草图看得清楚，长按鼠标右键，出现快捷菜单后，选择"带有淡化边的线框"命令（⬚），改变显示效果，效果如图 3-81（a）所示。

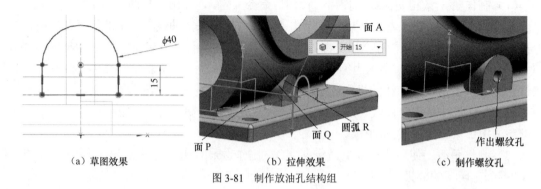

（a）草图效果　　　　　　　　（b）拉伸效果　　　　　　　　（c）制作螺纹孔

图 3-81　制作放油孔结构组

（2）完成草图后，返回"拉伸"对话框，将"开始"的"距离"设置为"15"，"结束"设置为"直至延伸部分"，然后用鼠标单击图 3-81（b）所示的面 P 及面 Q，表示拉伸到这两个面处。将"布尔"修改为"合并"，单击鼠标中键完成拉伸操作，同时将显示效果修改为"带边着色"，效果如图 3-81（b）所示。

（3）制作螺纹孔。单击"主页"面板上"特征"区中的"孔"按钮，弹出"孔"对话框，将"类型"修改为"螺纹孔"；在对话框的"螺纹尺寸"区中，将"大小"修改为"M12×1.75"；将"螺纹深度"修改为"25"，表示螺纹部分长 25；将对话框"尺寸"区中的"深度"修改为"65"，表示钻孔深度为 65。然后单击选择图 3-81（b）中的"圆弧 R"的圆心点（将鼠标指针移动到该边上会显示圆心，再单击即选中圆心），单击鼠标中键完成螺纹孔的制作，效果如图 3-81（c）所示。

10. 制作顶部通气孔组件

（1）拉出凸台。使用"拉伸"命令，当出现"拉伸"对话框时，单击鼠标中键两次，进入草图环境中，以坐标原点为圆心，作一个直径为 40 的圆，然后完成草图，返回到"拉伸"对话框处，将"开始"的"距离"设置为"306"，"结束"的"距离"设置为"300"，"布尔"设置为"合并"，单击鼠标中键，得到图 3-82（a）所示效果。

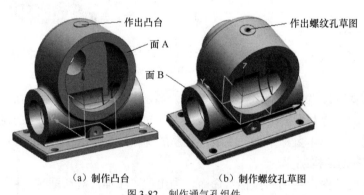

（a）制作凸台　　　　　　　　（b）制作螺纹孔草图

图 3-82　制作通气孔组件

（2）制作螺纹孔草图。使用"孔"命令（　），在刚才制作的凸台中心制作 M16 的螺纹孔草图，效果如图 3-82（b）所示。

11. 制作螺纹孔

（1）制作第一个孔的草图。使用"孔"命令（），当弹出"孔"对话框时，将"类型"修改为"螺纹孔"，"大小"修改为"M10×1.5"，其余参数使用默认值，单击鼠标中键，出现"创建草图"对话框，单击图 3-82（a）中的面 A 作为草图平面，单击鼠标中键，进入草图环境。作图 3-83（a）所示点的草图，其中点约束在 x 轴上，则与圆心距离为 105。

（2）完成第一个孔制作。完成草图后回到"孔"对话框处，单击鼠标中键，完成第一个孔的制作，如图 3-83（b）所示。

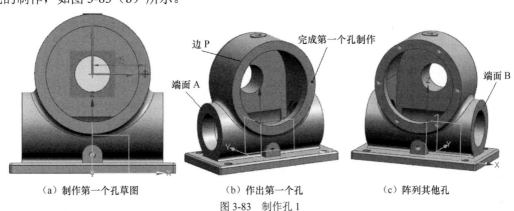

（a）制作第一个孔草图　　　（b）作出第一个孔　　　（c）阵列其他孔

图 3-83　制作孔 1

（3）阵列孔。单击"主页"面板上"特征"区中的"阵列特征"按钮，弹出"阵列特征"对话框，将"布局"修改为"圆形"，然后单击"部件导航器"中刚才制作的螺纹孔，在"阵列特征"对话框"旋转轴"区中的"指定矢量"处单击，然后单击基准坐标系的 y 轴；再在"指定点"处单击，然后选择图 3-83（b）所示的边 P，选中圆心。将阵列"数量"修改为"6"，"节距角"修改为"60°"，单击鼠标中键，完成操作，效果如图 3-83（c）所示。

（4）制作左侧螺纹孔。同样，使用"孔"命令（），在图 3-83（b）所示的端面 A 上制作孔的草图，其操作过程同上，点约束在 y 轴上，与圆心距离为 56，草图尺寸如图 3-84（a）所示，完成后单击鼠标中键，得到第一个螺纹孔。

（5）阵列。完成第一个孔制作后，同样使用"阵列特征"命令（），将"数量"修改为"3"，"节距角"修改为"120°"，其余操作同上，完成后效果如图 3-84（b）所示。

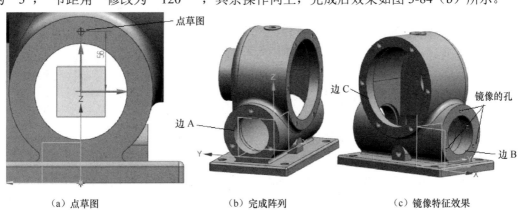

（a）点草图　　　（b）完成阵列　　　（c）镜像特征效果

图 3-84　制作孔 2

（6）镜像特征。单击"特征"区中的"更多"按钮 ，弹出下拉菜单，单击其中的"镜像特征"按钮 ，弹出"镜像特征"对话框，按住"Ctrl"键，然后单击"部件导航器"中最近制作的"螺纹孔"及"阵列特征"两项，再单击鼠标中键，将鼠标指针移动到"选择平面"处，然后单击选择基准坐标系的 yz 平面，单击鼠标中键完成操作，效果如图 3-84（c）所示。

12. 倒斜角

使用"倒斜角"命令（ ），对图 3-84 中边 A、边 B、边 C 倒斜角 2。

13. 后处理

隐藏不需要的内容，具体操作参考 2.5 节。

14. 渲染处理

参考前面各实例（如 2.5 节）进行渲染处理，完成效果如图 3-70 所示。

本实例反复使用"拉伸"命令进行造型，通过本实例，读者应该进一步掌握"拉伸"命令的灵活使用，同时思考复杂三维模型是如何通过"拉伸"命令反复操作，对三维模型不断进行叠加，最后得到复杂形状的；另外还要理解，不同情况下，拉伸操作选择的草图平面也是不同的，读者要注意思考在解决问题时如何使用不同的拉伸方式。

在本实例中，我们学习了以下重要命令："孔""镜像特征""相交曲线""投影曲线"。

至此我们已经对"拉伸"命令讲解了 5 个实例，通过这 5 个实例，读者应该能完全掌握以使用"拉伸"命令为主来完成三维模型制作，后续我们将重点讲解"旋转"命令及其相关实例，希望读者在学习过程中能理解教学思路，以便更好地理解各实例的教学作用。

3.6 塑料杯制作

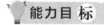 能力目标

1. 通过本实例，掌握"旋转"命令的使用。
2. 掌握本例中的操作技巧。

塑料杯制作

塑料杯效果如图 3-85 所示。

本例可以通过旋转操作来完成主体设计，然后进行细节操作。下面详述操作步骤。

1. 制作旋转体

（1）制作旋转体草图。启动 UG，并新建"塑料杯.prt"文件，单击"主页"面板"特征"区中的"拉伸"按钮右侧的"设计特征"下拉按钮 ，在弹出的菜单中选择"旋转"命令（ ），弹出"旋转"对话框，如图 3-86 所示。

图 3-85 塑料杯效果

在工作区空白处单击鼠标中键两次，进入草图环境。制作图 3-87 所示的草图。

图 3-86　"旋转"对话框

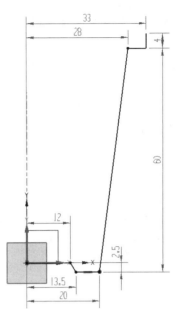

图 3-87　塑料杯草图

（2）完成旋转实体制作。单击"完成草图"按钮❒后，回到"旋转"对话框处，在对话框中"指定矢量"区处单击，然后单击选择基准坐标系的 y 轴，表示"指定点"处为默认的坐标原点，单击鼠标中键完成操作，效果如图 3-88 所示。

2. 制作斜曲面

（1）制作辅助曲线。单击"主页"面板"直接草图"区中的"草图"按钮❒，弹出"创建草图"对话框后，单击鼠标中键进入直接草图环境，单击"主页"面板中的"轮廓"按钮⌇，作图 3-89 所示的草图。

该草图只有一根直线，其长度可以任意长，因此，此草图是欠约束的草图，不影响后续操作。

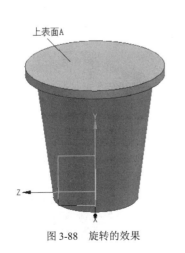

图 3-88　旋转的效果

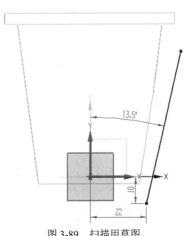

图 3-89　扫描用草图

（2）挖出斜曲面。完成草图操作后，单击"主页"面板"特征"区中的"更多"按钮，在弹出的菜单中选择"圆柱"命令（），弹出"圆柱"对话框，在对话框中"指定矢量"区处单击，然后单击图 3-89 所制作的曲线的上端（中点偏上部处，但不要选择端点或中间，因为操作效果不同），会出现沿直线向上的箭头，表面要制作的圆柱体的旋转轴线沿此直线向上，在对话框中"指定点"区处单击，用鼠标指针捕捉直线下端点，箭头会下移，然后在"圆柱"对话框中修改"直径"为"14"、"高度"为"60"、"布尔"为"减去"，单击鼠标中键完成操作，效果如图 3-90 所示，挖出一个倾斜的曲面。

3. 阵列特征

单击"主页"面板"特征"区中的"阵列特征"按钮，弹出"阵列特征"对话框，如图 3-91 所示。

图 3-90　用圆柱体挖出斜曲面　　　　　　　　图 3-91　"阵列特征"对话框

将"布局"设置为"圆形"，用鼠标指针捕捉图 3-90 所示的圆柱斜面，单击鼠标中键，鼠标指针移动到对话框中"指定矢量"处，直接选择基准坐标系的 y 轴（见图 3-90），然后修改阵列的"数量"为"6"、"节距角"为"360/6"，单击鼠标中键完成操作，效果如图 3-92 所示。

4. 边倒圆

单击"主页"面板"特征"区中的"边倒圆"按钮，弹出"边倒圆"对话框，将"半径 1"修改为"2"，将"上边框条"工具条中的"选择规则"修改为"面的边"，然后按顺序分别选择图 3-92 所示的底面 1、底面 2 及 6 个斜曲面，选择完成后单击鼠标中键完成边倒圆操作，效果如图 3-93 所示。

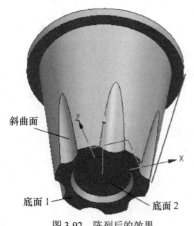

图 3-92　阵列后的效果　　　　　　　　図 3-93　完成边倒圆后的效果

5. 抽壳

单击"主页"面板"特征"区中的"抽壳"按钮 ，弹出"抽壳"对话框后，将"类型"修改为"移除面，然后抽壳"，将抽壳"厚度"修改为"0.8"，单击图 3-88 所示的上表面 A，再单击鼠标中键完成抽壳操作，效果如图 3-94 所示。

6. 后处理操作

（1）使用"视图"面板"可见性"区中的"移动至图层"命令（ ）将图 3-94 中的直线移动至第 21 层进行隐藏。

（2）使用"视图"面板"可见性"区中的"图层设置"命令（ ）将第 61 层设置为不可见。

图 3-94　抽壳后效果

（3）使用"渲染"面板中的"艺术外观任务"命令（ ），进入艺术外观设计环境，在导航栏中单击"系统艺术外观材料"按钮 ，在下拉菜单中选择"塑料"选项，并选择其中的"透明塑料-白色"选项（ ），按住鼠标将其拖动到塑料杯上，给塑料杯赋予材料。

（4）使用"系统场景"命令（ ），选择合适场景，然后单击"光线追踪艺术外观"按钮 ，得到图 3-85 所示效果。

本实例主要是使用"旋转"命令制作零件，同时用到了前面使用过的一些命令，如"抽壳""边倒圆""圆柱""阵列特征""渲染"等相关命令。请读者认真领会其中的制作过程，掌握制作要领。

3.7　轴制作

 能力目标

1. 掌握较复杂的旋转操作，掌握"沿路径"草图的制作方法。
2. 掌握"螺纹""沿引导线扫掠"等新命令，并理解其操作过程与方法。

轴制作

轴是机械零件中常用的一种，包括曲轴、直轴。本实例通过制作一根直轴，让读者了解轴类零件的制作方法。

图 3-95 是一根轴的三维效果，制作过程中主要使用"旋转"命令完成，下面介绍其制作过程。

1. 制作旋转体

（1）制作轴的草图。启动 UG，新建"轴.prt"文件，单击"主页"面板"特征"区中"拉伸"按钮旁的"设计特征"下拉按钮 ，在弹出的下拉菜单中选择"旋转"命令（ ），弹出"旋转"对话框，再单击鼠标中键两次进入草图环境，制作图 3-96 所示的草图。

图 3-95　轴三维效果

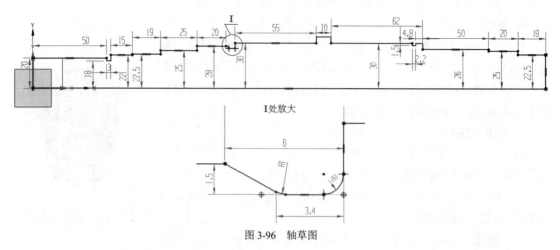

图 3-96　轴草图

（2）完成旋转操作。完成草图后，回到"旋转"对话框，在"旋转"对话框中的"指定矢量"处单击，然后选择基准坐标系 x 轴，单击鼠标中键完成旋转操作。效果如图 3-97 所示。

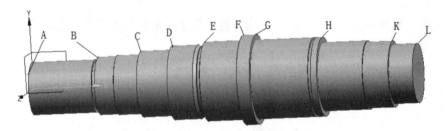

图 3-97　生成旋转体

2. 制作螺纹

在图 3-97 中，轴上 DE 段为螺纹，是用来安装圆螺母从而对轴进行锁紧的，下面来制作此处螺纹。

单击"主页"面板"特征"区中的"更多"按钮 🖆，在弹出的菜单中单击"设计特征"区中的"螺纹刀"按钮 🖥，弹出"螺纹切削"对话框，如图 3-98 所示。

图 3-98　"螺纹切削"对话框

从对话框中可以看到，"螺纹类型"有"详细"与"符号"两种。

（1）"详细"型表示具有三维效果的螺纹，适用于外观造型，可以看到真实的螺纹效果，也可以用于数控加工，但该种螺纹在转换成工程图时，其图形不符合工程制图标准，需要进行修改。

（2）"符号"型则表示不能看出三维效果的螺纹，此种效果在将三维模型转换成工程图时，可以得到符合国家标准的工程图。

如果没有特殊要求，建议使用"符号"型螺纹，因此这里使用默认的"符号"型螺纹。单击图 3-99 所示的 DE 段圆柱表面，表示要在这段制作螺纹，然后将"螺纹"对话框中的"成形"设置为"GB 1415"，表示要制作符合国家标准的螺纹；修改"长度"为"20"，单击鼠标中键完成螺纹制作操作，效果如图 3-99 所示。

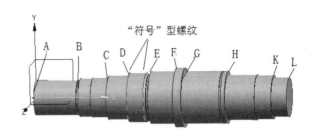

图 3-99　制成的"符号"型螺纹

3. 制作倒斜角

单击"主页"面板"特征"区中的"倒斜角"按钮，将"距离"设置为"1.5"，然后选择图 3-99 中 A、B、C、D、E、F、G、H、K、L 各处棱边，选择完成后单击鼠标中键完成倒斜角操作。

4. 制作中心孔

单击"主页"面板"特征"区中的"孔"按钮，弹出"孔"对话框，将"类型"修改为"常规孔"，将"成形"修改为"埋头"，然后根据 GB/T 145—2001《中心孔》查出 A 型中心孔各尺寸如下。

埋头直径：13.2；埋头角度：60°；直径：6.3；顶锥角：120°；深度是个可变值，随着中心钻加工后长度被磨短，因此是变化的，这里取 16。

完成参数设置后，单击选择轴一端的端面圆心，再选择另一端面圆心，单击鼠标中键完成中心孔制作操作，效果如图 3-100 所示。

5. 制作花键

花键可以使用"拉伸"命令简单制作，但与实际加工效果有所差别；要精确制作，需要使用"扫掠"命令，下面介绍其制作过程。

（1）制作引导线草图。单击"主页"面板"直接草图"区中的"草图"按钮，弹出"创建草图"对话框后，单击鼠标中键进入直接草图环境，制作图 3-101 所示草图。该草图由一段直线及一段与直线相切的圆弧组成，其中注意弧长超过轴表面一定距离即可。

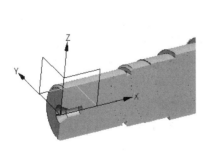

图 3-100　制作出中心孔（轴两端）

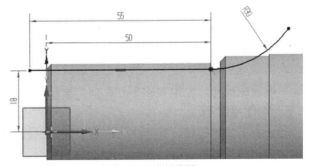

图 3-101　花键草图 1

（2）制作截面草图。再次单击"草图"按钮，当弹出"创建草图"对话框时，将"平面方法"修改为"新平面"；然后单击选择基准坐标系的 yz 平面，用鼠标在"草图方向"区中的"指定矢量"处单击，再单击基准坐标系的 z 轴箭头，表示以此作为草图水平正向。

在"草图原点"区中的"指定点"处单击，然后单击图 3-101 所作草图直线最左侧端点，最后单击"指定平面"右侧的"反向"按钮 ✕，让草图平面反向，否则，草图平面会是反的，给作图带来不便；再单击鼠标中键进入直接草图环境后，作图 3-102 所示草图。两个草图完成后效果如图 3-103 所示。

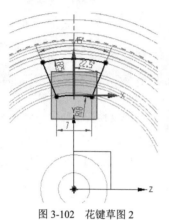

图 3-102　花键草图 2

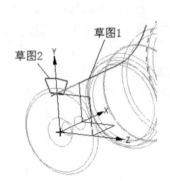

图 3-103　两个草图完成后效果

（3）制作扫掠体。单击"主页"面板"特征"区中的"更多"按钮 🔧，在弹出的菜单的"扫掠"区中单击"沿引导线扫掠"按钮 🗂，弹出"沿引导线扫掠"对话框，单击选择图 3-103 中草图 2，然后单击鼠标中键，再选择草图 1 的曲线，效果如图 3-104（a）所示。

（4）制作花键槽。将"沿引导线扫掠"对话框中的"布尔"修改为"减去"，单击鼠标中键完成操作，效果如图 3-104（b）所示。

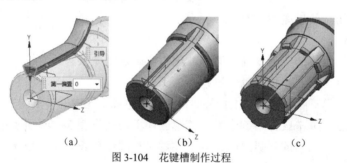

（a）　　　　　　　　　（b）　　　　　　　　　（c）

图 3-104　花键槽制作过程

（5）阵列。单击"主页"面板"特征"区中的"阵列特征"按钮 ◈，在"阵列特征"对话框中将"类型"修改为"圆形"，选择图 3-104（a）制作的扫掠体，在"指定矢量"处单击，选择基准坐标系的 x 轴，然后将"数量"修改为"8"，"节距角"修改为"45°"，单击鼠标中键完成操作，效果如图 3-104（c）所示。

6. 制作平键槽

轴上有多处平键槽，其制作过程可以使用"拉伸"命令来完成（建议不要使用 UG 早期版本中提供的"键"命令）。

（1）制作拉伸草图。使用"拉伸"命令，弹出"拉伸"对话框后，单击鼠标中键，弹出"创建草图"对话框，将"平面方法"修改为"新平面"，在"指定平面"右侧下拉列表中选择"自动判断"（ ），然后单击需要制作平键槽的轴段（如图 3-99 中的 EF 段圆柱面），将出现一个与该圆柱面相切的基准平面，在对话框中"指定矢量"处单击后，选择 x 轴作为矢量方向；在对话框中"指定点"处单击后，在刚才创建的基准平面上任意点处单击，再单击鼠标中键进入草图环境，查询 GB/T 1095—2003《平键　键槽的剖面尺寸》及 GB/T 1096—2003《普通型　平键》取得平键参数，制作一个腰圆形平键槽草图，如图 3-105（a）所示。

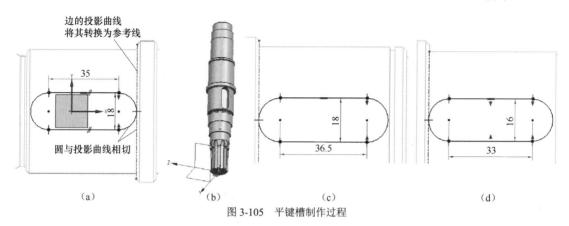

图 3-105　平键槽制作过程

（2）完成平键槽制作。完成草图后，回到"拉伸"对话框时，将"结束"的"距离"设置为"11"，"布尔"设置为"减去"，单击鼠标中键完成拉伸操作，效果如图 3-105（b）所示。

（3）制作其他平键槽。用同样的方法制作另外两处平键槽，其草图如图 3-105（c）、图 3-105（d）所示，拉伸深度分别为 11、10。完成所有平键槽制作后的效果如图 3-106 所示。

图 3-106　完成平键槽制作后的效果

7. 后处理

（1）对工作区中不需要显示的曲线、基准移动至不同图层进行隐藏。

（2）使用金属材料"碳钢"对轴进行渲染。

具体操作参考前面实例。

最终效果如图 3-95 所示。

本实例是对"旋转"命令的再一次应用，但其中使用了"沿引导线扫掠"这一新命令，并在制作草图时有操作技巧，请读者认真领会。

3.8　通气塞制作

通气塞制作

能力目标

1. 进一步使用"旋转"命令制作三维模型。

2. 掌握"螺旋""槽"等新命令，并对前面学过的部分命令进行复习。

机器上的通气塞种类繁多，没有统一样式，图 3-107 所示是一种通气塞的模型效果。

1. 作图分析

从图 3-107 中可以看到通气塞的形状是轴对称的，假想用一个平面将通气塞零件从轴中心剖切开，则效果如图 3-108 所示。

图 3-107　通气塞模型效果

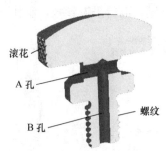

图 3-108　假想剖开后的效果

不考虑细节结构，以通气塞零件的中心线作为分界线，取右半边的轮廓作为草图模型，即图 3-109 所示平面图作轮廓草图，并将此草图沿左侧轴线旋转 360°，则可得到通气塞的主体结构；然后作 A 孔、B 孔、螺纹与滚花，这就是制作此模型的思路。凡是轴对称的零件均可以使用这种思路作图。下面介绍此模型的制作过程。

2. 旋转成形操作

（1）作旋转用草图。启动 UG，并新建"通气塞.prt"文件，然后进入建模环境，单击"主页"面板"特征"区中的"拉伸"按钮旁"设计特征"下拉按钮▼，在弹出的菜单中选择"旋转"命令（🔄），弹出"旋转"对话框，以"自动判断"的方式进入草图环境，作图 3-109 所示的草图。

（2）得到旋转体。完成草图后，回到"旋转"对话框处，单击鼠标中键，再选中基准坐标系的 y 轴，单击鼠标中键完成旋转操作，效果如图 3-110 所示。

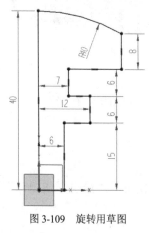

图 3-109　旋转用草图

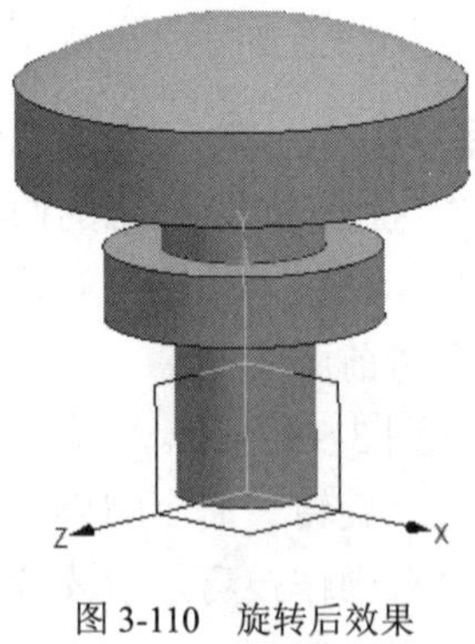

图 3-110　旋转后效果

3. 作 A 孔、B 孔

（1）制作孔草图。使用"拉伸"命令（📦），以"自动判断"的方式进入草图环境，作图 3-111 所示的草图。

（2）作 A 孔草图。完成草图后回到"拉伸"对话框时，将"开始"设置为"对称值"，将"距离"设置为"10"，将"布尔"设置为"减去"，单击鼠标中键完成操作，得到图 3-111 所示的 A 孔草图。

（3）制作 B 孔。单击"主页"面板"特征"区中的"孔"按钮![btn]，弹出"孔"对话框，将"类型"修改为"常规孔"，"成形"修改为"简单孔"，"直径"修改为"4"，"深度"修改为"26"，其余参数不变，使用鼠标选中通气塞底部的圆心点，单击鼠标中键完成操作，作出图 3-112 所示的 B 孔。

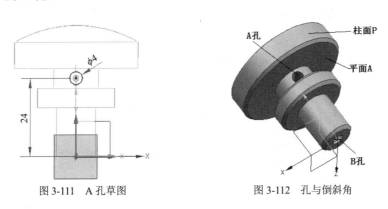

图 3-111　A 孔草图　　　　　　图 3-112　孔与倒斜角

4. 倒斜角

单击"主页"面板"特征"区中的"倒斜角"按钮![btn]，弹出"倒斜角"对话框，将"距离"设置为"1"，然后选中各圆柱面处的尖棱角边，单击鼠标中键，完成倒斜角操作，效果如图 3-112 所示。

5. 制作滚花

（1）制作螺旋线。单击"曲线"面板"曲线"区中的"螺旋"按钮![btn]，弹出"螺旋"对话框，如图 3-113 所示。

图 3-113　"螺旋"对话框

将"类型"修改为"沿矢量"，然后单击图 3-112 所示的平面 A，确定螺旋线的位置与方向，然后修改对话框中参数如下。

① 修改参数。在"大小"区中，选中"半径"单选按钮，再单击"值"右侧的下拉按钮▼，在弹出的下拉列表中选择"测量"选项，弹出"测量距离"对话框，将"类型"修改为"半径"，然后单击图 3-112 所示的柱面 P 测量其半径，以便使螺旋线半径与其相等，单击鼠标中键完成测量，其结果值自动添加到"螺旋"对话框中，复制该值（19.364），以待后用。

② 设置螺距。在"螺距"区的"值"处输入："2*pi（）*19.364"，读者在操作时可直接粘贴刚才的值，这里的"pi（）"就是数学中的圆周率 π，这里输入的螺距其实就是 $2\pi r$,

是图 3-112 中柱面 P 的周长，这样做的目的是让螺旋线的螺旋角为 45°。

③ 设置其他参数。在"长度"区中，将"方法"修改为"限制"，在"终止限制"处输入"–10"，也就是让螺旋线只有 10mm 高。

④ 设置旋转方向。展开"设置"区，将"旋转方向"修改为"右手"，表示右旋。

⑤ 得到第一段螺旋线。完成以上设置后，单击鼠标中键完成操作，效果如图 3-114 所示，得到一小段右旋螺旋线。

⑥ 制作另一段螺旋线。与上面的操作完全一样，参数也相同，只把"旋转方向"修改为"左手"，即可再建立一根左旋的螺旋线，效果如图 3-115 所示。

图 3-114　生成右旋螺旋线

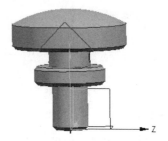

图 3-115　生成左旋螺旋线

（2）制作截面三角形。单击"草图"按钮，在弹出的"创建草图"对话框中，将"类型"修改为"基于路径"，然后单击选择图 3-114 所示的右旋螺旋线，会出现一个大的基准平面，将"弧长百分比"修改为"0"，单击鼠标中键进入草图环境，作图 3-116 所示的草图，该草图特点如下。

① 约束草图为等边三角形（使用几何约束）。

② 三角形的一个顶点在 T 轴上（使用几何约束）。

③ 三角形的左顶点在法线坐标轴 N 的左侧，其与 N 轴距离为 0.5，即后面制作出滚花的深度（拖动图形向左移动超过 N 坐标后，再进行尺寸约束）。

④ 三角形边长自定，大于 1 即可。

与上面操作一样，再为左旋螺旋线制作一个截面三角形，效果如图 3-117 所示。

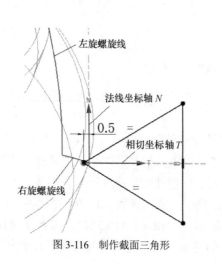

图 3-116　制作截面三角形

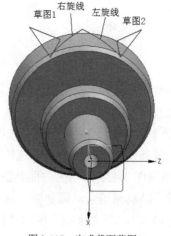

图 3-117　完成截面草图

（3）制作切痕。单击"主页"面板"特征"区中的"更多"按钮，在弹出的菜单中单击"扫掠"区中的"沿引导线扫掠"按钮，弹出"沿导引线扫掠"对话框，单击图 3-117 中的"草图 1"，然后单击鼠标中键，再选择图 3-117 中的右旋线，将"布尔"修改为"减去"，单击鼠标中键完成操作，就得到一个切痕，效果如图 3-118 所示。同理，完成另一侧切痕，效果如图 3-118 所示。

（4）制作滚花。单击"主页"面板"特征"区中的"阵列特征"按钮，弹出"阵列特征"对话框，将"布局"修改为"圆形"，单击选择前面制作的两个切痕（放大后再选择较方便，或者在"部件导航器"中选取），选择完成后，单击鼠标中键，鼠标指针指在"指定矢量"处，单击基准坐标系的 y 轴，然后修改"数量"为"50"、"节距角"为"360/50"，单击鼠标中键完成操作，效果如图 3-119 所示。

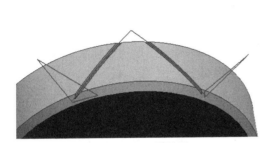

图 3-118　完成切痕效果

小头端面

图 3-119　完成滚花制作效果

6. 制作螺纹

单击"主页"面板"特征"区中的"更多"按钮，在弹出的菜单中单击"设计特征"区中的"螺纹刀"按钮，弹出"螺纹切削"对话框，将"螺纹类型"修改为"详细"，然后用鼠标单击选择图 3-117 所示通气塞最下面的一段圆柱体，对这段圆柱体作螺纹。此时，"螺纹切削"对话框形状改变了，是由于我们在前面对这个圆柱体部分进行了倒斜角操作，系统不能确定螺纹的起始位置，因此，需要单击图 3-119 中通气塞的小头端面。"螺纹切削"对话框修改的同时出现一个向外的箭头，表示螺纹往这个方向切削，如果这个方向正确，就直接单击鼠标中键；否则，就单击对话框中的"螺纹轴反向"按钮，再单击鼠标中键完成螺纹切削，效果如图 3-120 所示。

7. 制作退刀槽

为便于加工，需要切制螺纹退刀槽，操作过程如下。

（1）启动槽制作对话框。单击"主页"面板"特征"区中的"更多"按钮，在弹出的菜单中单击"设计特征"区中的"槽"按钮，弹出"槽"对话框。

（2）设置槽类型与参数。单击"U 形槽按钮"，出现"U 形槽"对话框，此时，用鼠标小心捕捉图 3-120 所示螺纹表面的圆柱面，表示要在此表面切退刀槽，选择完成后，可在"U 形槽"对话框中输入"槽直径"为"9.5"，"宽度"为"2.5"，"角半径"为"1"。

（3）定位。然后单击"确定"按钮或单击鼠标中键，出现"定位槽"对话框，同时在刚才螺纹切削位置出现一个大的圆盘，如图 3-121 所示，这是要求我们对槽进行定位，定位时，先用鼠标单击选择图 3-121 所示的棱边 A，作为定位基准边，再单击圆盘上的棱边 B，出现"创建表达式"对话框，在其中输入要切削的退刀槽与棱边 A 之间的距离，这里输入"0"，表示二者相切。

图 3-120　切削螺纹

图 3-121　切退刀槽

（4）完成槽制作。单击鼠标中键完成操作，退刀槽就制作完成，效果参见图 3-107。

至此，通气塞的三维制作已经完成，只需要进行后处理。

8. 后处理

（1）使用"视图"面板中的"移动至图层"命令将所有草图曲线移动至第 21 层。

（2）使用"视图"面板中的"图层设置"命令将第 21、61 层隐藏。

（3）使用"渲染"面板中的"艺术外观任务"命令进行渲染，进入"艺术外观任务"环境后，将"金属"材料"铬"赋予通气塞，编辑背景，再使用"光线追踪艺术外观"进行渲染，效果如图 3-107 所示。

（4）完成"光线追踪艺术外观"渲染后，按"Ctrl+H"组合键，或者单击"视图"面板中的"编辑截面"按钮，弹出"视图剖切"对话框，将"平面"修改为"X"（即 yz 平面），效果如图 3-108 所示。单击"视图"面板中的"剪切截面"按钮，取消视图剖切效果，保存文件，完成整个模型制作过程。

在这个操作中除了使用"旋转"命令作出主结构外，还用到了"倒斜角""孔""螺旋""螺纹""沿引导线扫掠""槽""阵列特征"等命令，内容丰富，有一定难度。读者要在弄懂这些命令的操作的同时，认真完成相应的练习，以便巩固所学内容。

3.9　公章制作

 能力目标

1. 掌握 UG 文字制作功能。

2. 学习"投影曲线""文本""复制面"等新命令。

公章制作后的效果如图 3-122 所示。

1. 作图分析

公章的制作主要是对 UG 文字功能的操

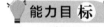

图 3-122　公章完成后效果

作，UG 的文字功能十分强大，不但可以在平面上作文字，也可以在曲线或曲面上作文字；

制作的文字不但可以造型，还可以进行编辑加工。公章制作就是对文字功能的应用实例。

2．制作公章主体

启动 UG，新建一个名为"公章.prt"的文件，使用"旋转"命令，使用"自动判断"的平面进入草图环境中，作图 3-123 所示的草图。

完成草图后，单击基准坐标系的 y 轴，即可得到公章的主体形状，如图 3-124 所示。

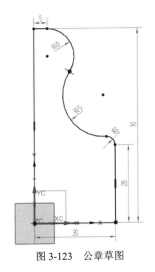

图 3-123　公章草图

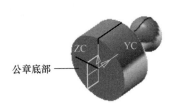

图 3-124　公章主体形状

使用"拉伸"命令（ ），以公章底部作为草图面，作一个草图，草图是两个同心圆，外圆使用"投影曲线"命令投影公章底部边线，内圆用"偏置曲线"命令将投影的边线向内偏置 2 得到，效果如图 3-125 所示。

然后对此草图进行拉伸，拉伸长度为 2，"布尔"为"合并"，效果如图 3-126 所示。

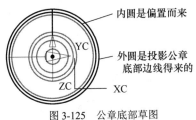

图 3-125　公章底部草图

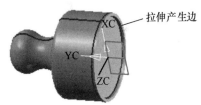

图 3-126　拉伸产生边

3．制作公章中间的五角星图案

使用"拉伸"命令，以公章底部为草图平面，作图 3-127 所示的公章图案草图。其中，中间五角星的制作过程是先使用"多边形"命令作一个边长为 8 的正五边形，然后使用"轮廓"命令通过五边形顶点制作五角星，最后进行修剪，并将原五边形各边设置为参考。两边矩形为长 15、宽 2，矩形上下边关于 x 轴对称，矩形是与 y 轴近端距离为 8 的对称图形。

将此草图拉伸（"布尔"为"合并"）后得到公章中的五角星图案。

4．制作公章中的文字

为了制作出公章用的文字，可以先作一条圆弧，然后以此曲线为参考作曲线上的文字，再进行文字调整，得到合适的文字。具体操作过程如下。

以公章底部为草图平面作一个圆，再作两根对称水平线，使这两根水平线与 x 轴对称，设置为参考，再制作一个半径为 15 的圆，并将圆修剪，效果如图 3-128 所示。

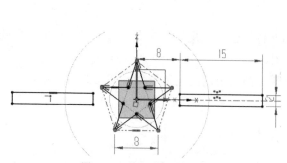

图 3-127　作出公章图案草图

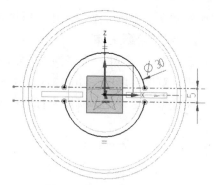

图 3-128　作出半圆形参考线

单击"曲线"面板"曲线"区中的"文本"按钮 **A**，弹出"文本"对话框，将"类型"修改为"曲线上"，在"文本属性"下面的文本框中输入"中华人民共和国"几个字，将"线型"修改为"仿宋"，用鼠标单击选中图 3-128 所作的半圆形曲线的上半段，就可以看到文字的编辑效果了，如图 3-129 所示。在这个效果状态下，有多个箭头形手柄及多个球形手柄，双击箭头手柄可改变方向，拖动箭头手柄可改变文字高度，拖动球形手柄可改变位置等，读者可以反复试验来调节文字效果。

将文字大小、方位等调整好后，就可以单击鼠标中键，完成文字的建立。然后使用"拉伸"命令对文字进行拉伸，拉伸长度为 2，"布尔"为"合并"，效果如图 3-130 所示。

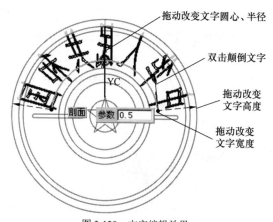

图 3-129　文字编辑效果

图 3-130　完成拉伸的文字

以同样的方法作出公章下方的文字，并进行拉伸，然后将不要的内容移到第 21 层，效果如图 3-131 所示。

5. 作出盖章的效果

使用"视图"面板中的"编辑对象显示"命令，过滤器类型选择"面"，然后选中公章最外侧表面，单击鼠标中键后，将弹出"编辑对象显示"对话框，将颜色改为"红色"，单击鼠标中键后完成操作。

单击"主页"面板"同步建模"区中的"更多"按钮，在弹出的菜单中，单击"重用"区域中的"复制面"按钮，弹出"复制面"对话框，将"距离"修改为"40"，然后选中图 3-132 所示的图形或文字表面的其中一个面，选中"共面"单选按钮，再单击鼠标中键完成操作，效果如图 3-132 所示。

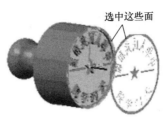

选中这些面

图 3-131　完成文字　　　　　　　　　图 3-132　盖章效果

6. 后处理

（1）使用"移动至图层"命令将所有曲线移动至第 21 层。

（2）进行渲染。

最后的效果如图 3-122 所示。

本实例主要讲解了 UG 的文字功能，同时对"旋转""拉伸"等命令进行了使用。读者应重点掌握 UG 的文字操作。

上面介绍了 4 个以"旋转"命令为主的实例，通过这几个实例，读者应该能掌握"旋转"命令及相关配套命令。

3.10　弹簧制作

弹簧制作

1. 掌握 UG 中弹簧制作的方法与技巧。

2. 学习"弹簧""艺术样条""截面"等新命令。

1. 基本情况简介

弹簧是机械或家电中常用的零件，其形状根据需要的不同而不同，一般的拉伸弹簧（　）、压缩弹簧（　）与碟簧（　）的制作，在 UG 提供的 GC 工具箱中已经有相应命令可以直接使用。本例介绍的是制作形状特殊的弹簧，目的是让读者掌握相关命令的使用。弹簧制作完成后的效果如图 3-133 所示。

2. 制作脊线

启动 UG，并新建"弹簧.prt"文件，然后进入建模模式中。

单击"曲线"面板"曲线"区中的"艺术样条"按钮　，弹出"艺术样条"对话框后，将"制图平面"修改为"XC-YC"平面（　），然后任作 3 条曲线作为脊线，如图 3-134 所示。

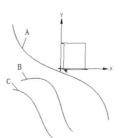

图 3-133　弹簧效果　　　　　　　图 3-134　制作脊线

脊线是作曲线或曲面时可能要用到的一个概念。它是一条特殊曲线，用来作曲线或曲面沿某一规律弯曲时拐弯的样板线。

3. 制作直型螺旋线

（1）启动"螺旋"对话框。单击"曲线"面板"曲线"区中的"螺旋"按钮 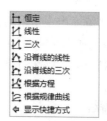，弹出"螺旋"对话框，如图 3-135 所示。

（2）设置类型。在这个对话框中，"类型"有"沿矢量"及"沿脊线"两种："沿矢量"用来决定弹簧旋转中心轴线的方向，因此，这种方式制作的弹簧轴心线是直线；"沿脊线"则可以沿任意曲线制作弹簧，因此，弹簧是弯曲的。此处选择"沿矢量"类型。

（3）设置规律类型。单击"规律类型"右侧的下拉按钮，显示图 3-136 所示下拉列表，其中，"恒定"说明半径或直径大小不变；"线性""三次"则允许输入两个不同"半径"或"直径"的数值，从而使制作的弹簧一端大、一端小，半径或直径按直线规律变化或按三次曲线的规律变化；"沿脊线的线性"及"沿脊线的三次"就是根据选择的脊线，可以修改不同位置的半径或直径值，使半径按直线或三次曲线的规律变化；"根据方程"可以输入公式，让半径按公式规律变化；"根据规律曲线"则是可以根据已有的规律曲线变化。

图 3-135　"螺旋"对话框

图 3-136　"规律类型"下拉列表

（4）设置螺距。展开"螺距"区，有类似的"规律类型"，与上面"半径"的规律一样，不过这里可对"螺距"进行修改，因此，制作的弹簧螺距可以变化。

（5）设置长度。展开"长度"区，有"限制"与"圈数"两种确定螺旋线长度的"方法"，可根据需要选择。下面通过具体操作来说明。

① 第一种螺旋线。将图 3-135 所示对话框的"类型"修改为"沿矢量"，鼠标指针自动停留在"指定坐标系"处，可单击图 3-134 所示坐标系中某个基准平面，这里单击 xy 平面，就可以得到螺旋线效果，如图 3-137（a）所示。

② 第二种螺旋线。修改"半径"的"规律类型"为"三次"，在"起始值"处输入"10"，"终止值"处输入"50"，得到的效果如图 3-137（b）所示。

③ 第三种螺旋线。将"螺距"的"规律类型"修改为"线性"，然后输入"起始值"为

"30"，"终止值"为"5"，得到的效果如图 3-137（c）所示。

④ 第四种螺旋线。将"长度"区中的"方法"修改为"圈数"，在"圈数"处输入"15"，得到的效果如图 3-137（d）所示。最后可修改"设置"中的"旋转方向"为"左手"或"右手"。

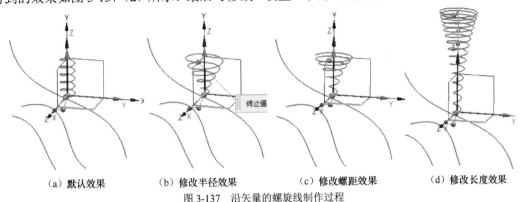

（a）默认效果　　　（b）修改半径效果　　　（c）修改螺距效果　　　（d）修改长度效果

图 3-137　沿矢量的螺旋线制作过程

4．制作曲线型螺旋线

（1）制作"沿脊线"的螺旋线 1。现在将原来制作的螺旋线删除，制作一条新螺旋线，其"类型"修改为"沿脊线"，鼠标指针自动停留在"指定曲线"处，单击图 3-137 中的最长的曲线作为脊线，由于前面我们已经制作了螺旋线，其所有参数已被保留，即半径、螺距、长度等都按前面设置的，结果得到图 3-138（a）所示效果，可以看到，这次的螺旋线是沿脊线弯曲变化的。

（2）制作"沿脊线"的螺旋线 2。将"长度"处的"圈数"修改为"30"，效果如图 3-138（b）所示。

（3）制作"沿脊线的三次"的螺旋线。将"半径"处的"规律类型"修改为"沿脊线的三次"，然后单击选择图 3-138（a）中的曲线 B，用鼠标在曲线 B 起点单击，在随鼠标移动的浮动文本框中将"点 1"修改为"15"，表示该点处半径为 15，将"%脊线上的位置"修改为"0"，表示这点制作在脊线的起点处；再在曲线 B 的中间任意位置取一点单击，并将"点 2"修改为"40"，将"%脊线上的位置"修改为"30"，表示该点在曲线 30%位置处，其半径为 40；再向后取点，将"点 3"修改为"10"，"%脊线上的位置"修改为"70"；最后在曲线 B 终点单击，将"点 4"修改为"30"，"%脊线上的位置"修改为"100"，效果如图 3-138（c）所示。

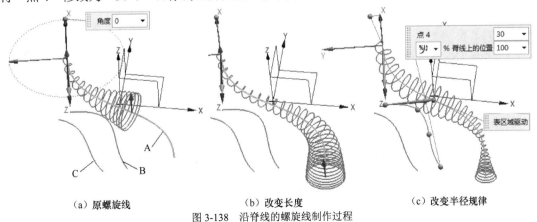

（a）原螺旋线　　　（b）改变长度　　　（c）改变半径规律

图 3-138　沿脊线的螺旋线制作过程

（4）改变螺距的螺旋线。读者也可以对此曲线的"螺距"进行类似的处理，不过要选择

图 3-138（a）中的曲线 C 作为脊线。

（5）制作按方程规律变化螺距的螺旋线。

① 输入公式。单击"工具"面板中的"表达式"按钮，弹出"表达式"对话框，在"名称"下面输入变量名"t"，在"公式"下面对应于变量"t"处输入"0"，即输入了公式："t=0"；按回车键，可以输入下一个公式："ft=30*sin（180*t）"。

解释：变量"t=0"，相当于给 UG 系统定义一个内部变量，初值为 0，根据 UG 的系统规律，该值会根据工作进程在 0～1 自动变化，因此，"180*t"就会在 0～180 变化，"sin（180*t）"则会按 0～1 再 1～0 这样变化，而"30*sin（180*t）"则会按 0～30 再 30～0 这样变化，因此，如果我们将这个公式应用到半径，则半径会按此规律变化，即弹簧两端螺距为 0，因此螺纹很密，逐渐到中间时，螺距为 30，因此螺纹很疏；同样，用于螺距则螺距会按此规律变化。

② 使用规律曲线。双击图 3-138（c）所示螺旋线，然后将"螺距"处的"规律类型"修改为"根据方程"，然后在"参数"处输入"t"，在"函数"处输入"ft"，即我们前面输入的两个公式，可以看到，曲线变化成图 3-139 所示的效果。

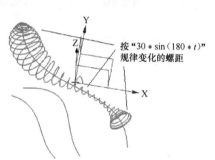

按"30 * sin（180 * t）"规律变化的螺距

读者可以比较图 3-138（c）与图 3-139 的效果，由于螺距的规律发生改变，则螺旋线发生了改变。

（6）制作其他螺旋线。螺旋线中还有"按规律曲线"的类型，其操作与"按脊线"类似，但需要先制作规律曲线，读者可以自行练习，在此不进行介绍。

图 3-139　按方程规律变化的螺距

5. 将螺旋线变成弹簧

选择"菜单"→"插入"→"扫掠"→"截面"命令，弹出"截面"对话框，将"类型"修改为"圆形"，"模式"修改为"中心半径"，然后单击选择图 3-139 所示的螺旋线，将"截面控制"区中的"值"修改为"2"，并按回车键，在"脊线"区单击选择"按曲线"，然后再次选择螺旋线，则可以看到，螺旋线转换成了弹簧，效果如图 3-133 左侧所示。读者可用同样的方法，自行制作图 3-133 所示的其他弹簧效果。

3.11　参数化造型实例——标准螺母制作

标准螺母制作

能力目标

1. 掌握 UG 参数化模型制作的原理与方法。
2. 学习"镜像特征""表达式"等新命令。
3. 学会 UG 提供的函数与表达式功能，并掌握其操作方法。

1. 参数化设计概念

参数化设计与变量化设计是现代设计的一种追求。参数化设计指通过系列参数化定义，能表达清楚一个几何模型内部各特征间的相互关系，或者不同部件间的几何体的相关关系；并能通过修改参数更改整个模型。变量化设计指对某些固定的特征值指定变量，通过变量驱动整体模型；对于一个完整的三维数字产品，从几何造型、设计过程、特征到设计约束，都可以进行参数化操作。

UG 提供了参数化设计。通俗地讲，所谓参数化就是让作图的每一个步骤的每一个特征都有一个表达式，且各表达式间可能还存在变量关联，从而当一个零件制作完成后，可以通过修改表达式中的参数，来对零件进行修改与维护，也可以通过修改参数来形成零件系列。当然，这种操作还可以用在零件与零件之间，特别是具有配合关系的零件之间，对其使用参数控制，可以保证两个零件尺寸同步，从而避免因尺寸修改不同步造成的错误。

下面就以符合 GB/T 193—2003《普通螺纹　直径与螺距系列》的系列标准螺母为例说明参数化模型的制作过程。参数化的螺母效果如图 3-140 所示。

图 3-140　参数化的螺母效果

2. 输入公式

（1）启动"表达式"对话框。启动 UG，新建一个文件"参数化螺母.prt"，然后选择"工具"→"表达式"命令，弹出"表达式"对话框，如图 3-141 所示。

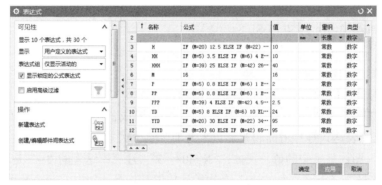

图 3-141　"表达式"对话框

（2）输入第一个公式。在对话框的"名称"中输入"M"，"公式"下输入"16"，就完成了公式"M=16"的输入操作，其中，M 表示螺母的公称直径，由于螺母是标准件，因此其尺寸不能随意给出，而要符合国家标准，这里是以国标 GB/T 193—2003 为基础的，其 M 的大小系列包括 1～600mm 范围内所有螺纹，作为建模示范，本处只建立其中一部分，它们分别是：5、6、8、10、12、14、16、18、20、22、24、27、30、33、36、39、42、45、48、52、56、60（单位为 mm）。注意，M 只能取其中的一个值。

（3）输入螺母外接圆直径公式。为了控制螺母的外接圆的尺寸，做到一个不同的螺纹值对应一个不同的外接圆直径，可输入如下 3 个公式：

YD=IF （M=5）8 ELSE IF（M=6）10 ELSE IF（M=8）13 ELSE IF（M=10）16 ELSE IF（M=12）18 ELSE IF（M=14）21 ELSE IF（M=16）24 ELSE IF（M=18）27 ELSE YYD

YYD=IF（M=20）30 ELSE IF（M=22）34 ELSE IF（M=24）36 ELSE IF（M=27）41 ELSE IF（M=30）46 ELSE IF（M=33）50 ELSE IF（M=36）55 ELSE YYYD

YYYD=IF（M=39）　60 ELSE IF　（M=42）65 ELSE IF（M=45）70 ELSE IF（M=48）75 ELSE IF（M=27）41 ELSE IF（M=52）80 ELSE IF（M=56）85 ELSE IF（M=60）90 ELSE 95

（4）公式解释。上面的 3 个公式其实可以用一个公式来表达，但用一个公式表达时长度太长，系统不能接受，因此将一个公式改为 3 个公式来表达。不过读者要注意，这 3 个公式输入表达式的顺序要与上面列出的顺序相反，因为这样才不会在公式编辑器中出现未定义的变量；另外在输入公式时，将对话框右侧的"量纲"设置为"无单位"，否则可能由于单位设置不正确出现错误提示。

通过这 3 个公式，将得到一个 YD 值，它代表了取不同 M 值时的螺母的外接圆的直径，以后改变 M 时，通过上述公式，YD 的值会自动做相应的改变。

（5）UG 表达式相关知识浅析。这里用到了 UG 的表达式，UG 提供了类似 C 语言的表达式模式，它有如下规则。

① 算术运算符号：+、−、*、/、^ 分别代表了加、减、乘、除、乘方。

② 逻辑运算符号：||、&&、! 分别代表或、与、非。

③ 关系运算符号：<、<=、>、>=、= =、!= 分别代表小于、小于等于、大于、大于等于、等于、不等于。

④ "如果"表达式，格式为：IF 条件 结果 1；ELSE 结果 2。

这个表达式的意思是：如果"条件"成立，表达式的值为"结果 1"，否则，表达式的值为"结果 2"。

例如："Y=IF（3>5）2*50 ELSE 3+3^2"

因为上式中的条件（3>5）是不成立的，因为实际上 3 比 5 小，所以，表达式结果为 ELSE 后面的"3+3^2"即 12，而不是"2*50"即 100。

值得注意的是：ELSE 后面还可以接 IF 语句。

⑤ 表达式是指由诸多运算符号及常量、变量组成的具有唯一结果的式子，例如："X=3>2^3"，这个表达式等号后面的意思是 3 大于 2 的 3 次方，由于这个结果是不成立的，因此，x 的值为 0，即计算机中的假。又如："X=40==5"（注意：这里的"="是等于的意思，与平时数学中的等号含义相同，而"=="是比较运算符号，是比较左右两个数大小的意思），这个表达式的意思是 40 等于 5，显然 40 不等于 5，因此结果也为假。再如："X=50+（20<30）"，意思是 50 再加上 20 小于 30 的结果，按照 UG 运算的优先顺序，先算 20 小于 30，结果为真，真在计算机中用 1 表示，相当于 X=50+1，因此，最后 X 等于 51。这些例子就是计算机中的运算规则，如果读者不能完全理解，可参考计算机编程语言 C 语言的语法规则方面的教材，这里不多介绍。

⑥ 理解了这些知识，就不难理解上面的表达式的意思，如："YD= IF（M=5）8 ELSE IF（M=6）10 ELSE IF（M=8）13 ELSE IF（M=10）16 ELSE IF（M=12）18 ELSE IF（M=14）21 ELSE IF（M=16）24 ELSE IF（M=18）27 ELSE YYD"的意思就是，如果 M=5，那么 YD 就为 8；否则，如果 M=6，则 YD=10；否则，如果 M=8，那么，YD=13；如此类推。

上面 3 个表达式的目的是单击鼠标中键，当 M 取不同值时，可以得到不同的外接圆直径 YD。

（6）输入螺母高度表达式。同样的道理，输入下面 3 个代表螺母高度的公式。

H=IF（M=20）12.5 ELSE IF（M=22）14 ELSE IF（M=24）15 ELSE IF（M=27）17 ELSE IF（M=30）18.7 ELSE IF（M=33）21 ELSE IF（M=36）22.5 ELSE HH

HH=IF（M=5）3.5 ELSE IF（M=6）4 ELSE IF（M=8）5.3 ELSE IF（M=10）6.4 ELSE IF（M=12）7.5 ELSE IF（M=14）8.8 ELSE IF（M=16）10 ELSE IF（M=18）11.5 ELSE HHH

HHH=IF（M=39）25 ELSE IF（M=42）26 ELSE IF（M=45）28 ELSE IF（M=48）30 ELSE IF（M=27）17 ELSE IF（M=52）33 ELSE IF（M=56）35 ELSE IF（M=60）38 ELSE 40

（7）输入螺母螺距表达式。输入下面 3 个代表螺母螺距的公式。

P=IF（M=5）0.8 ELSE IF（M=6）1 ELSE IF（M=8）1.25 ELSE IF（M=10）1.5 ELSE IF（M=12）1.75 ELSE IF（M=14）2 ELSE IF（M=16）2 ELSE IF（M=18）2.5 ELSE PP

PP=IF（M=20）2.5 ELSE IF（M=22）2.5 ELSE IF（M=24）3 ELSE IF（M=27）3 ELSE IF（M=30）3.5 ELSE IF（M=33）3.5 ELSE IF（M=36）4 ELSE PPP

PPP=IF（M=39）4 ELSE IF（M=42）4.5 ELSE IF（M=45）4.5 ELSE IF（M=48）5 ELSE IF（M=27）3 ELSE IF（M=52）5 ELSE IF（M=56）5.5 ELSE IF（M=60）5.5 ELSE 2.5

完成以上公式输入后，单击"公式"对话框中的"确定"按钮，完成操作，返回 UG 主界面。下面就开始制作参数化螺母。

3. 建立模型

（1）绘制螺母草图。使用"拉伸"命令，使用默认平面进入草图环境中，作图 3-142（a）所示的六边形，其外接圆为参考圆，六边形顶点在外接圆周上，给外接圆标注尺寸时，单击浮动文本框右侧的下拉按钮，弹出下拉列表，选择其中的"公式"选项，打开"公式"对话框，在"名称""p19"对应的"公式"处输入"YD/2"，如图 3-142（b）所示。

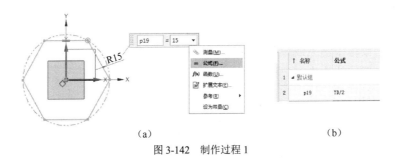

（a）　　　　　　　　　　　　　　　　（b）

图 3-142　制作过程 1

（2）制作螺母坯。完成草图，并返回至"拉伸"对话框，将"距离"也修改为"公式"，使其值等于前面输入的"H"。完成后，得到图 3-143（a）所示的螺母坯。

（3）制作倒圆角草图。再次使用"拉伸"命令，用螺母上表面作为拉伸平面进入草图中，作一个与六边形内接的圆作为草图，如图 3-143（b）所示。

（4）完成倒圆角。完成草图后，返回"拉伸"对话框，仍然将"距离"设置为"H"，将"拔模"角设置为"–60"，"布尔"设置为"相交"，如图 3-144（a）所示。单击鼠标中键完成操作，效果如图 3-144（b）所示，给螺母毛坯倒了圆角。

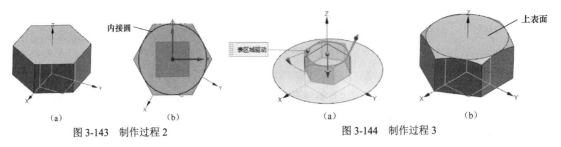

（a）　　　　（b）　　　　　　　　　　　　　（a）　　　　　　　　　（b）

图 3-143　制作过程 2　　　　　　　　　　图 3-144　制作过程 3

（5）镜像圆角。单击"主页"面板"特征"区中的"更多"按钮，在弹出的菜单中选择"镜像特征"命令（　），弹出"镜像特征"对话框，选中图 3-144（a）中的拉伸特征（即所倒的圆角），单击鼠标中键，鼠标指针移动到对话框中"指定平面"处，修改"平面"为"新平面"，然后分别单击图 3-144（b）中的螺母上、下两表面，再单击鼠标中键完成操作，得到镜像的效果，完成螺母边倒圆操作。

（6）作螺母内孔。使用"孔"命令（🔲），弹出"孔"对话框，使用"常规孔"中的"简单孔"功能，选择图 3-144（b）中上表面的圆心，将"孔"对话框中的"直径"使用公式输入得到螺纹内径："round（（M−1.0825*P）*1000）/1000"，这里使用 round（）函数的作用是对"（M−1.0825*P）*1000"的运算结果 4 舍 5 入，再除 1000 时保留 3 位小数，得到螺纹内径，如图 3-145（a）所示。

（7）倒斜角。使用"倒斜角"命令（🔲），对内孔两端倒斜角，其值为螺距的 1/2。得到图 3-145（a）所示效果。

（8）切制内螺纹。单击"主页"面板"特征"区中的"更多"按钮🔲，在弹出的菜单中选择"螺纹刀"命令（🔲），弹出"螺纹切削"对话框，将"螺纹类型"修改为"详细"，然后选中图 3-145（a）中的内孔壁，"螺纹切削"对话框变换了样式，再单击螺母上表面，单击鼠标中键，回到原对话框处，修改"大径"为"M"、长度为"H"、螺距为"P"，单击鼠标中键完成操作，得到图 3-145（b）所示效果。

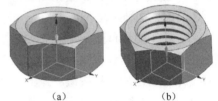

(a)   (b)

图 3-145 制作过程 4

最后完成对螺纹的渲染，效果如图 3-140 所示。

4. 参数化验证

完成以上操作后，单击"工具"面板中的"表达式"按钮 ，弹出"表达式"对话框，将变量"M"的值修改成标准螺母的尺寸，比如 16、10、12 等，然后单击"应用"按钮，可以看到，螺母尺寸发生相应改变，也就是说，整个螺母尺寸受"M"的尺寸控制。因此，根据需要可以任意修改符合螺纹国家标准的"M"值，从而得到不同要求的螺母，达到制作一个模型，完成一系列产品制作的目的。

本例说明了参数化建模的过程，首先进行公式输入，然后与普通模型的建立过程一样进行建模（但建模过程中，诸多参数通过前面输入的公式得到），最后进行参数化验证。这里介绍的是一个零件的各部分参数由一个变量控制的情况，同样，也可以用一个参数控制一组或一批零件，还可以通过零件间的参数相互控制，这些内容将在三维零件装配及产品设计中详细介绍，这里不再进行深入讨论。

小结

UG 中较重要的一般模型制作命令就是"拉伸"与"旋转"两个命令，与之配套的其他命令包括"孔""抽壳""阵列特征""倒圆角""倒斜角""镜像特征"等，它们均是辅助作图的常用工具命令。通过对本章的学习，读者应该熟练掌握并灵活运用这些命令。

在三维建模过程中，草图是不可或缺的工具，草图平面的选择方式多种多样，读者要根据实际需要灵活使用不同的草图平面。

在 UG 命令中，有两个重要概念，即特征与体。可以这样理解：体是指一个完整对象，具有独立行为；特征只是体上的某些内容，是组成体的部分，比如人体是体，人有眼睛、鼻子，这些是特征。特征包括体素、面、实体及线框对象等，如圆柱体、扫描的结果、拉伸的结果、孔、凸台、旋转的结果等都是特征。草图、倒角、边倒圆、拔模等操作的结果不是特征。

通过对本章的学习，读者应能完成一些一般实体的三维造型。

练习题

1. 制作图 3-146 所示的外壳零件。

第 3 章练习题 1

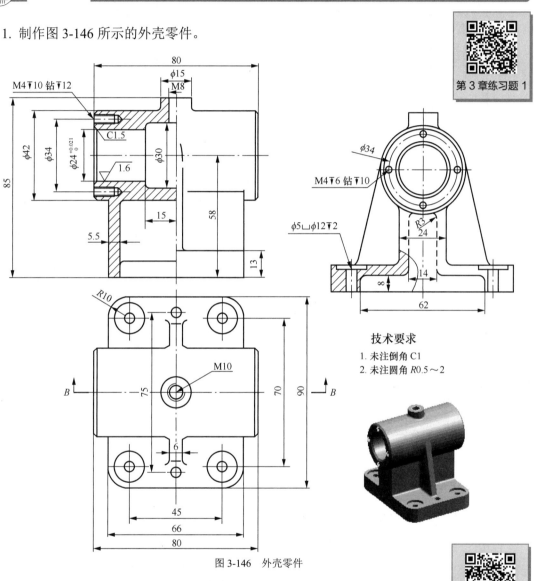

图 3-146 外壳零件

2. 制作图 3-147 所示的曲轴三维模型。

第 3 章练习题 2

图 3-147 曲轴

图 3-147　曲轴（续）

3. 制作图 3-148 所示的箱体零件。

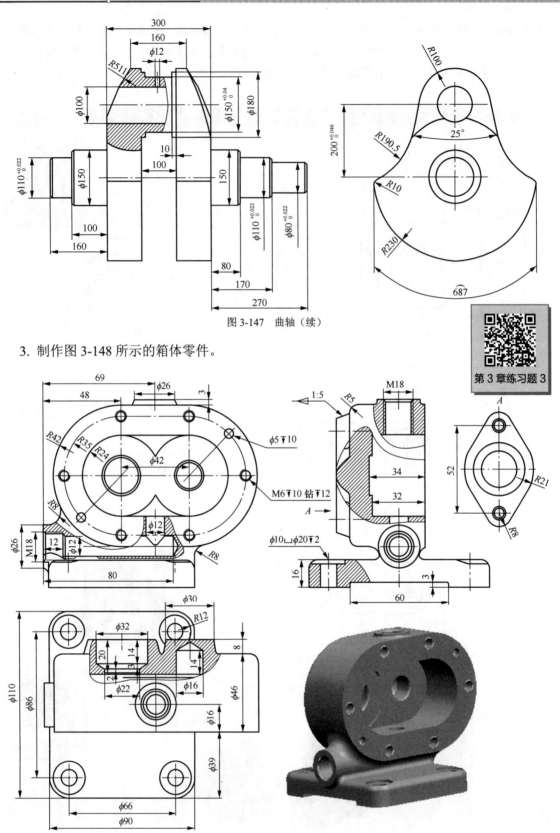

图 3-148　箱体零件 1

4. 制作图 3-149 所示的箱体零件。

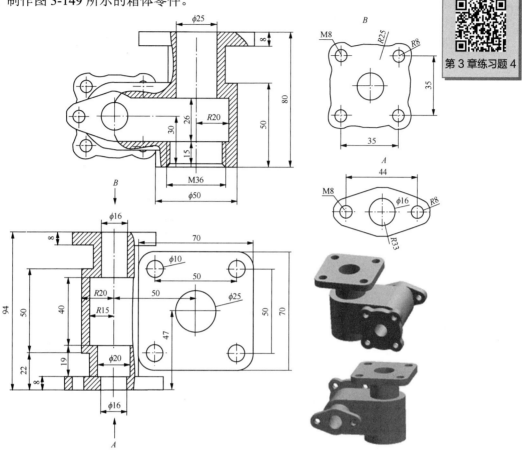

图 3-149　箱体零件 2

5. 制作图 3-150 所示的减速器箱体。

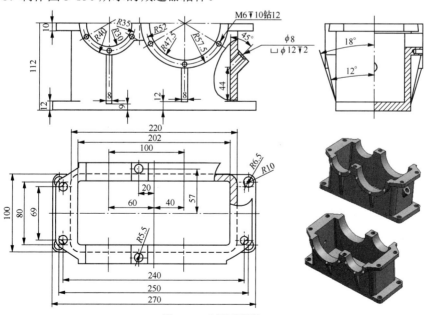

图 3-150　减速器箱体

6. 自行寻找身边较复杂的零件，并用 UG 完成这种零件模型的制作。

7. 对照机械设计手册，制作平垫片的参数化模型。

8. 对照机械设计手册，制作轴用弹性挡圈、孔用弹性挡圈的参数化模型。

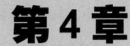

第4章

复杂三维模型构建

复杂三维模型构建是指较为复杂的曲面建模，它们有的要求精度高，有的要求形状复杂，制作难度相对较大。日常生活用品的三维模型精度要求不高，但形状较为复杂，如玩具（公仔、动物模型等）、部分形状复杂的生活器皿等；工业产品的三维模型精度要求高，形体复杂程度不一，需要精确建模。不论哪种建模，都是有难度的，因此，如何选择合适的建模方法显得至关重要；同时，掌握关键的曲面命令也是快速完成建模的重要因素。

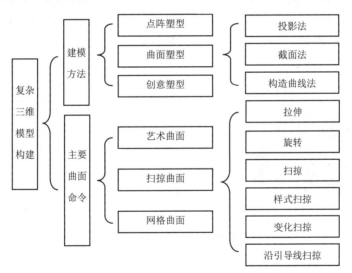

本章就复杂三维模型构建提供多个实例，以说明复杂三维模型构建的一些基本方法与技巧，给读者提供参考。通过前面的练习，读者对基本命令的使用应该较为熟悉了，因此，在本章的讲解过程中，对基本操作将不再进行太详细的介绍。

4.1 复杂三维模型构建基础

 能力目标

1. 掌握基本建模方法。

2. 掌握常用曲面命令的使用方法与操作技巧。

4.1.1　建模方法

复杂三维模型构建的主要方法有三大类，即曲面塑型、创意塑型和点阵塑型。

1. 曲面塑型

（1）曲面塑型概述

曲面塑型又称曲面造型，是指将一个形体分解成一个曲面或多个曲面，然后通过曲线构建这些曲面，最终将这些曲面通过合适的手段转换成实体的建模方式。如果一个形体由一个曲面组成，且曲面是封闭的，系统会直接转换为实体；如果一个形体由多个曲面组成，则可通过对曲面进行加厚、缝合等手段转换为实体。

曲面塑型的关键是如何分解实体，即如何将复杂形体分解成若干合适的曲面，以及如何得到合适的曲面框架。曲面塑型首先需要将要构建的模型分解成若干曲面，比如，一个鼠标，可能先要分解成鼠标侧面、底面、顶面等多个面，然后对其进行曲面构建，最终转换成鼠标实体。分解的方式不同，塑型的方式也会变化，难易程度也不同，建模效果也可能有变化，因此正确分解一个模型极其重要。

如图 4-1 所示，有的模型有较明显的分割线，分解起来相对方便，建模相对简单；有的模型曲面之间没有明显分割线，分解起来难度大，要求我们有较丰富的想象力、建模经验与较好的操作技巧。一般在分割线位置一定要制作一条曲线，成为三维线框模型（线架）的一部分。为了让初学者能领会其中的分解方法，并能准确制作出线架，本章实例将首先介绍分解思路，然后进行具体操作。

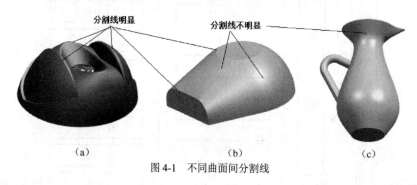

图 4-1　不同曲面间分割线

（2）构建线架的方法

将一个实体分解成若干曲面后，接下来的工作是要构建这些面，而构建面的关键是要构建组成曲面的线架，为了快速方便地构建线架，总结了以下几种构建方法。

① 投影法。投影法构建曲面线架的方式是找出曲面中具有特征的线条，如最大外形轮廓或具有特别意义的轮廓特征线，在不同视图（如主视图、俯视图）进行投影，得到平面曲线，再由不同视图上的投影曲线组合成空间曲线，最终得到曲面的外形轮廓框架，这种建模方法就是投影法。投影法需要至少两个视图方向的投影曲线，再使用"组合投影"命令对投影曲线进行组合得到空间曲线。投影法适合任意形状的单一曲面的建模。典型案例可参见本章图 4-43 所示的汤匙示例。

② 截面法。这种方法的特点是根据要建模的对象的形状，假想沿对象的几何中心线用垂直平面多次剖切，得到若干剖切面轮廓，从而反映模型的最终轮廓，再利用 UG 提供的"扫掠曲面""网格曲面""艺术曲面"等曲面命令将其变成实体。截面法适用于可沿中心曲线形状变化的复杂曲面[例如图 4-1（c）所示罐体及图 4-34 所示的铁钩]的建模。

③ 构造曲线法。部分形状较为复杂、由多个面组成的曲面，面与面间有连接相交线，可以通过观察其外形，想象连接相交线的存在位置，通过 UG 提供的各种曲线命令，直接构建其三维框架。典型的实例可以参考图 4-1（a）与图 4-1（b）。由于这种方法存在想象的成分，其制作位置不一定准确，因此，制作的图形存在不精确性，如图 4-1（b）所示的不明显分割线，其位置就存在不准确性。

以上 3 种构建曲面线架的方法是较常用的建模方法，第 3 章中所使用的建模命令，如"拉伸""旋转"等大部分命令也可以用于构建曲面。在实际建模应用中，要根据实际情况进行灵活运用，既可以单一应用这些方法，也可以综合运用。

2. 创意塑型

创意塑型，是指使用一个体素形状（如球、圆柱、块、圆弧、矩形、圆环）作为塑型的基础，通过对这个体素形状进行拉伸框架、变换框架等一系列操作，得到目标形状的建模方式。创意塑型理论上可以得到任意复杂形态的物体，适合于玩具、生活日用品等精度要求不高但形体复杂的物体建模。本章 4.3 节详细介绍了该方法的典型应用。

3. 点阵塑型

点阵塑型，其实也是由点构面，再由面构型，就是通过现代三维扫描仪器，将实体的三维像素扫描成点阵，再通过软件将这些点阵构建成曲面，最后由曲面生成实体，即还原扫描得到实体的建模方式。典型应用常见于逆向工程中，比如在医疗上，可以通过对残疾人肢体扫描得到相应的三维点阵，将点阵通过合适的方法构建成曲面，再将曲面转换为实体，就可以制造出相应的形体，从而对病人骨架进行替换治疗。

UG 提供了专门的逆向建模工具：Imageware 集成（在"菜单"→"工具"→"Imageware 集成"菜单命令中），Imageware 因其强大的点云处理能力、曲面编辑能力和 A 级曲面的构建能力而被广泛应用于汽车、航空、航天、消费家电、模具、计算机零部件等设计与制造领域。

要完成逆向建模工具 Imageware 的学习需要较多时间，因此本书不安排对这些内容的介绍，而是重点介绍曲面塑型与创意塑型两种曲面复杂模型的构建方法。

4.1.2　重要曲面命令简介

1. 网格曲面

网格曲面包括"直纹""通过曲线组""艺术曲面""通过曲线网格""N 边曲面"等命令。

（1）"直纹""通过曲线组""N 边曲面"命令

① "直纹"命令用于通过两条任意曲线制作曲面，即由二线构面。操作方法：当出现"直纹"对话框时，单击选择其中一条曲线，再单击鼠标中键一次，然后单击选择另一条曲线，最后单击鼠标中键即可完成"直纹"曲面的创建。

② "通过曲线组"命令用于对两条及两条以上曲线进行构面，但这些曲线间不能在同一平面内交叉，构建的曲面是空间曲面。操作方法：当出现"通过曲线组"对话框时，分别单

击选择各曲线，每选择一条曲线，就单击鼠标中键一次，直到选择完所有曲线为止，即可完成曲面的创建。

③ "N 边曲面"命令用于对一组曲线端点相连的曲线构建曲面，即这组曲线可以围成一圈，处于封闭状态，也可以不封闭；这组曲线可以是平面的，也可以围成空间形状，但相邻两线间应该是相连的。操作方法：当出现 "N 边曲面" 对话框时，分别选择各曲线，最后单击鼠标中键完成操作即可得到 "N 边曲面" 的创建。

（2）"艺术曲面""通过曲线网格"命令

UG 提供了两个重要的曲面构建命令，即 "艺术曲面" 与 "通过曲线网格"。这两个命令的使用方法类似，具有极强的适应性，能建立非常复杂的曲面。但两个命令也有所不同，主要表现在："艺术曲面" 命令建模要求更低，适应能力更强，建模后模型精度相对较低。

这两个曲面命令启动的对话框如图 4-2 所示。

图 4-2 "艺术曲面" 对话框与 "通过曲线网格" 对话框

从对话框中可以看出，它们的各项基本对应，"艺术曲面" 中有两种重要曲线，即 "截面（主要）曲线" 是主要曲线，至少需要两条，而 "引导（交叉）曲线" 是交叉曲线，可有可无，并且这两种曲线都必须使用曲线而不能使用点替代曲线；"通过曲线网格" 的 "主曲线" 与 "交叉曲线" 必须至少各两条，其中，"主曲线" 可以用两点替代曲线，"交叉曲线" 则只能使用曲线。另外，使用 "艺术曲面" 命令建模时不要求截面曲线与引导曲线相交叉，即有公共点；但使用 "通过曲线网格" 命令建模时则有严格要求，曲线间必须有交叉点。使用 "艺术曲面" 命令时，有两条线就开始显示结果；而 "通过曲线网格" 命令则必须保证截面曲线、引导曲线达到合适程度才显示结果。

操作时，出现 "艺术曲面" 对话框后，每选择一条截面曲线，就单击鼠标中键一次，再如此选择下一条，直到截面曲线选择完成后，需要在对话框中 "引导（交叉）曲线" 处单击，再选择引导曲线，也是每选择一条曲线就单击鼠标中键一次；而"通过曲线网格"则在选择完主曲线后，单击两次鼠标中键自动进入交叉曲线的选择。这两个命令在其他方面的操作基本一致，均是先选择主曲线，再选择交叉曲线。

【课堂实例 1】如图 4-3（a）所示曲线框架，主线串大于或等于 2 条，交叉线串大于或等于 2 条，总线串数大于或等于 4 条，并且各线串间基本平行的情况下，两种命令操作过程完全一样，可以使用 A、B、C、D 或者 X、Y、Z 作为主曲线或者交叉曲线，交换过来效果也一样。但作出的图形将有所区别：使用"艺术曲面"命令制作的曲面会有提示"无法达到 G0 连续"，表面曲线与曲面没有完全重合，线、面间有间隙，如图 4-3（b）所示；而使用"通过曲线网格"命令制作的曲面则完全重合，如图 4-3（c）所示，符合 G0 连续（点连续）。

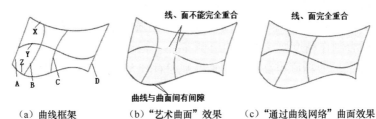

（a）曲线框架　　　　（b）"艺术曲面"效果　　　（c）"通过曲线网络"曲面效果

图 4-3　两种命令用同一曲线框架制作的曲面

【课堂实例 2】如图 4-4（a）所示，如果框架只有 3 条曲线，使用两种命令的操作过程也一样，但效果不一样。使用"艺术曲面"命令制作曲面时，分别选择 A、B 作为"截面（主要）曲线"，得到的曲面效果如图 4-4（b）所示，如果加选曲线 C 作为"引导（交叉）曲线"，则效果如图 4-4（c）所示；使用"通过曲线网格"命令制作曲面时，选择"主曲线"时首先要选择端点 P1，然后选择曲线 C，再选择曲线 A、B 作为"交叉曲线"，得到的曲面效果如图 4-4（d）所示。

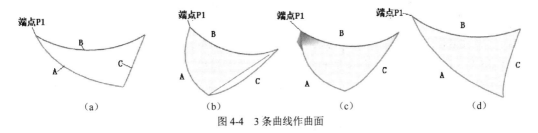

（a）　　　　　　　（b）　　　　　　　（c）　　　　　　　（d）

图 4-4　3 条曲线作曲面

从得到的结果很容易看出，使用"艺术曲面"命令制作的面与线之间要么误差大，要么曲面有急变，如图 4-4（c）中曲面在靠近端点 P1 处产生了凸起；而使用"通过曲线网格"命令制作的曲面则精确度高，线、面结合良好。

当图 4-4（a）中曲线 C 没有与曲线 A、B 产生交点时，使用"艺术曲面"命令一样可以得到曲面，但使用"通过曲线网格"命令则无法制作出曲面。

【课堂实例 3】如果线架只有两条曲线，如图 4-5（a）所示，使用"艺术曲面"命令制作曲面时，只需要分别选择曲线 A、B 作为"截面（主要）曲线"即可得到图 4-5（b）所示效果的曲面，而使用"通过曲线网格"命令制作曲面时，则可以分别选择端点 P1、端点 P2 作为"主曲线"，再用曲线 A、B 作为"交叉曲线"，得到图 4-5（c）所示效果的曲面。

端点P1 B 端点P2 A

端点P1 B 端点P2 A

端点P1 B 端点P2 A

（a）　　　　　　　　（b）　　　　　　　　（c）

图 4-5　用 2 条曲线框架制作曲面

当只有两条曲线的线架制作曲面时，使用"艺术曲面"命令与使用"通过曲线网格"命令制作的曲面没有明显区别。

当两条曲线没有相交的端点 P1、P2 时，使用"艺术曲面"命令可以制作出曲面，但使用"通过曲线网格"命令则无法制作出曲面。

从上述操作可以知道，"艺术曲面"命令适应性更强，对曲线相交要求低，但制作的曲面精度不高，特别适合制作精度要求不高的造型产品；"通过曲线网格"命令则对曲线间的相交关系要求高，制作的曲面精度也高，制作难度则相对较大，因此适合制作要求有良好精度的产品。

2. 扫掠曲面

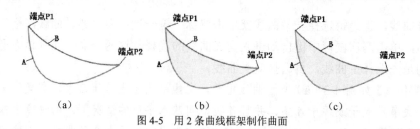

扫掠曲面

UG 提供的扫掠命令种类较多，主要包括"拉伸""旋转""扫掠""样式扫掠""变化扫掠""沿引导线扫掠""扫掠体""管""截面"等。

这些命令中，"拉伸""旋转"命令已经在前面章节进行了详细介绍，不再单独解释。"沿引导线扫掠""扫掠体""管""截面"命令使用起来不难，也不常用，其中，扫掠命令几乎能替代"沿引导线扫掠""扫掠体"命令，"管"与"截面"命令应用极少，在后续实例中均会使用到，在此不重点介绍。

使用"样式扫掠"命令可以制作出精度较高的曲面，其操作过程与"扫掠"命令类似。"样式扫掠"有 4 种类型，分别是"1 条引导线串""1 条引导线串，1 条接触线串""1 条引导线串，1 条方位线串"及"2 条引导线串"。它们的共同点是至少有 1 条截面线串，再加 1~2 条其他线串（其中至少 1 条是引导线串），其操作比较简单，多用于精确曲面制作。

"扫掠"与"变化扫掠"命令是 UG 中重要的曲面建模工具，其中，"扫掠"命令是通过不多于 3 条引导曲线，对若干截面曲线进行放样得到三维图形的命令，而"变化扫掠"命令则允许扫掠过程中尺寸改变，因而变化效果更加丰富，作图时需要想象力与实践经验。

下面分别用几个简单实例说明其操作。

（1）"扫掠"命令的操作

【课堂实例 4】图 4-6（a）所示的线架，由于截面曲线不封闭，"扫掠"结果是生成片体；图 4-6（b）、图 4-6（c）所示线架，由于截面曲线封闭，"扫掠"结果是生成实体。其中，图 4-6（b）是多条截面曲线、1 条引导曲线，图 4-6（c）则是 1 条截面曲线、多条引导曲线（最多 3 条）。操作过程都类似：每选择 1 条截面曲线，单击鼠标中键 1 次，完成所有截面曲线选择后，再单击鼠标中键 1 次，然后选择引导曲线，同样选择 1 条按鼠标中键 1 次，完成所有选择，再单击鼠标中键结束操作。

相对应线架制作的"扫掠"效果如图 4-6 所示，这显示了"扫掠"命令的主要操作模式，即 1 条或多条截面曲线、1~3 条引导曲线，就可以制作出不同效果的三维模型。

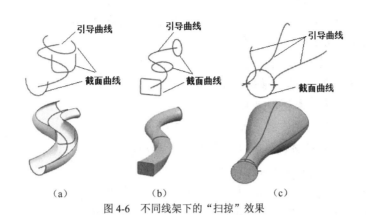

图 4-6　不同线架下的"扫掠"效果

（2）"变化扫掠"命令的操作

"变化扫掠"命令的操作过程不像"扫掠"命令一样，先完成截面曲线与引导曲线制作，而是先制作引导曲线，再制作截面曲线，且引导曲线可以有多条，但截面曲线只能作 1 条。为理解"变化扫掠"命令，下面提供几个实例来演示其操作过程。

【课堂实例 5】制作方形瓶。

方形瓶的效果如图 4-7 所示。

操作步骤如下。

（1）先作图 4-8 所示的草图。注意，草图由两段直线与两段圆弧组成，其中，长度为 20 的直线下端点在 x 轴上，各曲线间相切，完成后，得到草图曲线 P1。

（2）单击"阵列特征"按钮 启用该命令，弹出"阵列特征"对话框后，先选中刚才制作的曲线 P1，然后将"布局"修改为"圆形"，单击鼠标中键后，单击图 4-9 中的 y 轴作为旋转轴，将"节距角"修改为"90°"，将"数量"修改为"4"，然后单击鼠标中键完成操作，结果得到 4 条轨迹线 P1、P2、P3 及 P4，其中，P1 是原草图曲线，如图 4-9 所示。

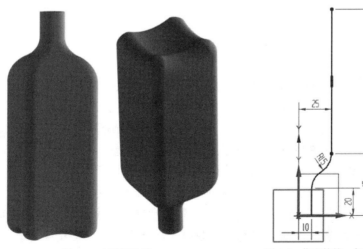

图 4-7　方形瓶效果　　　　　　图 4-8　作出的第一条轨迹线

（3）选择"菜单"→"插入"→"扫掠"→"变化扫掠"命令（或者单击"曲面"面板

"曲面"区中的"更多"按钮 ⬦，在弹出的菜单中选择"变化扫掠"命令），弹出"变化扫掠"
对话框，单击鼠标中键，出现"创建草图"对话框，选择刚才制作的 4 条曲线中的 1 条，此
时对话框中"弧长百分比"会显示百分数，修改这个百分数为
"0"或"100"，即将作图面移动至复合曲线的顶端，将"方向"
选项修改为"垂直矢量"，单击鼠标中键，选择 y 轴作为矢量，
再单击鼠标中键，就进入草图环境中。

（4）适当旋转草图，并使用"草图"工具条中的"交点"
命令（⬦）作出其余 3 条轨迹线与草图平面的交点，如图 4-10（a）
所示（注意在作交点时，一定要将"曲线规则"修改为"相切
曲线"，否则，这个交点只是直线与草图平面的交点，后续操作
将不能实现要求的结果）。然后作图 4-10（b）所示的草图。此
草图中，正方形的各倒圆均为 $R9.9$，就是比瓶口半径 $R10$ 略小
即可，使用"约束"命令保证正方形各边与各交点相交（作"点
在曲线上"约束，一定要注意，不能使各边与 4 条复合曲线 P1、

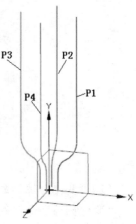

图 4-9 制作出 4 条轨迹线

P2、P3、P4 的端点相交，否则后续操作将失败）。完成草图后，
回到建模环境中，能看到预览的效果，如图 4-11 所示。

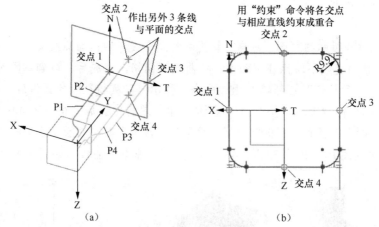

图 4-10 作出的截面草图

（5）单击鼠标中键完成操作，然后选择"菜单"→"插入"→"设计特征"→"球"命
令，弹出"球"对话框，在"直径"处输入直径值"100"，并单击"指定点"右侧的"点对
话框"按钮 ⬦，在弹出的"点"对话框中，将 x、y、z 坐标分别输入为"0""220""0"，将
"布尔"修改为"求差"（⬦ 求差），单击鼠标中键，完成求差，得到一个凹底，如图 4-12（a）
所示。再对底部边缘进行"边倒圆"，倒圆半径为 8，效果如图 4-12（b）所示。

（6）使用"主页"面板"特征"区中的"抽壳"命令，在弹出"抽壳"对话框后，单
击图 4-12（b）中的瓶嘴平面，将"厚度"设置为"1"，单击鼠标中键，完成抽壳操作。
将不需要的内容移动到第 40 层，并隐藏这些内容，最后进行渲染及后处理，效果如图 4-7
所示。

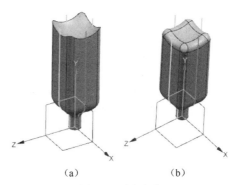

（a） （b）

图 4-11 方形瓶预览效果 图 4-12 底部操作

从上面的操作可以看出，先制作了 4 条引导曲线，再制作了一个截面而得到"变化扫掠"结果，这里的变化在于截面曲线，如图 4-10（b）所示，开始时是 4 个角倒了圆角的正方形，后来到瓶嘴部分则变成了接近圆形，因此，正方形的直线部分随着引导曲线的变化而变化，这就是"变化扫掠"。

【课堂实例 6】制作六角螺母毛坯。

六角螺母毛坯效果如图 4-13 所示。

（1）先作一个引导轨迹线的草图，如图 4-14 所示。这个草图的特点是：六边形的每一个尖角处都要倒圆，图中倒圆大小为 R1，这样，引导轨迹线才是光滑过渡的，系统在作图时认为此线是封闭的，不然，就认为此轨迹线是开放的，从而使作图不能成功。

[六角螺母毛坯制作]

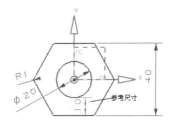

图 4-13 六角螺母毛坯效果 图 4-14 引导轨迹线草图

（2）选择"菜单"→"插入"→"扫掠"→"变化扫掠"命令（或者单击"曲面"面板"曲面"区中的"更多"按钮，在弹出的菜单中选择"变化扫掠"命令），弹出"变化扫掠"对话框，单击鼠标中键，出现"创建草图"对话框，单击图 4-14 中六边形的其中一条直线边的任意处，将在单击的位置产生一个点，修改"创建草图"对话框中的"方向"为"通过轴"，然后单击 z 轴，如图 4-15 所示。选择完成后，单击鼠标中键，进入草图环境，并得到一个自动产生的"交点"，如图 4-16 所示。

（3）适当旋转草图，如图 4-16 所示。单击"草图"工具条中的"交点"按钮，然后单击选中图 4-16 中的圆形轨迹线，再单击鼠标中键，将在圆形轨迹线与草图平面相交处产生一个交点，如图 4-16 所示。之所以要产生这个交点，主要原因是在后面作截面图时，截面必须既要在草图平面上，又要在各引导轨迹线上。因此，在用 UG 作"变化扫掠"时，有多少轨迹，就要作出多少个交点，但有一个例外，就是最先选中的六边形与草图面之间的交点在进入草图环境时，系统已经自动完成了交点的制作，因此是不用重新作交点的。

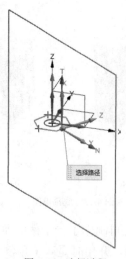

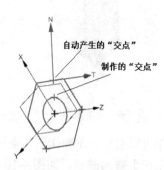

图 4-15　选择过程　　　　　　　图 4-16　草图环境操作

（4）然后，作图 4-17 所示的截面草图，此草图的特点是一定要通过图 4-16 所示的各交点，也可以使用"约束"命令约束各曲线在交点上。如图 4-17 所示，草图经过这两个交点，同时注意 9.8 这个线性尺寸，我们回顾一下图 4-14 中的参考尺寸 10，这是圆与多边形间的最短距离，扫掠时，图 4-17 中的尺寸 9.8 与前面图 4-14 中的参考尺寸 10 是不能相等的，可以大些也可以小些，但如果正好相等，就可能不能进行扫掠，系统提示会产生自相交，因此，我们将尺寸修改为 9.8，当然，也可以根据自己的需要进行修改。

（5）完成草图后，回到建模环境中，可以看到预览的效果，如图 4-18 所示。

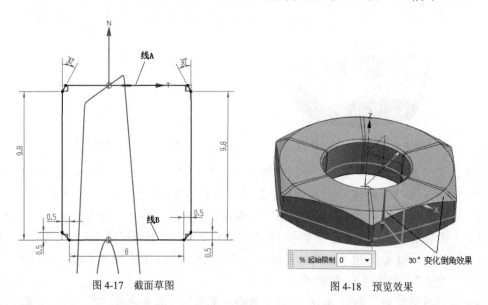

图 4-17　截面草图　　　　　　　图 4-18　预览效果

在图 4-17 中，由于扫掠是沿着六边形与圆形回转一周进行的（参见图 4-14 的引导轨迹线），因而线 A 与线 B 之间的距离就随着扫掠过程而变化，由于尺寸 9.8 已经固定，因此，30°角度所对应的边的长度就会随着扫掠过程变化，因此能看到图 4-18 所示的 30°变化倒角效果。

完成操作后，进行后处理，可得到图 4-13 所示效果。

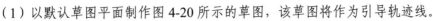

【课堂实例 7】 变截面钩制作。

图 4-19 所示是一个变截面钩，可以通过"变化扫掠"命令来制作。具体操作方法如下。

（1）以默认草图平面制作图 4-20 所示的草图，该草图将作为引导轨迹线。

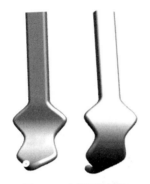

图 4-19　变截面钩效果

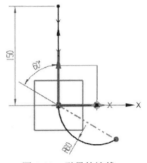

图 4-20　引导轨迹线

（2）单击"曲面"面板"曲面"区中的"更多"按钮，在弹出的菜单中选择"变化扫掠"命令，弹出"变化扫掠"对话框后，直接单击图 4-20 所示的引导轨迹线，弹出"创建草图"对话框，将"方向"设置为"垂直于路径"，将"弧长百分比"设置为"0"，单击鼠标中键，进入草图环境，作图 4-21 所示的截面草图。该草图就是一个长方形，其相对于 N 轴左右对称，相对于 T 轴上下对称。

（3）完成草图后，预览效果如图 4-22（b）所示。

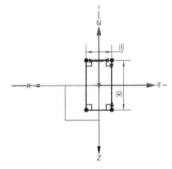

图 4-21　制作截面草图

（a）

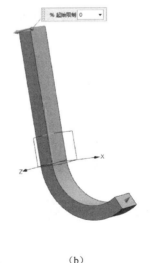

（b）

图 4-22　预览效果

（4）单击"变化扫掠"对话框[见图 4-22（a）]中"辅助截面"右侧的下拉按钮，展开

"辅助截面"区，单击"添加新集"按钮✛，同时展开"列表"，可以在"列表"框中看到 3 个截面："起始截面""终止截面"及"截面 1"，其中，"截面 1"就是刚才使用"添加新集"命令添加的截面，同时，"辅助截面"区中显示了"弧长百分比"为 50%，表明刚才添加的截面在整个引导轨迹线 50%的位置，可以根据需要修改该百分比，效果如图 4-23 所示。

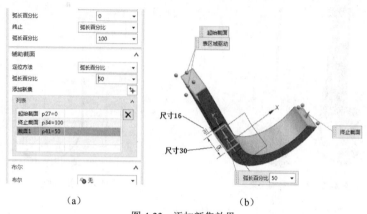

（a）　　　　　　　　　　（b）

图 4-23　添加新集效果

将"辅助截面"区内的"弧长百分比"由"50"修改成"45"并按回车键确定，可以在预览中看到，在 45%的引导轨迹线处出现了一个新的截面，同时显示了尺寸 16 与尺寸 30，如图 4-23（b）所示。

单击这些尺寸，有浮动文本框出现，修改这些尺寸，使其符合需要后按回车键确定，预览效果将得到更新。我们不修改"弧长百分比"为 45%处的尺寸，再次单击"添加新集"按钮✛，将"弧长百分比"修改成"55"并按回车键，然后将长度尺寸"30"修改为"80"，宽度尺寸"16"修改为"12"。同理，在 65%圆弧长度处修改长度尺寸为"45"，宽度尺寸为"10"；75%圆弧长度处修改长度尺寸为"60"，宽度尺寸为"10"；85%圆弧长度处修改长度尺寸为"20"，宽度尺寸为"10"；单击"终止截面"，再将此处长度与宽度均修改为"10"。最后单击鼠标中键，完成操作，效果如图 4-24（a）所示。

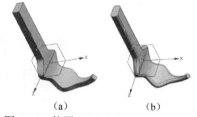

（a）　　　　　（b）

图 4-24　使用"变化扫掠"命令制作效果

（5）进行边倒圆，倒圆半径为 4.9，效果如图 4-24（b）所示。最后进行后处理，隐藏不必要的内容，效果如图 4-19 所示。

上面介绍了几个常用的曲面制作命令，其实 UG 还提供了众多的曲面操作命令，包括曲面偏置、复制、缩放、编辑等命令，这里不一一介绍，在后续操作中会逐一介绍。

4.2　曲面塑型

能力目标

1. 掌握制作曲面的基本方法：截面法、投影法及构造曲线法。
2. 掌握"网格曲面""艺术曲面""扫掠曲面"等常用制作曲面的命令。

3. 学会分析曲面的组成，并能运用不同的曲面命令达到完成同一产品建模的目的。

4.2.1　饮料罐制作

饮料罐的效果图如图 4-25 所示。

饮料罐制作

1. 作图分析

（1）本例线架构建方法：截面法，假想将该饮料罐横向截成若干段，每段的横切面的轮廓就是制作该饮料罐需要的截面曲线，截面越多，得到的截面曲线就越多，理论上制作得越精确，但实际操作不可能无限多，选择合适数量的截面段数，让制作出的三维模型逼近真实即可。

（2）本例实体分割位置：该饮料罐嘴部形状特殊，其颈部及以下均为圆形截面，形状一样，只是大小不同，因此，从嘴部到颈部应该与颈部以下部分使用不同的建模方法完成，故分割位置应该在颈部第一截面曲线处，即图 4-27 中 φ75 这条曲线处。

（3）本实例重点使用的曲面命令：由于本线架只有截面曲线，没有引导曲线，因此罐身使用"直纹""通过曲线组"命令完成，而罐柄则可以使用"沿引导线扫掠"命令完成。

下面详述其操作步骤。

2. 制作罐嘴草图

首先制作罐嘴的草图，这是第一个截面形状，以默认草图平面绘制图 4-26 所示的草图。

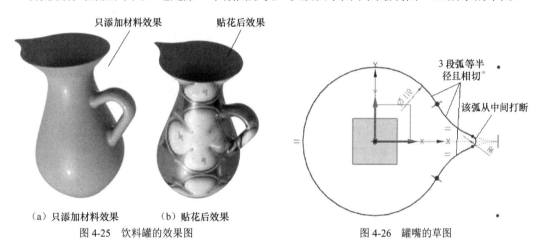

（a）只添加材料效果　　（b）贴花后效果

图 4-25　饮料罐的效果图

图 4-26　罐嘴的草图

在作上面的草图时要注意以下事项。

（1）图形关于 x 轴对称，并且要将图 4-26 中"R4"处的小圆弧从中间打断，从而为后面的作图做准备，后面的草图也是这样，如果不打断，在作曲面时可能遇到困难，打断的原则是：在 x 轴方向打断，且后面所有草图的打断方向应一致，否则之后在作曲面时可能产生扭曲。

（2）3 段 φ110 圆弧约束为等半径，且相邻的两圆弧要相切，可以使用几何"约束"命令（✐）完成这个操作。

3. 制作其他草图

制作完上面的草图后，再按图 4-27 所示的尺寸作出其余 5 个草图，即其他不同位置的截面，各草图间的距离及圆的直径已经注明在图中。作图时注意要按图 4-26 所示的 x 轴方向打断草图。

制作第一个草图使用的是默认草图平面，即 xy 平面；从制作第二个草图开始，当弹出"创建草图"对话框时，将"平面方法"修改为"新平面"，然后选中图 4-27 中的 xy 平面，弹出浮动文本框，将其中的距离修改成图 4-27 所示的对应值，单击鼠标中键后，选择 x 轴作为"指定矢量"，将"原点方法"修改为"使用工作部件原点"，然后单击鼠标中键进行草图制作。

4．制作罐嘴曲面

制作完截面后，就完成了线架的制作，下面可以将线连接成面。单击"曲面"面板"曲面"区中的"更多"按钮 ，在弹出的下拉菜单中选择"直纹"命令（），弹出"直纹"对话框，单击图 4-26 中小圆弧"R4"的打断处，单击鼠标中键，然后在图 4-27 中的 $\phi75$ 的草图相对应的打断处单击，此时这两个草图都被选中，并有方向箭头出现，注意方向应相同，即选择两个草图曲线要遵循起点同侧且方向相同的原则（简称"起点同侧同向原则"），如图 4-28 所示。

选择曲线时要注意靠近打断点处选择，否则，可能效果不同。如果两个箭头方向相反，应该双击其中一个箭头，使二者方向一致。

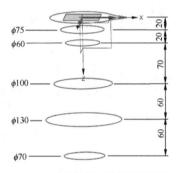

图 4-27　其他草图及草图间的距离

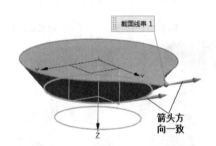

图 4-28　建立直纹曲面时选择曲线情况

取消选中"直纹"对话框中"对齐"区中的"保留形状"复选框，然后将"对齐"由"参数"改为"弧长"，单击"确定"按钮，则完成了罐嘴的制作，效果如图 4-28 所示。

读者可以将对齐方式改为其他方式，如"参数""根据点""距离"等，对各种情况进行实验，以理解其效果与作用。

5．制作罐身曲面

（1）按上述类似的方法，使用"曲面"面板中的"通过曲线组"命令（）来选择图 4-27 中除罐嘴以外的其余 5 个圆（选择每一个截面圆时要遵循起点同侧同向原则），每选中一个就单击鼠标中键一次，此时会在对话框中的"列表"框中增加一行显示，如图 4-29（a）所示。

全部选择完成后，将"通过曲线组"对话框中的"第一个截面"右侧的"G0"修改为"G1"，其中，G0 表示新建的曲面只与原来的直纹曲面相连，因而过渡不圆滑；G1 则表示新建的曲面将与原来的直纹曲面相切，因而过渡圆润光滑；然后单击选择前面制作的直纹曲面的外表面，就完成了相切操作，再取消选中"对齐"区中的"保留形状"复选框，然后在"对齐"右侧的下拉列表框中选择"弧长"选项。操作完成后，单击对话框中的"确定"按钮完成曲面的建立，整个操作过程可参考图 4-29。

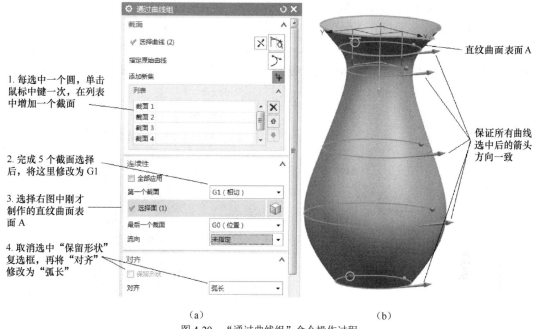

（a）　　　　　　　　　　　　　　　　（b）
图 4-29　"通过曲线组"命令操作过程

（2）完成上面的曲面制作后，使用"主页"面板"特征"区中的"合并"命令（ ![合并图标] ）将上面两个部分即罐嘴和罐身合并为一个整体。

（3）单击"主页"面板"特征"区中的"抽壳"命令（ ![抽壳图标] ），当弹出"抽壳"对话框后，单击选中图 4-29 中罐嘴的上表面，然后将"抽壳"对话框中的厚度改为"2"，单击"确定"按钮，完成抽壳操作，效果如图 4-30 所示。

6. 制作罐柄

（1）在完成上面操作后，选择 *yz* 平面作草图平面，作图 4-31 所示罐柄的草图（注意和图 4-30 中坐标系的比较）。

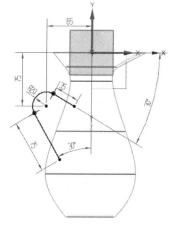

图 4-30　抽壳后的罐体效果　　　　　　　图 4-31　罐柄的草图

（2）作完上面的草图后，再次使用"草图"命令，当弹出"创建草图"对话框时，将"草图类型"修改为"基于路径"，然后选中图 4-31 草图中长度为 35 的直线段，将"弧长百分比"修改为"0"，单击鼠标中键，进入草图环境，以 N-T 坐标原点作为椭圆的中心点作一个长半轴半径为 8、短半轴半径为 12 的椭圆作为草图，然后退出草图环境，效果如图 4-32 所示。

（3）单击"曲面"面板"曲面"区中"更多"按钮，在弹出的菜单中单击"沿引导线扫掠"按钮，然后单击图 4-32 中的椭圆，再单击图 4-31 中的罐柄草图，单击鼠标中键，完成罐柄的制作。但此时会看到罐柄伸出一部分，如图 4-33 所示，这个多出的部分须删除。

图 4-32　作椭圆草图

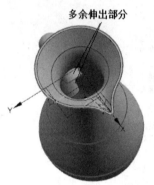

图 4-33　作出的罐柄有伸出部分

（4）单击"主页"面板"同步建模"区中的"替换面"按钮，弹出"替换面"对话框后，分别选中罐柄两头的两端面，单击鼠标中键后，再选中罐内壁（注意将"选择组"中的"面规则"修改为"相切面"），单击鼠标中键完成替换，得到光滑内壁。

（5）最后使用"主页"面板"特征"区中的"合并"命令，将罐体与罐柄合并。

7. 后处理

使用"视图"面板中的"移动至图层"命令（），将不必要的曲线移动至第 41 层，再使用"渲染"面板中的"高质量艺术外观"命令，系统自动给产品进行渲染，单击"材料/纹理"按钮，会弹出"材料/纹理"浮动菜单，同时在导航栏中增加"系统艺术外观材料"（）及"部件中的艺术外观材料"（）两个导航面板，单击展开"系统艺术外观材料"面板，选择合适材料并按住鼠标拖动到饮料罐上，就可将材料赋给饮料罐（本例选择"塑料"中的"亮泽塑料-绿色"），效果如图 4-25（a）所示。

单击"贴花"按钮，弹出"贴花"对话框，单击"选择图像文件"按钮，弹出"贴花图像"对话框，选择系统自带的"fourleaf.tif"文件作为贴花图像，然后选中饮料罐所有外表面进行贴花，最后将"缩放"区中"比例"修改为"200"，以便贴花能占满整个罐表面（否则比例小了不能全覆盖）。完成操作后，适当调整饮料罐位置，单击"光线追踪艺术外观"按钮，经过一段时间的渲染后，得到图 4-25（b）所示效果。

4.2.2　铁钩制作

铁钩制作

铁钩的效果如图 4-34 所示。

1. 作图分析

（1）本例线架构建方法：截面法，假想将该铁钩沿着钩的中线方向横向截成若干段，每段的横切面的轮廓就是制作该铁钩需要的截面曲线。由于铁钩各处形状变化较大，可以增加两条俯视图方向的边界曲线作为引导曲线，使线架更加符合产品形状。

图 4-34　铁钩的效果

（2）本例实体分割位置：铁钩嘴部形状特殊，直接使用曲面命令将整个钩一次性塑型困难，所以可以选择铁钩嘴部与身部分界线作为分割位置，参见图 4-35 中增加的线段 4。

（3）本实例重点使用的曲面命令：由于本线架包含截面曲线与引导曲线，因此其制作需要用到具有引导曲线的命令，可以使用的命令包括："通过曲线网格""艺术曲面"及"扫掠"等，其嘴部的制作除了使用上述命令外，还可以使用"旋转"命令完成。

在 2.4 节中我们制作了铁钩草图，本实例沿用该草图，但需要对原草图进行扩充。

详细操作过程如下。

2. 构建主轮廓草图

新建"铁钩制作.prt"文件，选择"菜单"→"文件"→"导入"→"部件"命令，弹出"导入部件"对话框，单击鼠标中键确定后，找到前面制作的"铁钩草图.prt"文件，打开该文件，弹出"点"对话框，直接单击鼠标中键完成操作，就可将原草图加入本实例中。双击导入的草图，进入草图环境，增加几条线段，目的是为后续制作截面曲线提供方便，如图 4-35 所示。

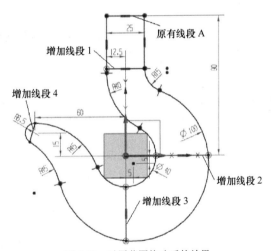

图 4-35　对原草图修改后的效果

除了增加以上 4 条线段外，还使用了"分割曲线"命令（ ）将图 4-35 中钩嘴处"R6.5"的弧分割成相等的两段，方便后续操作。

完成上面的草图修改后，退出草图环境，进入下一步的操作。

3. 构建各截面曲线草图

构建完上面俯视图方向的引导曲线后，就可以作垂直于俯视图方向的截面曲线了。构建各截面草图时，截面草图的数量越多，则成形后的效果和实际情况越相符。

（1）单击"直接草图"区中的"草图"按钮 ，弹出"创建草图"对话框，将"草图类型"修改为"在平面上"，"平面方法"修改为"新平面"，然后单击图 4-35 中的"原有线段

A"，再单击 xy 平面，参见图 4-36，得到一个通过"线段 A"的草图平面，然后单击鼠标中键，单击选中 x 轴作为草图方向，修改"原点方法"为"使用工作部件原点"后，单击鼠标中键进入草图环境中。

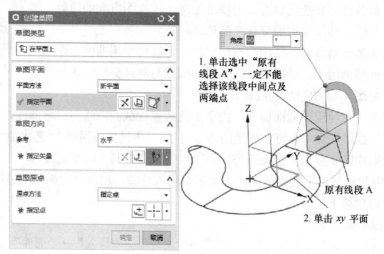

图 4-36　确定草图平面操作

适当旋转草图，得到图 4-37 所示的效果，然后以"原有线段 A"的中点为圆心，制作半径为"原有线段 A"长度一半的圆，并使用"分割曲线"命令（🔧）将其等分成两段，即得到该处截面曲线。

（2）按上面的操作方法，在"增加线段 1""增加线段 4"两处各制作一个圆，效果如图 4-38 所示，需要特别注意的是，这两处的圆也需要分割成相等的两段。

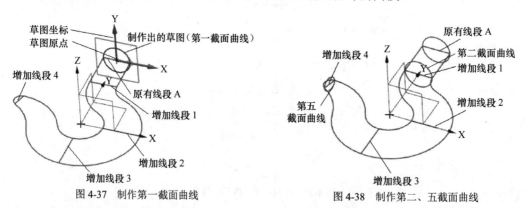

图 4-37　制作第一截面曲线　　　　图 4-38　制作第二、五截面曲线

（3）依照上面获得草图平面的方法在"增加线段 2"处制作图 4-39 所示的草图。制作该草图时，先制作上面一半，各线段间均相切，并将"R15""R4"两段弧的圆心约束在"增加线段 2"上；完成上面一半制作后，使用草图"镜像曲线"命令（🔛）将上面一半以"增加线段 2"为对称轴，镜像出另一半。

（4）完成第三截面曲线制作后，单击"特征"区中的"阵列特征"按钮✦，或选择"菜单"→"插入"→"关联复制"→"阵列特征"命令，弹出"阵列特征"对话框，将"布局"设置为"圆形"，"指定矢量"设置为 z 坐标轴，"数量"设置为"2"，"节距角"设置为"–90°"，然后单击鼠标中键完成操作，得到图 4-40 所示的第四截面曲线效果。

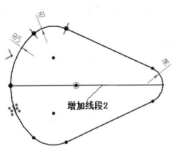

图 4-39　第三截面曲线

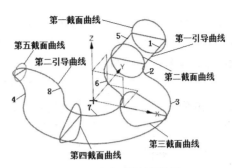

图 4-40　完成后的线架效果

至此完成了所有引导曲线及截面曲线的制作，理论上制作的截面曲线越多，模型越精确，三维效果越好。但实际作图时，选择关键截面作为代表，可简化建模过程，同时也能满足一般产品的精度要求，因此，善于选择合理的截面代表十分重要，一般的选择原则是将截面选在即将发生形状改变的位置，而形状不发生改变的位置则不反复取截面。当然，这不是绝对的，实际制作过程要根据使用的命令及产品形状灵活决定，比如，一个复杂的三维造型，需要用多个曲面合成，截面位置的选择与使用一个曲面直接形成三维造型时截面的选择情况就不一定相同。

4. 制作曲面

为了操作方便，请读者弄清图 4-40 中第一引导曲线与第二引导曲线的组成，这两条引导曲线是从第一截面曲线处开始到第五截面曲线处截止的各段，比如第一引导曲线是由图 4-40中 1~4 号曲线组成的；第二引导曲线是由 5~8 号曲线组成的。在后面操作中，选择第一及第二引导曲线时使用的"曲线规则"是"单条曲线"，然后一条一条选择相应各段。

另外，本线架可以使用"艺术曲面""通过曲线网格"及"扫掠" 3 个命令来完成。其中，前两个命令操作过程完全一致，因此，只以"通过曲线网格"命令操作为例进行讲解，"艺术曲面"命令的操作请读者自行完成。"扫掠"命令操作在截面曲线的选择时也完全一样，只是在选择引导曲线时，前面两个命令选择引导曲线的顺序是：第一引导曲线→第二引导曲线→第一引导曲线，可见第一引导曲线选择了两次；而"扫掠"命令则不需要进行第一引导曲线的第二次选择，其余操作基本一致。

（1）单击"曲面"面板中的"通过曲线网格"按钮，弹出"通过曲线网格"对话框，然后分别对第一至第五截面曲线进行选取，每选取一次，单击鼠标中键一次，当 5 条截面曲线选择完成后，要保证它们的箭头指向相同，且箭头起始位置在同一引导曲线侧，如图 4-41（a）所示。

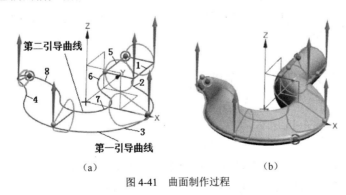

（a）　　　　　　　　　　　　　　　（b）

图 4-41　曲面制作过程

（2）当 5 条截面曲线选择完成后，单击鼠标中键两次，开始选择第一引导曲线，选择该曲线时，"曲线规则"使用"单条曲线"，分别选择图中 1～4 各段曲线，选择完成后单击鼠标中键，表示该引导曲线选择完成；再用同样的方法选择第二引导曲线，选择完成后可以看到有曲面生成；用同样的方法再次选择第一引导曲线，完成后可以看到生成了实体，如图 4-41（b）所示。

在选择过程中系统会有多种错误提示，读者可以忽略这些提示，等所有引导曲线选择完成就不会再提示出错；另外，为了方便操作，建议将着色模式修改为"静态线框"模式（⬜），制作完成后，再修改成"着色"模式（⬤）。

操作完成后，读者可以将刚才制作的曲面隐藏，或移动到不同图层，然后用同一线架使用"艺术曲面"及"扫掠"两个命令再制作一次，以便加深对这两个命令的理解及运用。

（3）作钩尖处曲面。完成上面操作后，单击"主页"面板"特征"区中的"旋转"按钮，弹出"旋转"对话框，将"曲线规则"修改为"单条曲线"，然后单击图 4-42（a）中的弧 A 或弧 B 均可（前面操作中已经将"R6.5"圆弧分割为两段，即弧 A、弧 B），只要选择一段，然后单击鼠标中键，鼠标指针就会移动到"指定矢量"处，再将"自动判断"（⬈）修改为"两点"（✏），然后分别选择图 4-42（a）中的"弧中点"及"直线中点"，将"旋转"对话框中的"布尔"修改为"合并"（⬛），单击鼠标中键，完成钩尖处的建模，效果如图 4-42（b）所示。

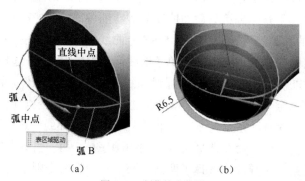

（a）　　　　　　　　　　　（b）

图 4-42　制作钩尖效果

（4）后处理。隐藏不必要的内容后，使用"高级艺术外观"命令进行渲染，并赋予铁钩材料为"铁"，再使用"光线追踪艺术外观"命令，得到图 4-34 所示的最终效果。

以上两个实例介绍了使用截面法构建三维模型的过程，本章练习题中"喷淋头"的制作也可使用同样方法，请读者对以上实例进行认真思考并完成练习，从而掌握截面法进行三维建模的方法。

4.2.3　汤匙制作

汤匙的效果图如图 4-43 所示。

1. 作图分析

（1）本例线架构建方法：投影法。从对象主视图方向、俯视图方向或左视图方向投影，从而得到视图相应的外形轮廓或关键线条，并将这些不同视图的轮廓线条合成空间曲线，得到与相应产品形状一样的线架模型。本例从主视图及俯视图两个方向进行投影，从而得到汤匙的线架模型。

（2）本例实体分割位置：汤匙有不同类型，本实例为讲解投影法，其形状相对简单，只有一个曲面，因此不存在分割位置。

（3）本实例重点使用的曲面命令：本实例只有一个曲面，使用一个曲面命令即可完成操作，像具有相似功能的命令，如"通过曲线网格""艺术曲面"及"扫掠"等，它们均能完成该曲面的制作。由于本实例得到的是曲面，因此可使用"加厚"命令将其转换成实体。

详细操作过程如下。

图 4-43　汤匙效果图

2. 建立汤匙俯视图草图

由于汤匙的形状具有对称性，因此，在制作线架模型时可以先制作其中一半，再利用镜像功能完成另一半。下面的操作就是根据这种思路进行的。

新建"汤匙.prt"文件，使用默认草图平面制作图 4-44 所示的草图。

该草图由两条曲线组成：其中一条是汤匙中间轮廓曲线，在俯视图上就是一条直线，该直线与 x 轴重合；另一条是汤匙边缘轮廓曲线 1，由一段直线、一段椭圆弧及一段半径为 5 的圆弧 3 段组成，两段间相切，其中椭圆长半轴尺寸为 20、短半轴尺寸为 10，椭圆中心在坐标原点处。

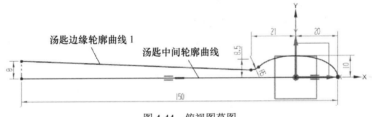

图 4-44　俯视图草图

3. 建立主视图草图

建立完上述草图后，再以 xz 平面为草图平面建立主视图草图，如图 4-45 所示。

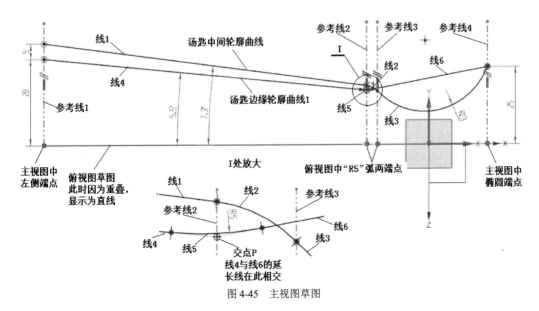

图 4-45　主视图草图

制作该草图时，先制作 4 条参考线：参考线 1～参考线 4，其中，参考线 1 与图 4-44 中曲线左侧端点对齐；参考线 2、参考线 3 分别与图 4-44 中"R5"弧的左、右两个端点对齐；参考线 4 则与图 4-44 中右侧椭圆弧端点对齐。制作这些参考线的目的，是使制作出来的主视图、俯视图之间保证投影关系，符合工程制图中"长对正，高平齐，宽相等"的关系。

完成参考线制作后，使用草图中的"轮廓"命令（⌒）先制作图 4-45 中的"线 1"，然后制作"线 2""线 3"，得到汤匙中间轮廓曲线在主视图上的投影，它与图 4-44 中的"汤匙中间轮廓曲线"是对应的；再继续制作线 6，在参考线 2 上得到"交点 P"，再制作线 4，进行尺寸约束后（即标注尺寸）后，利用"圆角"命令制作图 4-45 中的"R15"圆弧，得到汤匙边缘轮廓曲线在主视图上的投影，它与图 4-44 中的"汤匙边缘轮廓曲线 1"是对应的。

4. 组合投影

单击"曲线"面板"派生曲线"区中的"组合投影"按钮 ⚡，弹出"组合投影"对话框，将"曲线规则"修改为"相切曲线"，然后单击选中图 4-46 所示的"线 4"，单击鼠标中键，再单击选中图 4-46 中的"汤匙边缘轮廓曲线 2"，单击鼠标中键完成操作，得到组合投影生成的曲线，效果如图 4-46 所示。

5. 镜像曲线

单击"曲线"面板"派生曲线"区中的"镜像曲线"按钮 🔄，弹出"镜像曲线"对话框，先单击选中图 4-46 中的组合投影曲线，然后单击鼠标中键，再单击选中 xz 平面，单击鼠标中键完成操作，得到图 4-47 所示的镜像曲线。

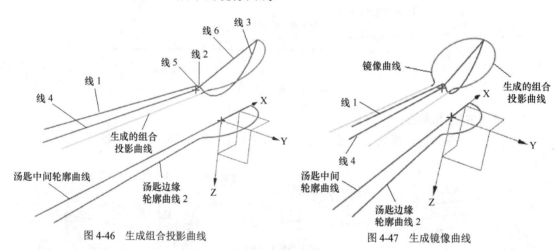

图 4-46　生成组合投影曲线　　　　图 4-47　生成镜像曲线

为了方便操作，使用"视图"面板中的"移动至图层"命令（⬚）将图 4-46 中的"线 4""线 5""线 6""汤匙中间轮廓曲线"及"汤匙边缘轮廓曲线 2"全部移动至第 21 图层，只剩下组合投影曲线、镜像曲线（见图 4-47）及"线 1"～"线 3"（见图 4-46）的相切曲线，同时隐藏坐标，效果如图 4-48 所示。

6. 制作样条曲线

为了建立曲面，使用"曲线"面板中的"艺术样条"命令（∿），然后分别单击图 4-48 中的 3 条曲线的端点 A、B、C，然后单击鼠标中键，完成样条曲线的制作。

7. 制作曲面

线架制作完成后，要制作曲面，可以使用"通过曲线网格""艺术曲面"及"扫掠"3 个命令来完成。下面以"扫掠"命令制作为例进行介绍，其余两种方法请读者自行完成。

使用"曲面"面板中的"扫掠"命令（），弹出"扫掠"对话框，按第 6 步制作样条曲线，然后单击鼠标中键两次，再单击投影曲线，并单击鼠标中键一次，修改"曲线规则"为"相切曲线"后，单击选中图 4-48 中的原曲线，单击鼠标中键一次，再修改"曲线规则"为"特征曲线"，然后单击选中镜像曲线，最后单击鼠标中键完成曲面的制作，效果如图 4-49 所示。

8. 加厚片体

将所有曲线移动至第 22 层。使用"曲面"面板的"曲面操作"区中的"加厚"命令（），弹出"加厚"对话框，在对话框中将"偏置 1"设置为"0.5"，"偏置 2"设置为"0"，然后单击"确定"按钮，完成片体加厚操作，形成实体的汤匙，将前面制作的曲面移动至第 41 层，则只剩下刚才加厚的实体，效果如图 4-50 所示。

图 4-48　隐藏后效果　　　　图 4-49　制作曲面　　　　图 4-50　加厚效果

9. 渲染处理

完成了上面的内容后，对汤匙手柄处尖角进行边倒圆操作，并将汤匙赋予材料"铬"，然后进行渲染，最后得到图 4-43 所示的效果。渲染操作可参照前面的实例进行。

4.2.4　自行车坐垫制作

自行车坐垫的效果如图 4-51 所示。

1. 作图分析

（1）本例线架构建方法：投影法，从对象主视图方向、俯视图方向进行投影，从而得到视图相应的外形轮廓或关键线条，并将这些不同视图的轮廓线条合成空间曲线，得到与产品形状一样的线架模型。

（2）本例实体分割位置：自行车坐垫的分界线很明显，可以使用其上部边缘作为分界线，整个自行车坐垫由两个面组成，如图 4-51 所示。

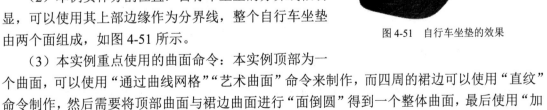

图 4-51　自行车坐垫的效果

（3）本实例重点使用的曲面命令：本实例顶部为一个曲面，可以使用"通过曲线网格""艺术曲面"命令来制作，而四周的裙边可以使用"直纹"命令制作，然后需要将顶部曲面与裙边曲面进行"面倒圆"得到一个整体曲面，最后使用"加厚"命令转换成实体。

详细操作过程如下。

2. 作俯视图草图

启动 UG，并新建"自行车坐垫.prt"文件，以默认草图平面作图 4-52 所示的草图。在制作草图时需注意以下事项。

（1）曲线 1 中弧"R28"与"R120"的圆心要用几何约束限定在 x 轴上，这是很重要的，因为如果不这样，今后作出的图可能出现凹陷或凸出的情况，影响美观。

（2）曲线 1 中的圆弧间要两两相切，否则后续操作中不能正常制作曲面。

（3）中间轮廓线与 xc 轴共线，为后面作图提供方便。

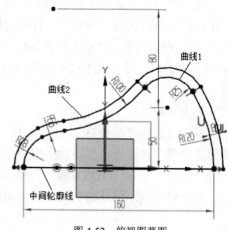

图 4-52　俯视图草图

（4）曲线 2 是曲线 1 向外偏置 8 得到的，是坐垫裙边轮廓。

以上注意事项与在曲面草图操作中类似，读者可类推到其他曲面制作中。

3. 作主视图草图

主视图草图主要是自行车坐垫的最大外形轮廓的两条线。

以 xz 平面为草图平面，作图 4-53 所示的草图，在制作草图时需注意以下事项。

（1）图 4-53 所示草图中曲线 3 是与图 4-52 中的曲线 1 相连的，曲线 3 左边长 30 的直线通过直线 1 左端点（约束成点在线上），右边长 45 的直线通过直线 1 右端点（约束成点在线上）。

（2）曲线 5 是使用"艺术样条"命令（）制作出来的，其形状可根据情况做适当弯曲，表示坐垫被坐变形的情况，制作曲线 5 时，其左、右端点可分别捕捉图 4-52 中的曲线 1 的左、右端点，使其共点。

（3）曲线 4 是曲线 3 向外偏置 20 后得到的。

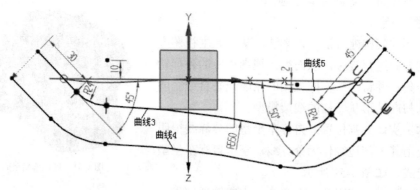

图 4-53　主视图草图

将主视图草图作完后，与图 4-52 所示的俯视图草图合在一起，效果如图 4-54 所示。

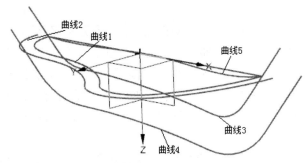

图 4-54 组合后的草图

4．作坐垫外缘曲线

（1）在作完上面的草图后，单击"曲线"面板的"派生曲线"区中的"组合投影"按钮，弹出"组合投影"对话框，先单击图 4-54 中的曲线 1（"曲线规则"使用"相切曲线"），单击鼠标中键后，再单击选中曲线 3，最后单击鼠标中键完成操作，得到"投影曲线"——曲线 6。用同样的方法，对曲线 2 与曲线 4 进行组合投影，得到曲线 7，效果如图 4-55（a）所示。

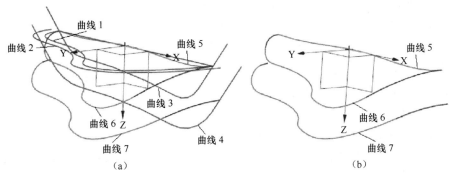

（a）　　　　　　　　　　　　（b）

图 4-55 制作外缘曲线 6、7

（2）单击"曲线"面板的"派生曲线"区中的"镜像曲线"按钮，弹出"镜像曲线"对话框，分别选中曲线 6、曲线 7 后，单击鼠标中键，选中图 4-55（b）所示 xz（即 y）平面，再单击鼠标中键完成操作，得到"镜像曲线"——曲线 8 与曲线 9，效果如图 4-56 所示。

需要说明的是，在后续操作中，由于选择曲线的方式不同，制作的曲面效果也是不一样的，特别是曲线 6 与曲线 8 的选择方式严重影响曲面效果，但由于曲线 8 是曲线 6 的镜像曲线，其各段用对应的同一字母标记，效果如图 4-57 所示，可见曲线 6、曲线 8 均由 9 段组成，其中 a、k 两段是两端的段，b、c、d、e、f、g、h 分别是相应曲线中间各段。

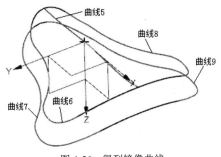

图 4-56 得到镜像曲线

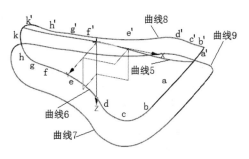

图 4-57 曲线 6、8 不同段

5. 作曲面

在上面的操作完成后，曲面的线架已经制作完成。曲面分两部分：一部分是坐垫上表面，由曲线 6、曲线 5 及曲线 8 组成，该曲面可以使用"通过曲线网格""扫掠"及"艺术曲面" 3 个命令中任意一个完成，由于制作过程类似，下面讲解时以"通过曲线网格"命令制作曲面为例进行说明；另一部分是裙边面，由曲线 6、曲线 8 组成的封闭曲线及曲线 7、曲线 9 组成的封闭曲线构成，可使用"直纹""艺术曲面"命令来完成，操作时将以"直纹"命令制作曲面为例进行说明。

（1）单击"曲面"面板中的"通过曲线网格"按钮，弹出"通过曲线网格"对话框，将"曲线规则"修改为"单条曲线"，然后分别单击图 4-57 中的曲线段 a 与 a'两段，作为主曲线的第一条曲线，单击鼠标中键，再单击 k 与 k'两段，作为主曲线的第二条曲线，完成后，单击鼠标中键两次，开始选择交叉曲线。首先依次选择曲线 6 的 b～h 各段，然后单击鼠标中键，完成第一条交叉曲线选择；再选择曲线 5，作为第二条交叉曲线；单击鼠标中键后，再依次选择曲线 8 的 b'～h'各段，作为第三条交叉曲线。单击鼠标中键完成操作，得到坐垫的上表面曲面，如图 4-58（a）所示。

（2）单击"曲面"面板中的"直纹"按钮，弹出"直纹"对话框，将"曲线规则"修改为"相切曲线"，然后单击选中曲线 6，系统会自动将曲线 6、曲线 8 全部选中（如果没有全选中，说明制作的线架存在问题，需考虑曲线段之间是否两两相切），单击鼠标中键后，再选择曲线 7，同样系统应该能同时选中曲线 9，单击鼠标中键完成操作，得到图 4-58（b）所示的裙边曲面。

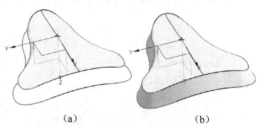

（a）　　　　　　　　（b）

图 4-58　裙边曲面制作效果

6. 进行面倒圆

单击"曲面"面板中的"面倒圆"按钮启用该命令（读者可以尝试下"美学面倒圆""样式倒圆"等命令），弹出"面倒圆"对话框，单击选中坐垫上表面曲线，会出现一个方向箭头，双击该箭头，使其朝下，然后单击鼠标中键，再单击裙边曲面，同样双击方向箭头，使其指向坐垫内部，再单击鼠标中键完成操作，得到图 4-59 所示的效果。

7. 进行加厚处理

单击"曲面"面板的"曲面操作"区中的"加厚"按钮，弹出"加厚"对话框，选中坐垫曲面，然后将"偏置 1"修改为"2"，"偏置 2"为"0"，单击鼠标中键完成操作，隐藏其他不必要的内容，得到图 4-60 所示的效果。

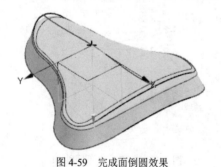

图 4-59　完成面倒圆效果

图 4-60　加厚效果

8.进行后处理

完成三维制作后，使用"皮革"材料进行渲染，得到的最终效果如图 4-51 所示。

4.2.5 风扇叶片制作

风扇叶片制作

风扇叶片的效果如图 4-61 所示。

1.作图分析

（1）本例线架构建方法：构建曲线法。先制
作其中一个叶片，再使用"阵列几何特征"命令
得到另外两个叶片。为了得到一个叶片的线架模
型，可以通过曲线操作命令构建一个框架，再得
到曲面，最后通过对曲面修剪得到最终叶片形状。

（2）本例实体分割位置：本实例中每一个叶
片即为一个曲面，一个曲面内无分割现象。

图 4-61 风扇叶片效果

（3）本实例重点使用的曲面命令："投影""阵列几何特征""通过曲线网格"命令及其他
一些草图命令等。

详细操作过程如下。

2.制作曲线 1

启动 UG 后，建立"风扇叶片.prt"文件，单击"草图"按钮 📝，使用默认的草图平面制
作图 4-62 所示的草图。其中，$\phi60$ 这个圆的圆心在坐标原点；曲线 1 是一段圆弧，由"点 1
（15，15）""点 2（10，200）"及"点 3（50，100）"共 3 点组成。

3.制作曲线 2

（1）单击"阵列几何特征"按钮 ⚏ 启用该命令（如果面板中没有，可以搜索该命令进行
添加），弹出"阵列几何特征"对话框，直接选中图 4-62 中的曲线 1，然后将对话框中的"布局"
修改为"线性"，"指定矢量"修改为"Z 轴"，"数量"修改为"2"，"节距角"修改为"25°"，
然后单击鼠标中键，完成操作，得到过渡曲线 P1，效果如图 4-63 所示。

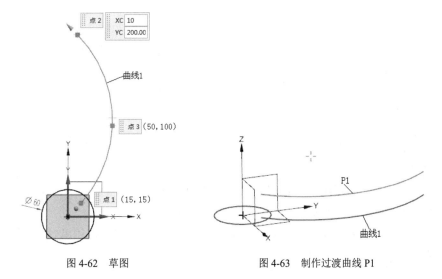

图 4-62 草图   图 4-63 制作过渡曲线 P1

（2）再次使用"阵列几何特征"命令，选择对象为P1，在"阵列几何特征"对话框中设置"布局"为"圆形"，"指定矢量"为"Z轴"，"数量"为"2"，"节距角"为"75°"，然后单击鼠标中键，完成操作，得到过渡曲线P2，效果如图4-64所示。

（3）隐藏过渡曲线P1，单击"草图"按钮，弹出"创建草图"对话框后，将"草图类型"修改为"基于路径"，然后单击选中曲线P2的A端，并将"弧长百分比"修改为"0"，单击鼠标中键进入草图环境，经过P2的A端点制作一条水平直线P3，长度自定，效果如图4-65所示。

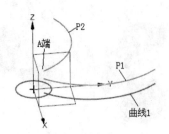

图4-64　制作过渡曲线P2

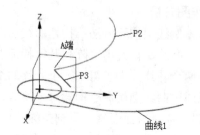

图4-65　制作过渡曲线P3

（4）再次使用"阵列几何特征"命令，选择对象为P2，设置"布局"为"圆形"，"指定矢量"为"P3"，"数量"为"2"，"节距角"为"25°"，然后单击鼠标中键，完成操作，得到曲线2，隐藏曲线P2、P3，效果如图4-66所示。

4. 制作曲线3与曲线4

（1）单击"曲线"面板中的"艺术样条"按钮，当弹出"艺术样条"对话框后，将"制图平面"修改为"视图"（），然后分别单击图4-66中的曲线1、曲线2的A端点，得到曲线3。

（2）在作图区的空白处右击，在弹出的快捷菜单中选择"定向视图"→"俯视图"命令，再分别单击曲线1、曲线2的B端点，得到曲线4（此时曲线4还是直线），再在曲线4中部单击，得到一点，按住鼠标向外拖动该点，使曲线4变成弧状，效果如图4-67所示。

至此，完成了风扇叶片的线架制作，由于该线架模型是通过曲线命令慢慢构造的，因此，称其为构造曲线法。

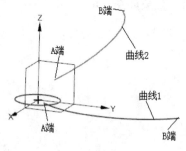

图4-66　制作曲线2

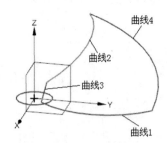

图4-67　制作曲线3、曲线4

5. 制作曲面

（1）单击"曲面"面板中的"通过曲线网格"按钮（），将曲线1、曲线2作为主曲线，曲线3、曲线4作为交叉曲线，得到图4-68所示的曲面。

（2）单击"主页"面板中的"拉伸"按钮，单击鼠标中键，使用默认平面制作草图，并使用"投影"命令（）将曲线1~曲线4进行投影，然后使用"角焊"命令（）对投影的曲线进行倒圆角，效果如图 4-69 所示。

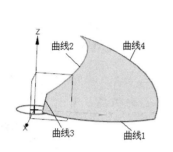

图 4-68 制作过渡曲面

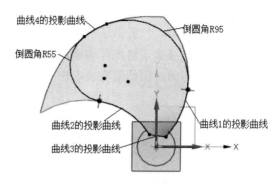

图 4-69 制作拉伸用的草图

（3）单击"完成草图"按钮 后，返回到"拉伸"对话框，将"拉伸"对话框中的"距离"修改为"80"，将"布尔"修改为"相交"，单击鼠标中键完成操作，得到图 4-70 所示的风扇叶片的最终曲面。

6. 加厚与阵列

使用"加厚"命令（ ）对刚才制作的曲面进行加厚，厚度为 2，然后使用"阵列几何特征"命令，选择对象为加厚的实体，设置"布局"为"圆形"，"指定矢量"为"Z 轴"，"数量"为"3"，"节距角"为"120°"，然后单击鼠标中键完成操作，效果如图 4-71 所示。

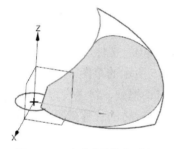

图 4-70 风扇叶片最终曲面效果

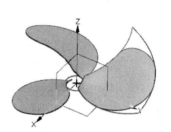

图 4-71 加厚与阵列效果

7. 拉伸成形

（1）对图 4-62 中 $\phi 60$ 的圆进行拉伸，其中，在 z 轴正向拉伸距离为 35，反向为 5。得到拉伸圆柱体，并使用"合并"命令（ ）将圆柱体及 3 片叶片合并，效果如图 4-72 所示。

（2）使用"孔"命令（ ）以图 4-72 所示圆心制作"常规孔"，其"直径"为"50"，"深度"为"35"，"顶锥角"为"0"；最后在底部制作一个直径为 15 的通孔，并进行适当倒圆角，完成所有操作后，效果如图 4-73 所示。

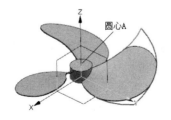

图 4-72 拉伸圆柱体效果

图 4-73 制作孔及倒圆角效果

133

8. 后处理

最后，将不需要的内容进行隐藏，并进行渲染，得到图 4-61 所示的最终效果。

本实例不是特别难，但提供了一种制作线架模型的新方法，即根据模型的最终效果，人为制作若干曲线形成线架，这就是构造曲线法，但使用这种方法是非常灵活的，不同的实例操作过程可能有所不同，因此需要读者在不断学习过程中，通过认真思考来灵活应对所面临的问题。

4.2.6　化妆品瓶盖制作

化妆品瓶盖
制作

图 4-74 所示是一种化妆品瓶盖效果。

1. 作图分析

（1）本例线架构建方法：构造曲线法。该产品由多个面组成，每个面之间有明显的分割线，其线架模型是在制作过程中逐步形成。

（2）本例实体分割位置：各明显拐弯位置均为分割线。

图 4-74　一种化妆品瓶盖效果

（3）本实例重点使用的曲面命令包括"投影""阵列几何特征""通过曲线网格"及其他一些草图命令等。

详细操作过程如下。

2. 制作底部裙边

（1）制作旋转草图。启动 UG 并新建"化妆品瓶盖.prt"文件，使用"旋转"命令（🔴），打开"旋转"对话框，在默认的草图平面内制作图 4-75 所示的草图。

（2）制作加厚实体。完成草图后，回到"旋转"对话框处，将"设置"区中的"体类型"修改为"片体"，然后单击鼠标中键完成操作，得到一个旋转的片体效果，再使用"加厚"命令（🖼）将片体向外加厚 2，效果如图 4-76 所示。

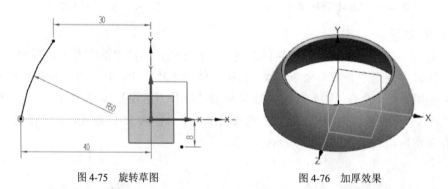

图 4-75　旋转草图　　　　　　　　图 4-76　加厚效果

（3）制作拉伸草图。使用"拉伸"命令（🟦），打开"拉伸"对话框，利用默认草图平面制作图 4-77 所示的草图，该草图左右对称，是一段圆弧。

（4）制作拉伸片体。完成草图后，回到"拉伸"对话框处，将"设置"区的"体类型"修改为"片体"，将"结束"修改为"对称值"，将"距离"设置为"45"，然后单击鼠标中键完成操作，得到一个拉伸的片体，效果如图 4-78 所示。

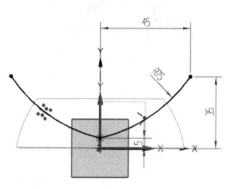

图 4-77　拉伸草图　　　　　　　　　图 4-78　拉伸片体效果

（5）修剪体。使用"修剪体"命令（），利用刚才制作的拉伸片体，将加厚得到的旋转体修剪去上面部分，并将前面制作的所有片体移动至第 41 层，效果如图 4-79 所示。

3. 制作圆弧 C

（1）使用"草图"命令（），弹出"创建草图"对话框，将"平面方法"修改为"新平面"，然后选中 z 平面（xc-yc 平面），在弹出的浮动文本框中"距离"处输入"18"并按回车键确定，得到新草图平面，将"草图方向"区中的"指定矢量"选择为"X 轴"，单击鼠标中键进入草图环境。

（2）使用"交点"命令（），对图 4-80 中的边 A、边 B 制作两个交点"交点 A"与"交点 B"，然后使用"圆弧"命令（）在交点 A 与交点 B 之间制作一个半径为 32 的圆弧 C，效果如图 4-80 所示。

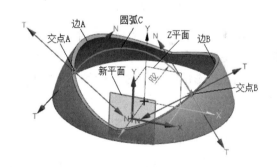

图 4-79　修剪效果　　　　　　　　　图 4-80　制作圆弧 C

4. 制作曲面 A

单击"曲面"面板中的"通过曲线网格"按钮，单击选中圆弧 C 后单击鼠标中键，再选择边 A 的终点，双击鼠标中键，然后单击"曲线规则"中的"在相交处停止"按钮，再分别单击选择边 A（靠近前端部分）、边 B（靠近前端部分），每选择一次按一次鼠标中键，最后单击"确定"按钮完成操作，得到图 4-81 所示的曲面 A。

5. 制作圆弧 P 曲面 B

（1）制作圆弧 P。使用"草图"命令（），以 y 平面（xc-zc 平面）为草图平面，分别以图 4-80 中的"交点 A"与"交点 B"为端点，制作半径为 32 的圆弧 P，如图 4-82 所示。

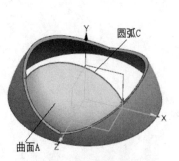

图 4-81　制作曲面 A

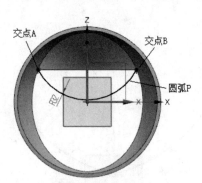

图 4-82　制作圆弧 P

（2）制作曲面 B。使用"曲面"面板中的"直纹"命令（），然后分别使用圆弧 C 和圆弧 P，制作一个直纹曲面 B，效果如图 4-83 所示。

6. 制作曲面 C

（1）制作拉伸草图。使用 y 平面（xc-zc 平面）制作一个长轴为 24、短轴为 10 的椭圆，如图 4-84 所示。

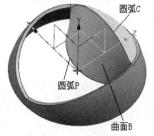

图 4-83　制作曲面 B

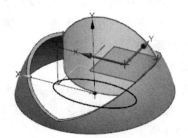

图 4-84　制作椭圆

（2）拉伸出曲面。使用"拉伸"命令，以默认平面为草图平面，制作图 4-85 所示的拉伸草图，该草图为一段圆弧，半径为 75，左右两端的长度超过前面制作的曲面 B 即可。

（3）制作投影曲线。完成草图后，在"拉伸"对话框中，设置"开始"为"对称值"，设置"距离"为"30"，即拉伸 30 长度，得到一个曲面，然后使用"曲线"面板中的"投影曲线"命令（），将图 4-84 所示的椭圆投影到刚才制作的曲面上，如图 4-86 所示。投影完成后，将拉伸曲面移动至第 41 层。

为了操作方便，将前面制作的曲面 A、曲面 B 隐藏。

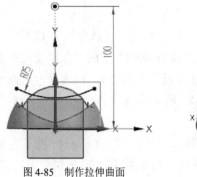

图 4-85　制作拉伸曲面

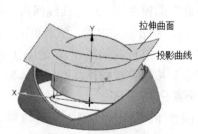

图 4-86　制作投影曲线

（4）制作弧 1 与弧 2。使用"草图"命令，以默认草图平面制作图 4-87 所示的草图。这个草图中，交点 1、交点 2 是通过使用"交点"命令得到的草图平面与投影曲线的交点；而交点 3、交点 4 是通过使用"交点"命令得到的草图平面与边 A、边 B 的交点。弧 1 是以交点 1、交点 3 作为端点且半径为 30 的圆弧，弧 2 是以交点 2、交点 4 作为端点且半径为 30 的圆弧。

（5）制作弧 3。再次使用"草图"命令，以 x 面（yc-zc 平面）作为草图平面，作图 4-88 所示的弧 3，其半径为 35。

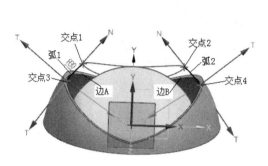

图 4-87　制作弧 1、弧 2

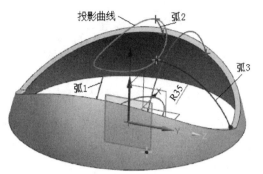

图 4-88　制作弧 3

（6）制作曲面 C。单击"通过曲线网格"按钮，分别单击弧 1、弧 3、弧 2，每选择一条弧，单击一次鼠标中键，再以图 4-87 所示的边 A、边 B 作为第一条交叉曲线，以图 4-88 中的投影曲线（与弧 1、弧 3、弧 2 相交的部分）作为第二条交叉曲线，得到图 4-89 所示的曲面 C。

现在将前面制作的曲面 A、曲面 B 显示出来，效果如图 4-90 所示。

图 4-89　制作曲面 C

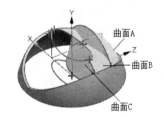

图 4-90　曲面 A、B、C 同时显示的效果

7. 修剪曲面并镜像曲面

使用"曲面"面板中的"修剪片体"命令（），对曲面 A、曲面 C 进行修剪，得到图 4-91（a）、（b）所示的正、反面效果。

使用"曲面"面板中的"缝合"命令（），将修剪后的曲面 A、曲面 B 及曲面 C 缝合成一个整体。

使用"主页"面板中的"镜像几何体"命令（），以 z 面为镜像面将刚才缝合后的片体进行镜像，效果如图 4-92 所示。

8. 制作圆形草图并制作曲面

使用"草图"命令，当弹出"创建草图"对话框时，将"平面方法"修改成"新平面"，然后选择 z 平面（xc-yc 平面），在弹出的浮动

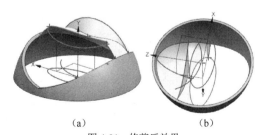

（a）　　　　　　　（b）
图 4-91　修剪后效果

文本框中输入"距离"为"15"，单击鼠标中键后，单击 x 轴作为草图方向，再次单击鼠标中键进入草图环境，制作一个直径为 15 的圆，并使用"曲线"面板中的"分割"命令（ ƒ ）将该圆分割成 4 段，完成草图操作，效果如图 4-93 所示。

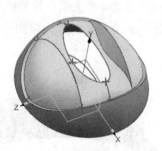

图 4-92　镜像效果

图 4-93　制作圆形草图

使用"曲面"面板中的"有界平面"命令（ ▣ ），将刚才制作的圆形草图制作出圆形平面片体，再利用"直纹"命令（ ▤ ）将图 4-93 中的圆形草图曲线及投影曲线制作成直纹曲面，效果如图 4-94 所示。

9. 加厚处理

将前面制作的所有片体使用"缝合"命令进行缝合，然后使用"加厚"命令（ ▤ ）朝缝合后的片体向下方加厚 2，并将缝合的片体移动至第 43 层，加厚后的效果如图 4-95 所示。

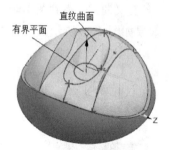

图 4-94　制作直纹曲面

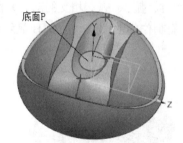

图 4-95　加厚后效果

10. 拉伸底孔

使用"拉伸"命令对图 4-95 所示的底面 P 进行拉伸，拉伸草图如图 4-96 所示。该草图尺寸可自行确定，但需要注意，最外层的圆不是草图内容。

完成草图后，返回"拉伸"对话框，将"布尔"设置为"减去"，效果如图 4-97 所示。

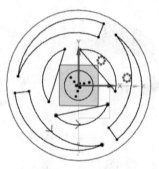

图 4-96　拉伸草图

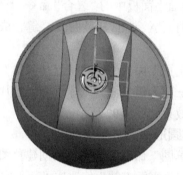

图 4-97　拉伸出底孔效果

11. 后处理

完成以上操作后，对尖角部分进行倒圆处理，并进行渲染处理，最终效果如图 4-74 所示。

以上介绍了使用不同方法进行线架模型制作的基本图形，为了对以上不同操作方法进行深入了解，下面进行较为复杂的模型制作。

4.2.7　洗发水瓶制作

洗发水瓶制作 1

洗发水瓶制作 2

洗发水瓶制作 3

洗发水瓶制作 4

图 4-98 所示是一种洗发水瓶，由于其形状比较特殊，其制作过程正好可展示三维复杂曲面的制作技巧。

1. 作图分析

（1）本例线架构建方法：构造曲线法。该产品由多个面组成，每个面之间有明显分割线，其线架模型是在制作过程中逐步形成的。

（2）本例实体分割位置：各明显拐弯位置均为分割线。

（3）本实例重点使用的曲面命令包括"投影""阵列几何特征""通过曲线网格"及其他一些草图命令等。

详细操作过程如下。

2. 制作瓶身实体

（1）首先使用"草图"命令并使用默认草图平面制作图 4-99 所示草图。该草图左右各为一段圆弧，在圆弧两端及正中间各制作一段直线，尺寸如图 4-99 所示。

图 4-98　洗发水瓶不同视角三维效果

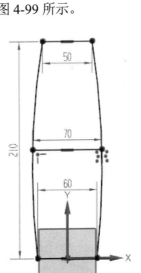

图 4-99　正面草图

（2）分别在图 4-99 上、中、下各直线处制作一个腰圆形四边形，如图 4-100 所示，3 个截面草图上下边均为圆弧。

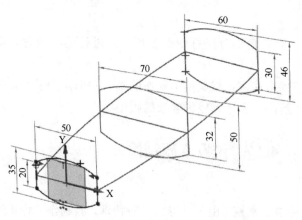

图 4-100　截面草图

（3）制作三维实体。使用"曲面"面板中的"通过曲线组"命令（📦）制作图 4-101 所示实体。制作该实体时使用图 4-100 所示的 3 个截面曲线，效果如图 4-101 所示。

3. 制作投影曲线

使用"草图"命令，用默认的草图平面制作图 4-102 所示的草图。该草图有两条曲线，曲线 L1 的组成是 abcdhe，其中，a 点在左侧边缘弧线的延长线上；曲线 L2 的组成是 fdhk，其中 dh、dhe 是同一圆弧，是图 4-99 草图中右侧圆弧段的一部分，弧 hk 及弧 fd 分别与图 4-99 草图中右侧圆弧段相切，切点分别是 d、h 两点。

完成草图后，使用"曲线"面板中的"偏置曲线"命令（📄）分别将 L1、L2 曲线朝内侧偏置 0.5，相应得到 L1′及 L2′两条曲线，然后使用"投影曲线"命令（📇）将图 4-102 中的曲线 L1′投影到图 4-101 瓶身的正面，将曲线 L2′投影到瓶身的反面，效果如图 4-103 所示。

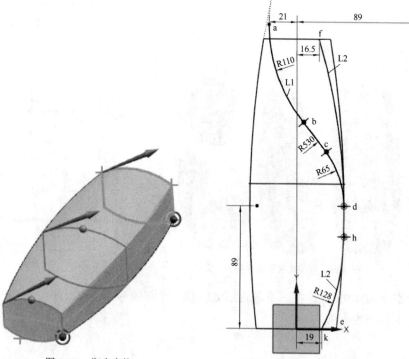

图 4-101　瓶身实体　　　　　　　图 4-102　投影曲线之草图 L1、L2

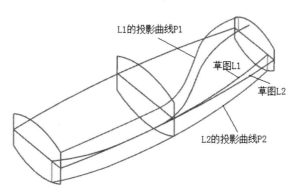

图 4-103　制作出投影曲线 P1、P2

4. 制作各段截面曲线

为了操作方便，现在将图 4-103 中的草图 L1 与草图 L2 移动至第 42 图层隐藏，然后制作图 4-104 所示的各草图曲线（M1～M8）。

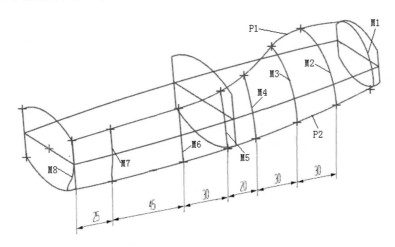

图 4-104　各段截面曲线

其中，各段曲线 M1～M8 的起点与终点均分别在 P1、P2 这两条投影曲线上，各端点的制作是使用"交点"命令（∧）得到的，以 M2 为例，其草图制作过程如下。

单击"草图"按钮（▣）启用该命令，弹出"创建草图"对话框，将"平面方法"修改为"新平面"，然后选中 xc-zc 平面，在弹出的浮动文本框"距离"处输入"180"并按回车键确定，单击鼠标中键后选中 x 轴，再次单击鼠标中键，进入草图环境，使用"交点"命令（∧）分别制作与 P1、P2 的交点，然后以这两个交点分别为起点与终点制作圆弧，其半径为34，得到曲线 M2。其余草图制作过程与 M2 的制作过程类似，不再逐一介绍。

这些草图曲线的参数如下。

曲线 M1 是半径为 26 的圆弧，M2 是半径为 34 的圆弧，M3 是半径为 36 的圆弧，M4 是半径为 82.5 的圆弧，M5 是半径为 210 的圆弧，M6 为直线段，M7、M8 的草图如图 4-105 所示。

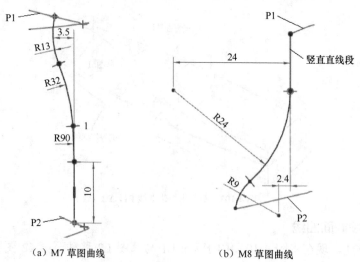

(a) M7 草图曲线　　　　(b) M8 草图曲线

图 4-105　M7、M8 草图曲线

5. 制作曲面

使用"曲面"面板中的"通过曲线网格"命令（），分别以图 4-104 中的投影曲线 P1 和 P2 为主曲线，以 M1～M8 分别为交叉曲线，制作曲面，效果如图 4-106 所示。

6. 修剪并阵列瓶身

使用"主页"面板中的"修剪体"命令（）对瓶身进行修剪，效果如图 4-107 所示。再使用"阵列特征"命令（）对修剪体进行阵列，阵列时"布局"设为"圆形"，"数量"设为"2"，"节距角"为"180"，"指定矢量"为"Y 轴"，效果如图 4-108 所示。

对瓶身上尖角进行倒圆角处理，效果如图 4-109 所示。

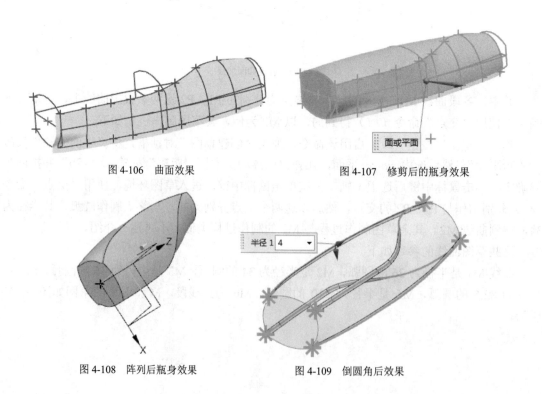

图 4-106　曲面效果　　　　图 4-107　修剪后的瓶身效果

图 4-108　阵列后瓶身效果　　　　图 4-109　倒圆角后效果

7. 制作瓶底凹孔

（1）使用"草图"命令在 *xc-zc* 平面相距 12 的位置制作一个圆形草图，并将该圆形草图打断成 8 段，如图 4-110 所示。另外，在 *xc-zc* 平面上制作瓶底偏置曲线，与瓶底边缘距离为 3，效果如图 4-110 所示。

（2）使用"曲面"面板中的"直纹"命令（▱）将图 4-110 所示的圆形草图及偏置曲线制作成直纹曲面；使用"有界平面"命令（▱）将圆形草图制作成有界平面，效果如图 4-111 所示。

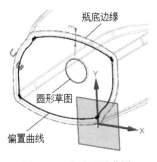

图 4-110　瓶底凹孔草图

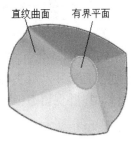

图 4-111　直纹曲面与有界平面

（3）利用前面制作的直纹曲面与有界平面作为修剪工具，使用"主页"面板中的"修剪体"命令对瓶身进行修剪，最后将瓶底倒圆角 *R*1，得到瓶底凹孔，效果如图 4-112 所示。

8. 阵列、缩放瓶身并进行修剪

为了操作方便，我们把到目前为止制作得到的实体称为原瓶身 V1。

（1）使用"阵列几何体"命令（▦），弹出"阵列几何体"对话框，将"布局"修改为"线性"，"数量"修改为"2"，"节距"修改为"0"，"指定矢量"修改为"X 轴"，完成阵列的结果就是在原地复制了一个瓶身，我们把复制后的瓶身称为 V2。

（2）隐藏前面制作的瓶身 V1，保留阵列的瓶身 V2，然后使用"主页"面板中的"缩放体"命令（▣）将瓶身 V2 缩小到原来的 0.92，并在弹出"缩放体"对话框时，单击"指定点"区的"点对话框"按钮，弹出"点"对话框，将"XC"与"ZC"修改为"0"，"YC"修改为"210"，单击两次鼠标中键，完成缩放操作，我们将缩放后的实体称为 V3，效果如图 4-113 所示。

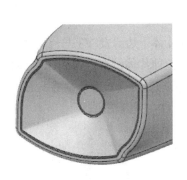

图 4-112　修剪后的瓶底效果

图 4-113　制作 V3

（3）使用"拉伸"命令，以图 4-114 所示的草图进行拉伸，得到一个拉伸片体，效果如图 4-115 所示。

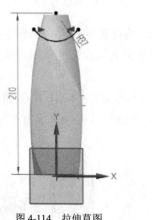

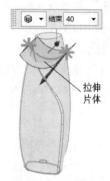

图 4-114 拉伸草图   图 4-115 拉伸片体

（4）使用"主页"面板中"修剪体"命令（▦），利用图 4-115 所示的拉伸片体，对图 4-113 中的 V1 进行修剪，并保留下半部分，对 V3 进行修剪，并保留上半部分，效果如图 4-116 所示。

9. 制作瓶嘴

（1）隐藏图 4-116 所示的 V3 保留部分，使用"曲线"面板中的"相交曲线"命令（◈）得到 V3 与修剪边界的交线，效果如图 4-117 所示。

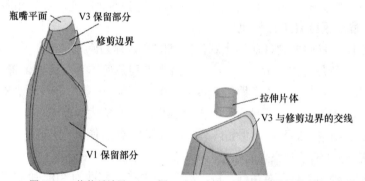

图 4-116 修剪后效果   图 4-117 制作 V3 与修剪边界的交线及拉伸片体

（2）以瓶嘴平面为草图平面，制作一个直径为 15 的圆，并拉伸成片体，拉伸长度为 12，效果如图 4-117 所示。

（3）使用"直纹"命令，将图 4-117 中的拉伸片体下边缘及 V3 与修剪边界的交线制作成一个直纹曲面，再使用"缝合"命令将直纹曲面及拉伸片体缝合，得到图 4-118 所示的效果。

（4）使用"修剪体"命令（▦）将前面制作的缩放体 V3 进行修剪，将所有片体移动至第 43 层，修剪后得到图 4-119 所示效果。

图 4-118 曲面缝合后效果   图 4-119 修剪后的实体效果

10. 抽壳

将所有实体部分使用"合并"命令进行合并，然后使用"抽壳"命令（）进行抽壳，壳体厚度为 1，抽壳面为图 4-119 所示的面 P。完成抽壳后的效果如图 4-120 所示。

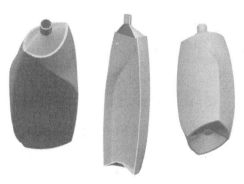

图 4-120　完成抽壳后的效果

11. 后处理

完成以上操作后，将不需要的内容移动至不同图层隐藏起来，进入渲染环境中，给洗发水瓶加塑料材料，并进行贴图处理，最终效果如图 4-98 所示。

4.3　创意塑型

能力目标

1. 掌握创意塑型中框架的创建方法、体素形状的灵活运用。

2. 熟练掌握创意塑型的编辑方法，特别是熟练掌握"拉伸框架""旋转框架"及"变换框架"等变换命令的操作及使用。

3. 熟练掌握对面的编辑，特别是灵活运用拆分面、细分面及合并面等功能。

4. 掌握构造工具：框架多段线及艺术样条等。

创意塑型是 UG 从 9.0 版本开始提供的一种新的复杂模型建立方式，其建模思路与前面介绍的方法完全不同。它是通过对基本体素（长方体、圆柱或球）进行细分、操控、变换框架，最终创建符合要求的 B 曲面（即 Bezier 曲面，可通过增减控制点数、移动控制点位置与阶数等方式来控制曲面形状）的形体建模方式。通俗地说，这种方法就像玩橡皮泥一样，通过不断捏橡皮泥的不同部位得到最终形体。

4.3.1　创意塑型的基本命令

建立 UG 文件后，单击"曲面"面板中的"NX 创意塑型"按钮进入创意塑型环境。在此环境下，"主页"面板分成"NX 创意塑型""创建""修改""多段线""构造工具"及"首选项"几个区，如图 4-121 所示。

图 4-121   创意塑型环境下的"主页"面板

从图 4-121 中可以看到，创意塑型环境下，命令有很多，但相比之前进行复杂建模的命令数量而言则相对较少，下面对"创建"与"修改"两个区中的重要命令进行介绍，其余区中的命令由于使用频度相对较低，就不专门讲解。

1．"创建"区中的重要命令

"创建"区中包括"体素形状""拉伸框架""旋转框架""放样框架""扫掠框架""管道框架""桥接面""复制框架""镜像框架""偏置框架"及"填充"共 11 个命令，每个命令在不同造型时可能用得上，但最常用的只有"体素形状""拉伸框架""旋转框架"这 3 个命令，因此，下面仅介绍这 3 个主要命令。

（1）体素形状

在"创建"区中，"体素形状"命令是常用命令，其作用是提供创意塑型的基本形态的曲面细分几何体，简单地说，就是提供造型的基础材料。在创意塑型环境下，能提供基础材料的命令有多个，但"体素形状"是较常用和较有效的命令，创意塑型过程是在此基础材料的基础上不断扩展变化而完成的。

单击"体素形状"按钮🔧，弹出"体素形状"对话框，其"类型"有球、圆柱、块、圆弧、矩形及圆环共 6 种，如图 4-122 所示，用户可在对话框中设定相应体素形状的尺寸；对于"球"这种体素形状又有不同的"细分级别"，分别为"基本级""第一级""第二级"，级数越高，则分段越细；其他体素形状则可以分段，段数越多变化越复杂。在实际操作中，使用哪一级要根据产品的最终形态来确定，要根据经验判断，没有根本性的原则。

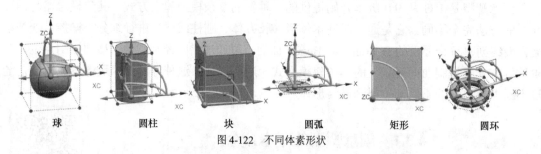

| 球 | 圆柱 | 块 | 圆弧 | 矩形 | 圆环 |

图 4-122   不同体素形状

这些体素形状就是用来建模的基本材料，每个体素形状都由框架顶点（即图中圆球）、框架边和框架面组成，可以通过编辑这些框架元素（点、边、面，见图 4-123）修改框架形状，从而达到修改体素形状的目的；用鼠标单击选中这些元素时，会弹出一个浮动按钮菜单，如图 4-123 所示，直接单击其中的命令按钮，就可以对选中的元素进行操控，操作方便。

（2）拉伸框架

"拉伸框架"命令（）的作用是对框架的边、面或多段线进行拉伸，平移这些元素并新建面来填充，该命令不对点进行操作。

单击"拉伸框架"按钮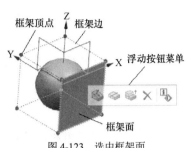，弹出"拉伸框架"对话框，包括"线性拖动"与"变换"两个选项卡：当打开"线性拖动"选项卡后，再选定要进行拖动的线或面，则只能朝选定的方向拖动该线或面。而当打开"变换"选项卡后，再选定要拖动的线或面时，会出现移动坐标，其上包括不同方向的移动箭头手柄及沿不同轴旋转的旋转手柄，拖动这些手柄可以让选定对象移动或旋转；在 x、y、z 3 个方向箭头前面还有一个手柄，可以用来控制"缩放"手柄，用鼠标拖动该手柄，可改变不同坐标方向上的缩放比例，如图 4-124 所示。所谓"缩放"，就是拖动时拖动方向与其垂直方向上形体变化的比例，取缩放比例。在"变换"选项卡中，有"缩放"选项，包括"线性""平面式"和"均匀"3 项。图 4-125 与图 4-124 是同样的拖动方式，但图 4-125 中缩放为"平面式"，其"比例"分别为"3"与"0.5"时的效果，读者可与图 4-124 进行比较。

图 4-123 选中框架面

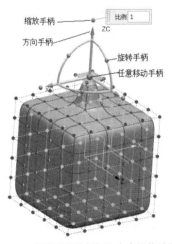

图 4-124 使用"拉伸框架"命令操作效果

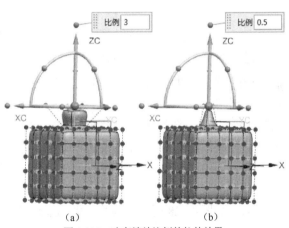

图 4-125 改变缩放比例的拉伸效果

"拉伸框架"命令可以对框架上的边进行拖动或变换，也可以对多段线进行操作，由于使用相对较少，在后续操作中用到时再介绍。对于面的拉伸，每拉伸一次，就相当于分段一次，图 4-126 所示的是"球"体素形状原形、拉伸一次的效果、拉伸二次的效果，拉伸时，使用的方式是"线性拖动"。

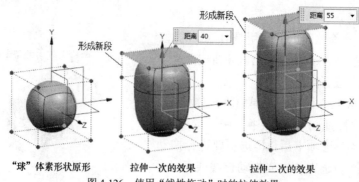

图 4-126　使用"线性拖动"时的拉伸效果

如果使用"变换"的方式进行拉伸，可以方便地拉伸出不同效果。图 4-127 所示的是对"球"体素形状进行多次拉伸后的效果。

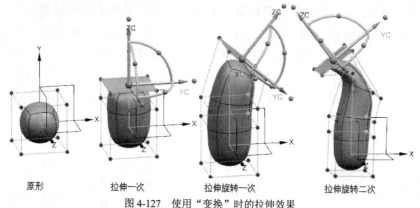

图 4-127　使用"变换"时的拉伸效果

"拉伸框架"命令是一个重要命令，对于复杂创意塑型，是必不可少的，读者应该认真研究其操作特性，为后续复杂建模的制作打下基础。

（3）旋转框架

"旋转框架"命令（ 🛢 ）（位于"拉伸框架"下拉菜单处）可以将面的边或多段线旋转成框架面。其操作过程类似建模环境中的"旋转"命令，不同的是"旋转框架"只能在创意塑型环境下使用，且只能对面的边或多段线进行旋转。在"旋转框架"对话框中有"分段"选项，用来设定旋转方向上框架的段数；还有"连续性"选项，包括"光顺"与"尖锐"两项，这是对旋转连接处的处理选项。如图 4-128 所示，是"分段"选项分别为"4"与"8"（即段数为 4 和 8）时的旋转效果。

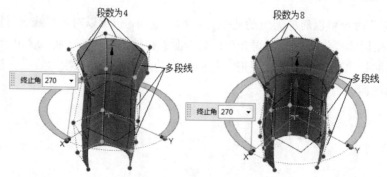

图 4-128　段数不同时的旋转效果

图 4-129 所示是两次旋转后，分别使用"光顺"与"尖锐"选项处理得到的效果，可以看到，使用"光顺"选项时系统自动倒了合适的圆角，而使用"尖锐"选项时系统仅将它们连接起来。

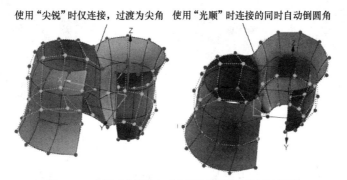

使用"尖锐"时仅连接，过渡为尖角　使用"光顺"时连接的同时自动倒圆角

图 4-129　使用"尖锐"与"光顺"选项处理的过渡效果

2. "修改"区中的重要命令

"修改"区中包括"变换框架""投影框架""删除""拆分面""细分面""合并面""缝合框架""连接框架""删除约束""设置权值"及"设置连续性"共 11 个命令。其中，使用最为频繁的主要有"变换框架""拆分面""细分面"3 个命令，因此，重点介绍这 3 个命令。

（1）变换框架

初学者很容易弄混"拉伸框架"（🔲）与"变换框架"（🔶）命令，因为二者都有"变换"功能，但二者完全不同。"拉伸框架"命令只是对原有框架拉伸，在拉伸时分段，只能对面与边操作，是改变原材料的操作；"变换框架"命令则是对原来框架中的点、边、面进行移动、旋转，不会产生新的分段，但会改变原有的框架结构，从而使原来的材料形状改变。图 4-130 反映了对同一段框架边 AB 使用"拉伸框架"命令中的变换功能与使用"变换框架"命令操作的效果。

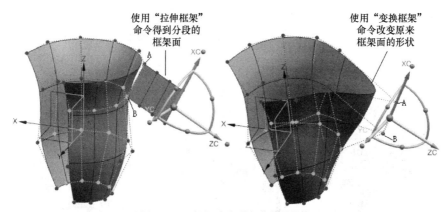

使用"拉伸框架"命令得到分段的框架面　　使用"变换框架"命令改变原来框架面的形状

图 4-130　对同一框架边操作效果比较

从图 4-130 中可以看出，使用"拉伸框架"命令得到一个新的框架面，且可以将新框架面分成若干段，没有改变原来框架的结构形状；使用"变换框架"命令则没有产生新的框架面，而是改变原来框架面的形状，并改变了原来框架的结构形状。图 4-130 是对框架边的操作，如果对框架面操作，效果也完全不同。图 4-131 所示的是对同一框架面 P，沿 zc 轴移动

相同距离 30 的效果。

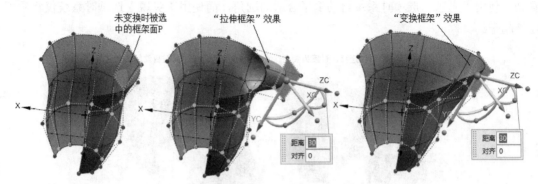

图 4-131　对同一框架面操作效果比较

从图 4-131 中可以看出，"拉伸框架"命令中的变换功能，将原来的框架拉开一段距离，从而使原来的曲面产生一个凹面，但没有改变其他相邻的框架结构形状；而"变换框架"命令则将相邻的框架结构形状都相应改变，使原来的曲面整体沿 zc 轴凹陷。另外，"变换框架"命令还可以对框架顶点进行操作，从而改变曲面形状，得到极为复杂的曲面效果，但"拉伸框架"命令不能对框架顶点操作。

读者必须弄清楚这两个命令的相同点与不同点，因为二者是创意塑型中极为重要与常用的命令，善于使用它们，可以得到非常复杂的建模效果。

（2）拆分面

"拆分面"命令（🔲）就是将选定的面分成若干段，它有两种类型："均匀"与"沿多段线"。"均匀"就是将选中的要拆分的面分成大小相同的若干面，其段数由用户设置，可以沿不同框架边分段，因此，操作时需要选定参考框架边及在该边上分段数；"沿多段线"就是沿着用户任意给出的多段线拆分选定的面，因此，拆分结果是任意形状。

单击"拆分面"按钮🔲，弹出"拆分面"对话框，将"类型"修改为"均匀"，用鼠标单击图 4-132（a）中的框架面 P，然后单击鼠标中键，再单击选择 AB、AD 两个相邻框架边，将拆分"数量"修改为"2"，单击鼠标中键完成操作，效果如图 4-132（b）所示。

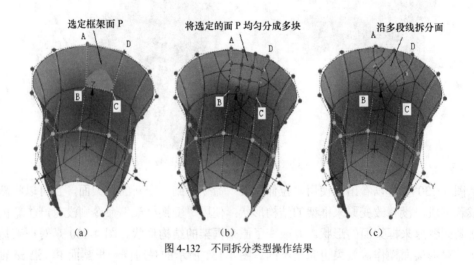

（a）　　　　　　　　　　（b）　　　　　　　　　　（c）

图 4-132　不同拆分类型操作结果

如果将刚才相同的框架面 P，使用"沿多段线"操作，则不需要先选定框架面 P，只需要将"拆分面"对话框中的"类型"修改为"沿多段线"后，直接分别选中 AB、BC、CD、DA 4 段线的中点（也可以是任意点），然后单击鼠标中键完成操作，效果如图 4-132（c）所示。

通过拆分面后，原来的面被划分成若干块，产生了新的框架顶点、框架边及框架面，这就可以进一步使用"变换框架"命令或"拉伸框架"命令对原曲面进行编辑，从而产生复杂形状。因此，"拆分面"是创意塑型不可或缺的重要命令，读者应不断熟悉该命令，掌握其使用技巧才能创建复杂曲面。

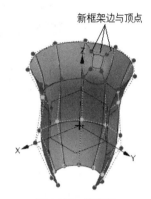

图 4-133　细分面

（3）细分面

"细分面"命令（📦）的作用是将选定的面的四周的框架向内部偏置，从而将原来的面分成一定比例的小框架，其比例可以自行设定，操作时先选定要细分的框架面，然后修改"百分比"值，就可以产生细分面，如图 4-133 所示是对图 4-132（a）中的框架面 P 细分"比例"设为为"50"时的效果。

由于细分面与拆分面一样，产生了新的框架面、框架边及框架顶点，因此，可以对细分后的面进行复杂变换，从而改变原来曲面的形状。

4.3.2　创意塑型实例

1. 实例 1　卡通鸟制作

作图分析：卡通鸟效果如图 4-134 所示，其形状由几部分组成，制作该三维造型可以使用多种创意塑型命令，从而让读者更容易理解创意塑型命令的使用方法。

图 4-134　卡通鸟效果

卡通鸟制作

卡通鸟制作过程如下。

启动 UG，建立"卡通鸟.prt"文件，并单击"曲面"面板中的"NX 创意塑型"按钮🔲进入创意塑型环境。

（1）制作鸟身

① 添加体素形状。单击"体素形状"按钮👪，弹出"体素形状"对话框，将"类型"修改为"圆环"，将"内部"修改为"50"，"外部"修改为"200"，"径向"修改为"8"，"圆形"修改为"6"，单击鼠标中键完成操作，得到图 4-135（a）所示的效果。

② 修剪体素形状。使用"删除"命令（✖），通过框选将右侧的 5 段删除，效果如图 4-135（b）所示。

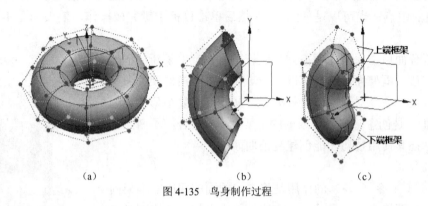

（a）　　　　　　　　　（b）　　　　　　　　　（c）

图 4-135　鸟身制作过程

③ 填充体素形状。使用"填充"命令（🔧）将剩下圆环两端填充，填充时将"连续性"设置为"光顺"，框选圆环一端的各框架边，单击鼠标中键即可得到一端的填充效果，同理完成另一端的填充，效果如图 4-135（c）所示。

④ 变换框架 1。选中上端框架端面，弹出浮动菜单，单击其中的"变换框架"按钮🔧（也可以单击"主页"面板上的相同按钮），弹出"变换框架"对话框，选中其中"变换"区中的"仅移动工具"复选框，然后单击"绕 xy 旋转"控制手柄，在浮动文本框中输入"30"并按回车键确定，效果如图 4-136 所示。

⑤ 变换框架 2。按回车键，让定位坐标系的 y 轴在 WCS 坐标系的 xy 平面内，然后取消选中对话框中的"仅移动工具"复选框，再单击定位坐标系的"绕 yz 旋转"控制手柄，在浮动文本框中输入"60"并按回车键确定，完成第一次变换，再单击定位坐标系的"z 轴平移"手柄（z 箭头），在浮动文本框中输入"30"，单击鼠标中键完成第二次变换，得到图 4-137 所示效果。

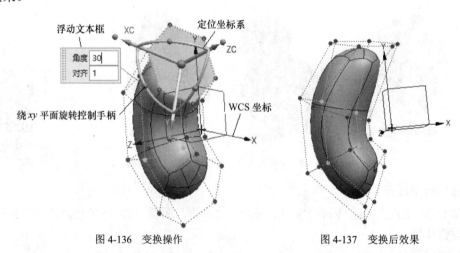

图 4-136　变换操作　　　　　　　　　图 4-137　变换后效果

⑥ 变换框架 3。选中图 4-137 中下框架边的 6 个顶点，单击"变换框架"按钮🔧，按照上面的操作方法，将定位坐标系的 yc 轴旋转到 WCS 坐标系的 xy 平面内，然后单击"x 缩放手柄"，如图 4-138（a）所示，在浮动文本框中输入"0.3"并按回车键确定，完成 x 方向缩放，同样，对 y 方向完成 0.3 的缩放，完成第三次变换。

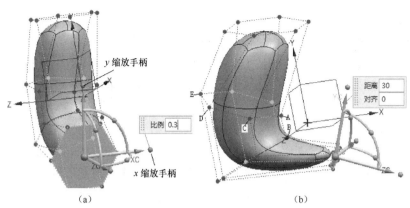

图 4-138　底部框架变换

⑦ 变换框架 4。单击定位坐标系的"y 轴平移"控制手柄，在浮动文本框中输入"40"并按回车键确定，同理，在 x 方向平移 30，完成第四次变换，效果如图 4-138（b）所示。

⑧ 调整变换。选中图 4-138（b）中的 A 控制点，使用"变换"命令，使其在 x 方向平移 30、y 方向平移 20；同理，使 B 控制点作同样的平移，效果如图 4-139 所示。

⑨ 对称建模。单击"开始对称建模"按钮 ，弹出"开始对称建模"对话框，单击选中 WCS 坐标系的 xy 平面，单击鼠标中键，进入对称建模状态，如图 4-140 所示。

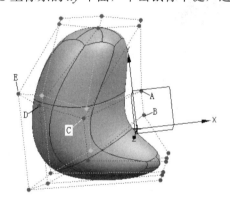

图 4-139　对 A、B 控制点平移

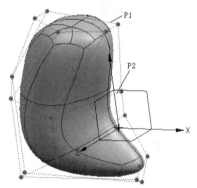

图 4-140　使用对称建模

⑩ 拆分面。框选图 4-140 中 P1、P2 之间的所有框架面，单击"拆分面"按钮 ，将其以 P1、P2 框架边为等分线，等分成二等份，效果如图 4-141 所示。

然后对上框架边缩放 0.8，对各框架顶点进行 x、y 方向的适当平移，并在适当位置进行拆分，最终的调节效果如图 4-142 所示。

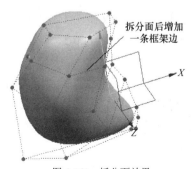

图 4-141　拆分面效果

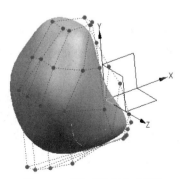

图 4-142　框架顶点平移后效果

（2）制作球头

单击"停止对称建模"按钮 ，完成对称建模操作。

单击"体素形状"按钮 ，弹出"体素形状"对话框，将"类型"修改为"球"，大小修改为 75，使球在 y 轴平移 100、在 x 轴平移–35，效果如图 4-143 所示。

（3）制作嘴

① 添加圆柱体素形状。单击"体素形状"按钮 ，弹出"体素形状"对话框，将"类型"修改为"圆柱"，"大小"修改为"40"，"高度"修改为"80"，并沿 x 方向平移 100，绕 y 轴（即使用"绕 xz 旋转控制手柄"）旋转 90°，得到图 4-144 所示的效果。

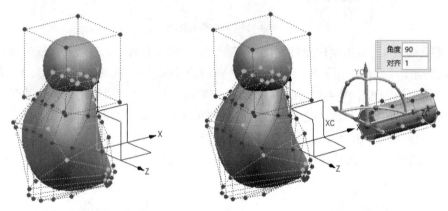

图 4-143　添加球效果　　　　图 4-144　添加圆柱体素效果

② 修改左端面形态。使用"删除"命令（ ）将圆柱体左侧的端面删除，再使用"填充"命令（ ）将左侧端面使用"光顺"填充，得到图 4-145（a）所示的效果。

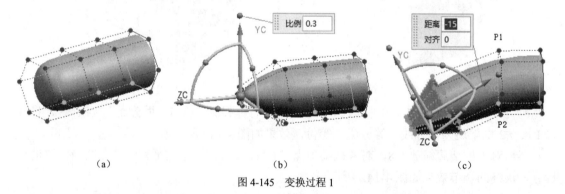

（a）　　　　　　　　（b）　　　　　　　　（c）

图 4-145　变换过程 1

③ 缩放变换。对左侧端面进行变换，在变换时注意使用"仅移动工具"功能，使定位坐标的 yc 轴与 WCS 坐标的 y 轴同向，然后调整 x、y 方向的缩放均为 0.3，得到图 4-145（b）所示效果。

④ 旋转平移。框选左侧一端的所有框架面，再使用"变换框架"命令，单击"绕 xy 旋转"手柄，旋转 30°，再在 x、y 方向各平移–15，得到图 4-145（c）所示效果。

⑤ 旋转框架。框选图 4-145（c）所示 P1、P2 所有框架边，单击"变换框架"按钮 ，使其绕 xy 平面旋转 15°，效果如图 4-146（a）所示。

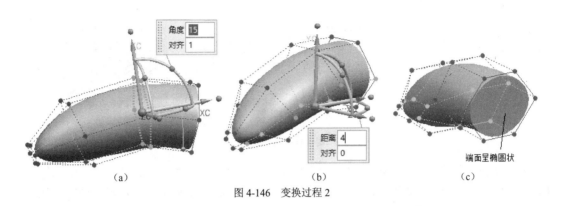

（a）　　　　　　　　　　　（b）　　　　　　　　　　　（c）

图 4-146　变换过程 2

⑥ z 向平移控制点。选中整个框架 z 轴正方向最外侧的 4 个顶点进行框架变换，使其沿 z 轴方向平移 4，效果如图 4-146（b）所示；同理，将 z 轴负方向的 4 个顶点沿 z 轴平移-4，使图形对称，效果如图 4-146（c）所示。

⑦ 移动嘴部。框选图 4-146（c）所示实体，使用"变换框架"命令（🎲），将其在 y 轴上平移 100、x 轴上平移-230，完成后得到图 4-147 所示的效果。

（4）制作眼睛

单击"体素形状"按钮🏫，弹出"体素形状"对话框，将"类型"修改为"球"，"大小"修改为"25"，沿 y 轴平移 120、沿 x 轴平移-55、z 轴平移 15；同理，对称作另一球，移动时只沿 z 轴移动-15，其余参数相同，效果如图 4-148 所示。

同理，制作球，直径为 10，沿 y 轴平移 125、x 轴平移-65、z 轴平移 15；对称制作另一球，得到眼珠，最终效果如图 4-148 所示。

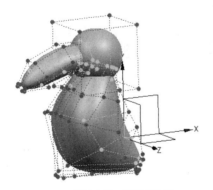
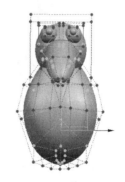

图 4-147　嘴完成效果　　　　　　　图 4-148　完成眼睛制作

（5）制作翅膀

① 制作样条曲线。单击"主页"面板中"构造工具"区中的"艺术样条"按钮🗼，弹出"艺术样条"对话框，将"类型"修改为"通过点"，选中"参数化"区中的"封闭"复选框，单击"制图平面"区中的"Z"，表示样条曲线制作在 z 平面内，单击"移动"区中的按钮🗼，表示作曲线时可以在 xy 平面内移动曲线的控制点，然后制作图 4-149（a）所示的样条曲线。

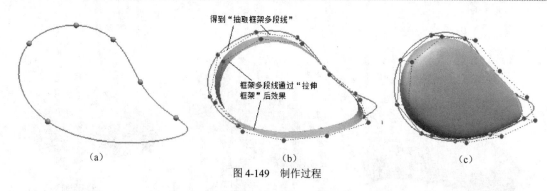

（a）　　　　　　　　（b）　　　　　　　　（c）

图 4-149　制作过程

② 获得框架多段线。单击"抽取框架多段线"按钮，弹出"抽取框架多段线"对话框，单击选中第①步中制作的样条曲线，再单击鼠标中键完成操作，得到多边形的框架线，效果如图 4-149（b）所示。

③ 拉伸框架。使用"拉伸框架"命令（　），对刚才得到的框架线多段线进行拉伸，得到拉伸出来的曲面，效果如图 4-149（b）所示。

④ 填充框架。再使用"填充"命令（　）将拉伸曲面的外侧填充为"光顺"效果，里侧填充为"尖锐"效果，最终效果如图 4-149（c）所示。

⑤ 安装框架。框选整个翅膀框架，使用"变换框架"命令（　），将框架朝 z 轴方向平移 35，在 x、y 轴方向上作合适的平移，得到图 4-150（a）所示的效果。

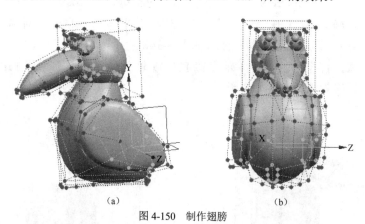

（a）　　　　　　　　（b）

图 4-150　制作翅膀

⑥ 镜像框架。框选前面制作的翅膀，单击"镜像框架"按钮，弹出"镜像框架"对话框，单击鼠标中键后，再选择 WCS 坐标系的 xy 平面作为镜像平面，单击鼠标中键完成操作，效果如图 4-150（b）所示。

（6）制作脚

与第（5）步操作类似，使用"艺术样条"命令（　）在 xy 平面内制作一个近似椭圆的样条曲线，如图 4-151（a）所示，使用"抽取框架多段线"命令（　）得到多段线，再使用"拉伸框架"命令（　）拉伸 12，最后将脚上端填充为"光顺"效果，下端填充为"尖锐"效果，效果如图 4-151（b）所示。

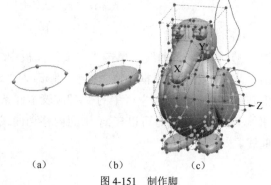

（a）　　　（b）　　　（c）

图 4-151　制作脚

最后，使用"变换框架"命令（🖴）将整个脚框架移动到脚的一边，再通过"镜像框架"命令（🖴）得到另一边，最终效果如图 4-151（c）所示。

（7）渲染

完成这些操作后，使用"视图"面板中的"移动至图层"命令（🖴）将不需要的图素移动至其他层隐藏，按"Ctrl+Q"组合键完成创意塑型，回到建模环境，再使用"渲染"面板中的命令进行渲染，其中，对不同位置的表面赋予不同材料与贴花，得到最终三维效果如图 4-134 所示。

　　本实例虽然不算太复杂，但使用了较多的创意塑型命令，可帮助读者掌握这些命令的使用方法，解决初学者看到命令但不知如何使用的难题，希望读者能通过本例举一反三掌握相关命令的使用方法和操作技巧。

2. 实例 2　怪兽制作

作图分析：如图 4-152 所示，由于怪兽形状较为复杂，使用前面章节的方法制作非常困难，因此，使用创意塑型命令完成其制作。通过本例，学生再结合前面实例 1 可以较为全面地掌握 UG NX 12.0 提供的主要塑型命令，并从中学会较为复杂形体制作的操作方法与技巧，其主要制作思路是：先制作主体，然后在主体基础上制作细节，最后进行渲染。

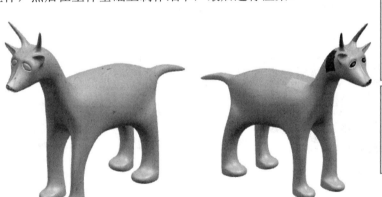

图 4-152　怪兽效果图

怪兽的制作过程如下。

启动 UG，建立"怪兽.prt"文件，单击"曲面"面板中的"NX 创意塑型"按钮🞓进入创意塑型环境。

（1）基本体及变形

单击"体素形状"按钮🞓，弹出"体素形状"对话框，将类型修改为"球"，"大小"修改为"100"，然后单击鼠标中键完成操作，得到一个位于坐标原点的体素形状——球，如图 4-153 所示，单击选中面 A，弹出快捷按钮菜单，单击其中的"拉伸框架"按钮🞓，弹出"拉伸框架"对话框，并在控制框架中显示控制坐标，单击 zc 坐标轴箭头，弹出文本框，在"距离"处输入"100"，并单击鼠标中键完成操作，将原形体拉长 100，再进行同样操作，将原形体拉伸成 3 段，效果如图 4-154 所示。

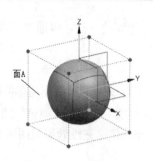

图 4-153　基本体素形状

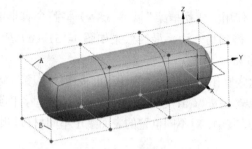

图 4-154　两次拉伸框架后效果

（2）拆分面

使用"拆分面"命令（▦），弹出"拆分面"对话框，将"类型"修改为"均匀"，将"拆分"区中的"数量"修改为"2"，框选整个图形，单击鼠标中键后，再分别单击图 4-154 中的边 A、B，再次单击鼠标中键完成操作，效果如图 4-155 所示。

（3）开始对称建模

单击"主页"面板左上角的"开始对称建模"按钮▧，弹出"开始对称建模"对话框，然后选中图 4-155 中的 yz 面，单击鼠标中键后，进入对称建模状态。

旋转图形，使 y 坐标轴向里，如图 4-156（a）所示，然后框选 A 点集，使用"变换框架"命令（▧），分别选择 zc、xc 坐标箭头，使其朝反向移动−12，效果如图 4-156（b）所示；同样，对 B 点集操作，使其沿 xc 移动−12、沿 zc 移动 12，效果如图 4-157 所示。

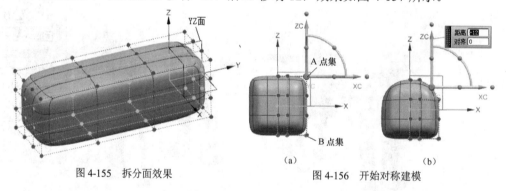

图 4-155　拆分面效果

（a）　　　　　　　　（b）

图 4-156　开始对称建模

（4）变换框架

使用"变换框架"命令（▧），框选图 4-157 所示最左侧一段，然后使其沿 zc 方向移动 150，如图 4-158 所示。

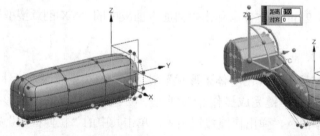

图 4-157　移动点集后效果

图 4-158　变换框架

（5）拆分面

使用"拆分面"命令（▦），框选图 4-158 最左侧一段，单击鼠标中键后，选择横向任意一条边，将其均分为 3 段，效果如图 4-159 所示。

（6）变换

使用"变换框架"命令（），框选 A 截面处各控制点与框架，当出现控制坐标后，单击"绕 *yz* 旋转"按钮，弹出文本框，在"角度"处输入"20"并按回车键确定，效果如图 4-160 所示，再单击"Z 缩放"按钮，在弹出的文本框中输入比例为"0.5"，并按回车键确定，将其在 *z* 方向进行等比例缩小；同样，单击"X 缩放"按钮，在弹出的文本框中输入比例为"0.5"，并按回车键完成缩放操作，效果如图 4-161 所示。

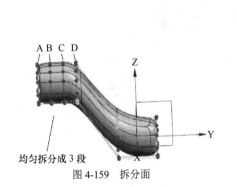

图 4-159　拆分面

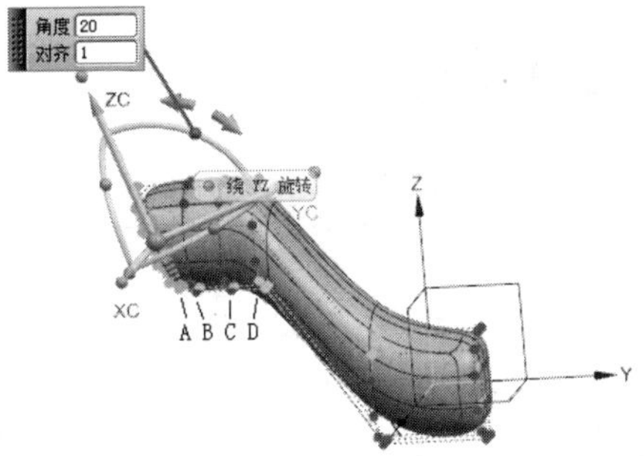

图 4-160　旋转 A 处框架

单击 *yc* 箭头，在弹出文本框后输入距离"-20"，同样，单击 *zc* 箭头，在弹出文本框后输入距离"-20"，最后单击鼠标中键完成变换操作，效果如图 4-162 所示。

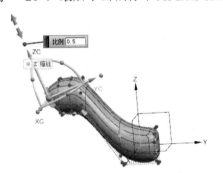

图 4-161　旋转并缩放效果

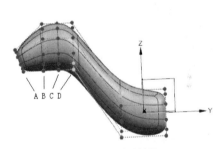

图 4-162　移动后效果

使用"变换框架"命令（），框选 B 截面处各控制点与框架，旋转 15°；使 C 截面处各控制点与框架沿 *zc* 方向移动 10；框选 A、B 两截面间所有框架，沿 *yc* 方向移动-15；框选 A、B、C 间所有框架，沿 *yc* 方向移动-15，效果如图 4-163 所示。

框选 A 截面处所有框架及控制点，沿 *zc* 方向移动-15，最终效果如图 4-164 所示。

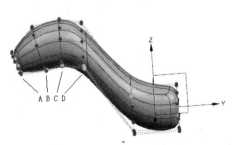

图 4-163　变换 A、B、C 各处效果

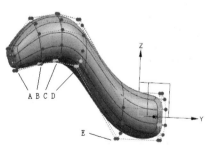

图 4-164　移动 A 截面

（7）拆分并变换颈部

使用"拆分面"命令（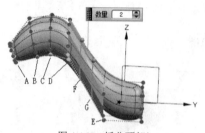），框选图 4-164 中 D、E 两框架截面间所有框架，再单击鼠标中键，选择任选一条横向线，将该处拆分成 3 段，如图 4-165 所示，得到新的截面框架 F、G。

选择 F 截面框架线及点，绕 *yz* 方向旋转-20°，沿"Z-缩放"到 0.5，沿"X-缩放"到 0.8；同样，对 G 截面框架线及点，绕 *yz* 方向旋转-25°，沿"Z-缩放"到 0.8，沿"X-缩放"到 0.8，效果如图 4-166 所示。

图 4-165　拆分颈部

图 4-166　变换 F、G 框架截面

（8）变换嘴部

① 平移框架并拆分面。旋转图形，如图 4-167 所示，框选部分控制点，使用"变换框架"命令（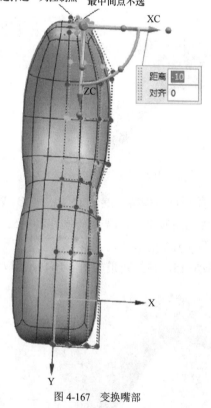），朝 *xc* 方向移动-10，使嘴部截面变窄一些；再框选图 4-168 中 A、B 两截面所在段，使用"拆分面"命令（）将其再分成两段，新增加 M、N 两截面，如图 4-168 所示。

图 4-167　变换嘴部

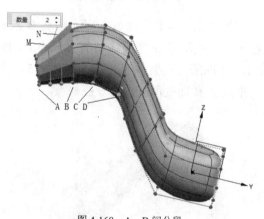

图 4-168　A、B 间分段

② 缩放平移。框选 A、M、N 3 个截面，使用"变换框架"命令（），沿"Z-缩放"0.7，

沿 "X-缩放" 0.7，沿 zc 方向移动-5；再框选 N 截面，沿 yc 方向移动-10，效果如图 4-169 所示。

③ 旋转缩放。框选 A、M 两截面，使用 "变换框架" 命令（🖱），当弹出 "变换框架" 对话框时，选中 "仅移动工具" 复选框，然后单击 "控制坐标" 中 "绕 YZ 旋转" 按钮，在弹出的文本框中输入 "25" 并按回车键确定；取消选中 "仅移动工具" 复选框，沿 "Z-缩放" 0.7，沿 "X-缩放" 0.7，沿 zc 方向移动-3，框选 A 截面上所有控制点，使用 "变换框架" 命令（🖱），沿 yc 方向移动-15，效果如图 4-170 所示。

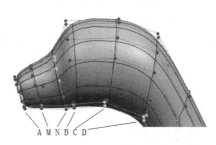

图 4-169　多次变换后效果

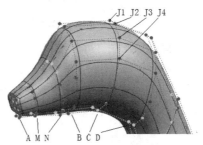

图 4-170　移动与缩放后效果

④ 平移控制点。再次使用 "变换框架" 命令（🖱），对图 4-170 中的 J1、J2 控制点朝 zc 方向移动 6；J3 朝 zc 方向移动 4，朝 xc 方向移动 3；J4 朝 xc 方向移动 4，效果如图 4-171 所示。

（9）制作鼻子

① 拆分面。使用 "拆分面" 命令（🖱）将 J00、J01、J11、J10 组成的面分成横向的两段，得到新的控制点 L01、L02，如图 4-172 所示；再选框 J01、J11、J02、J12、J03、J13 各控制面，将其分成竖向的两段，得到控制点 M0、M1、M2、M3，如图 4-172 所示。

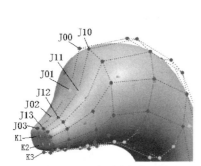

图 4-171　对控制点操作后效果

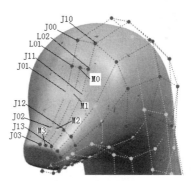

图 4-172　拆分效果

② 移动控制点 1。使用 "变换框架" 命令（🖱），选择 L01J01 控制线，J01J02 控制线及 J02J03 控制线这 3 段控制线，沿 zc 方向移动 6，沿 yc 方向移动-4；再选择 L01 控制点，朝 yc 方向移动 3；选择 J03 控制点，沿 zc 方向移动 6，yc 方向移动-6；将 M04 控制点沿 zc 方向移动 4，沿 xc 方向移动 2，沿 yc 方向移动-4，效果如图 4-173 所示。

③ 移动控制点 2。选择由 J03、M04、J13、K02、K01 这些点组成的控制面，使用 "拉伸框架" 命令（📦），将该面沿 zc 方向移动 2，效果如图 4-174 所示。

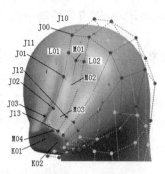

图 4-173　变换控制线与控制点　　　　　　图 4-174　移动控制点

④ 制作鼻孔。使用"拆分面"命令（◈）的"沿多段线"类型，在鼻子端面制作图 4-175 所示的 4 条控制线 L1、L2、L3 与 L4，然后选择由这 4 条线围成的控制面，使用"拉伸框架"命令（◈），沿 *zc* 方向移动-10，效果如图 4-176 所示。

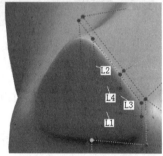

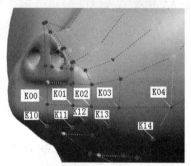

图 4-175　制作拆分控制线　　　　　　　图 4-176　制作鼻孔

（10）制作嘴巴

① 拆分嘴部。使用"拆分面"命令（◈）的"沿多段线"类型，沿 K00-K01 中间点、K01-K11 中间点，直到 K04-K14 中间点制作拆分线，得到一条分割线 K20-K21-K22-K23-K24，选择 K20-K21 线段及 K21-K22 线段。

② 移动控制点。使用"变换框架"命令（◈），当弹出"变换框架"对话框时，选中"仅移动工具"复选框，单击"绕 YZ 旋转"按钮，在弹出的文本框中输入"25°"并按回车键确定，然后取消选中"变换框架"对话框中的"仅移动工具"复选框，朝 YC 方向移动 10，效果如图 4-177 所示。

③ 拆分嘴内面。使用"拆分面"命令（◈），在"拆分面"对话框中选择"沿多段线"类型，沿 K10-K20 中间点、K11-K21 中间点及 K22-K12 中间点分成两个面，得到中间曲线 K30-K31-K32，如图 4-178 所示。

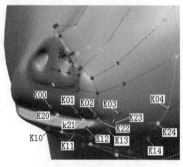

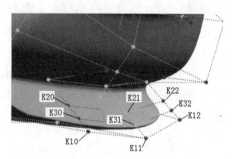

图 4-177　变换后的嘴巴　　　　　　　图 4-178　拆分面

④ 移动框架。使用"变换框架"命令（），选择由 K30-K31-K32-K12-K11-K10 所围成的两个面，使其"绕 YZ 旋转"25°，沿 *zc* 方向移动 5，再选择 K12、K32 两个控制点，沿 *yc* 方向移动 3，效果如图 4-179 所示。

（11）制作眼睛

① 拆分眼部网格。使用"拆分面"命令（　）的"沿多段线"类型，拆分成一个六边形 M01-M04-M05-M06-M07-M08。拆分时尽量让六边形对应边基本平行，比如 M08-M07 这条边与 M04-M05 这条边基本平行，这样制作的眼睛会比较对称，如图 4-180 所示。

图 4-179　完成的嘴巴

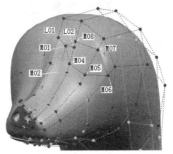

图 4-180　拆分眼部网格

② 合并面。使用"合并面"命令（　），将六边形内所有面合并成一个面 P，效果如图 4-181 所示。

③ 拉出眼槽。使用"拉伸框架"命令（　），将面 P 沿 *zc* 方向移动-2，使眼睛部分凹下去 2 个单位；使用"细分面"命令（　），弹出"细分面"对话框，选择面 P，将对话框中"百分比"修改为"20"并按回车键确定，完成细分面操作，得到新的面 K，使用"拉伸框架"命令（　），将面 K 沿 *zc* 方向移动 2，效果如图 4-182 所示。

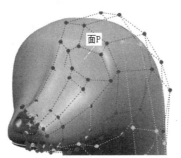

图 4-181　合并面

图 4-182　对面 K 使用拉伸框架

④ 拉出眼球。再次使用"细分面"命令（　），对面 K 细分为 50%，得到面 Q，再使用"变换框架"命令（　），将面 Q 朝 *zc* 方向移动 2，得到眼睛的最终效果如图 4-183 所示。

⑤ 调整形状。如果在制作眼睛时效果不理想，可以对眼睛周围的控制点使用"变换框架"命令进行调整，以便让其形状更加逼真。

（12）制作耳朵

① 拆分耳形弧面。使用"拆分面"命令（　）的"沿多段线"类型，按图 4-184 所示先后拆分出 b1b2 线、b3b4 线，再在此基础上，拆分出 L1、L2、L3、L4、L5、L6 共 6 条线，并使 L1 与 L6，L2 与 L5，L3 与 L4 分别基本平行，且尽量让 L1、L2、L3 组成的形状类似耳

朵的截面形状。

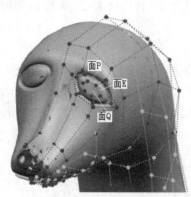

图 4-183　眼睛效果

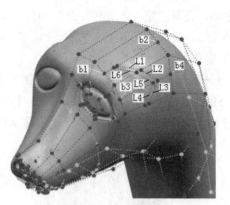

图 4-184　制作拆分线

②　拉出耳朵效果。使用"合并面"命令（），将 L1～L6 围成的 3 个面合并，得到一个新的面 W，使用"拉伸框架"命令（），将面 W 沿 zc 方向移动−50，沿"X 缩放"到 0.5，沿"Y 缩放"到 0.5，效果如图 4-185 所示。

（13）制作尖角

使用"拆分面"命令（）的"沿多段线"类型，按图 4-186 所示拆分出面 P0，再使用"拉伸框架"命令（）将 P0 面沿 zc 方向移动 100，效果如图 4-187 所示。

选择制作出来的尖角各面，使用"变换框架"命令（），绕 yz 方向旋转 20°（见图 4-188），尖角最终效果如图 4-189 所示。

图 4-185　制作的耳朵

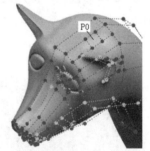

图 4-186　制作拆分面

图 4-187　拉伸框架效果

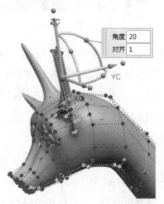

图 4-188　绕 yz 方向旋转

（14）制作身驱

① 拆分身驱网络。框选图 4-190 所示 B 截面，使用"变换框架"命令（），沿 yc 方向移动 220，并使用"拆分面"命令（ ）的"均匀"类型，将 AB 段分成 4 段，得到 A、M、P、Q、B 共 5 个截面，框选 A、M、P、Q、B 截面对应的所有分段，使用"变换框架"命令（ ），沿"Z 缩放"1.5，沿"X 缩放"2，效果如图 4-191 所示。

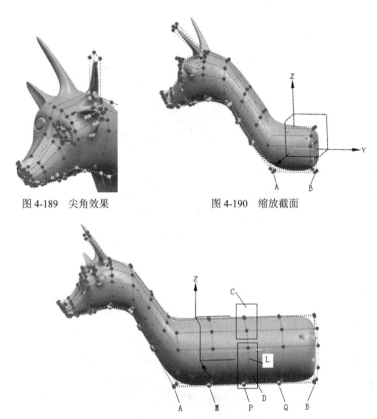

图 4-189　尖角效果　　　　　图 4-190　缩放截面

图 4-191　变换并拆分框架

② 变换腰部。使用"变换框架"命令（ ），将 M、Q 两个截面沿 x 方向和 y 方向分别缩放 1.2 倍，将 P 截面 D 区中的所有控制点沿 zc 方向移动−25，C 区中的控制点沿 zc 方向移动 10，将 L 框架线沿 zc 方向移动 15，效果如图 4-192 所示。

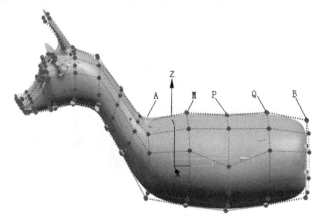

图 4-192　变换控制框架

③ 调整尾部。使用"变换框架"命令（ ），将 B 截面沿 z 方向缩放 0.5，沿 x 方向缩放 0.5，沿 zc 方向移动 10，沿 yc 方向移动 30，绕 yz 方向旋转 15°，效果如图 4-193 所示。

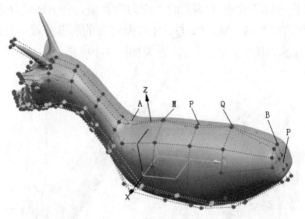

图 4-193　变换 B 截面后效果

④ 拉出尾巴。使用"变换框架"命令（ ），将图 4-192 中的截面 P 沿 zc 方向移动 30，然后使用"拉伸框架"命令（ ）将截面 P 沿 zc 方向移动 50，再使用"拉伸框架"命令（ ）将截面 P 沿 yz 方向旋转−30，并沿 zc 方向移动 100，效果如图 4-194 所示。

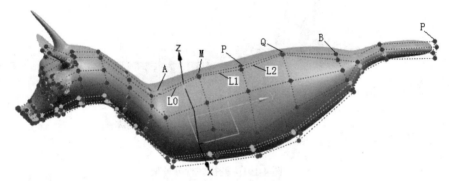

图 4-194　对 P 截面变换的效果

⑤ 拉宽背部。使用"变换框架"命令（ ），将 L0、L1、L2 这 3 条框架线沿 xc 方向移动 15，再将模型翻转过来，将 L3、L4、L5 沿 xc 方向移动 15，效果如图 4-195 所示。

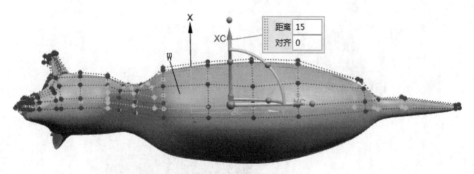

图 4-195　移动框架线

（15）制作四肢

① 细分腿面。使用"细分面"命令（🧊），弹出"细分面"对话框，选择图 4-195 所示 W 控制面，将"细分面"对话框中的"百分比"设置为"20"，单击鼠标中键，完成面的细分；使用"变换框架"命令（🧊），将细分面沿 zc 方向移动 100，效果如图 4-196 所示。

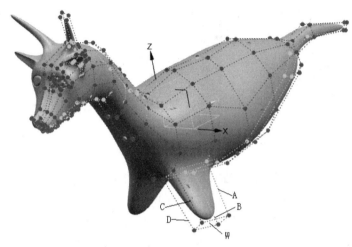

图 4-196　框架变换

② 拉伸出腿。选择图 4-196 所示 A、B、C、D 4 条控制框架线，使用"变换框架"命令（🧊），绕 xz 方向旋转 35°，再使用"拉伸框架"命令（🧊）将 W 面沿 zc 方向移动 100，效果如图 4-197 所示。

③ 调整腿部。使用"变换框架"命令（🧊），对 A、B、C、D 4 条框架线组成的 4 个面及 E、F、G、H 4 条框架线组成的 4 个面，分别进行旋转与平移，调整其形状，以便更加符合腿的外形。

④ 调整足部。选择图 4-197 所示 W 面，使用"拉伸框架"命令（🧊）将 W 面沿 zc 方向移动 0，再次使用该命令，沿 zc 方向移动 30，第三次使用该命令，沿 zc 方向移动 0，效果如图 4-198 所示。

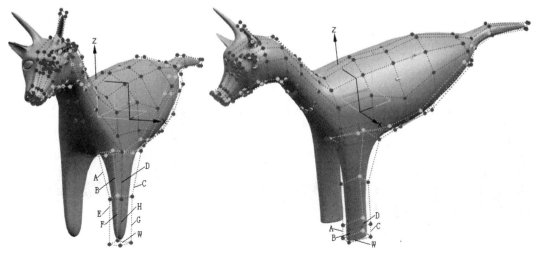

图 4-197　拉伸框架　　　　　　　图 4-198　三次拉伸框架效果

⑤ 拉出脚部。使用"变换框架"命令（🎲），对图 4-198 所示的 A、B 两框架线组成的面拉伸 50，效果如图 4-199（a）所示，再对 B、C 两框架线组成的面绕 *xz* 方向旋转 15°，沿 *zc* 方向移动 15，效果如图 4-199（b）所示，同样，对 A、D 两框架线组成的面绕 *xz* 方向旋转−15°，沿 *zc* 方向移动 15，效果如图 4-199（c）所示。

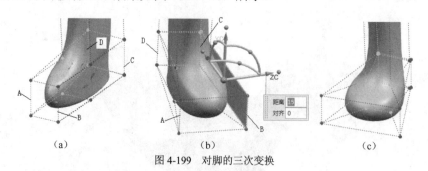

（a）　　　　　　　　　（b）　　　　　　　　　（c）

图 4-199　对脚的三次变换

⑥ 弯曲脚部。使用"变换框架"命令（🎲），按图 4-200 所示框选脚部，将其绕 *yz* 方向旋转 15°，使脚部有一定弯曲。至此，前脚的操作完成。

⑦ 拉伸出后腿。使用"拆分面"命令（🎲），将怪兽腹部的一个框架拆分成图 4-201 所示的 A、B 两部分，再使用"细分面"命令（🎲），将 A 框架面细分 20%，最后使用"变换框架"命令（🎲），将 A 面沿 *zc* 方向移动 100，效果如图 4-202 所示。

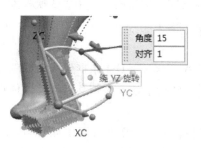　　

图 4-200　弯曲脚部　　　　　　　　　图 4-201　拆分框架

⑧ 调整后腿角度。继续使用"变换框架"命令（🎲），将图 4-202 所示的 A、B、C、D 4 条框架线组成的 4 个面及底面 P，绕 *xz* 方向旋转 30°，效果如图 4-203 所示。

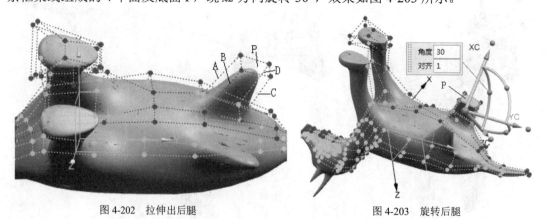

图 4-202　拉伸出后腿　　　　　　　　　图 4-203　旋转后腿

⑨ 再次拉伸后腿。使用"拉伸框架"命令（🎲）将底面 P 沿 *zc* 方向进行多次拉伸，首

次拉伸 100，然后分别拉伸 0、30、0 共 3 次，效果如图 4-204 所示。

⑩ 弯曲后腿。再次使用"变换框架"命令（），将图 4-205 所示的后腿小腿部分沿 *yz* 方向旋转–25°，再对图 4-204 所示的 A、D 所在面的小腿部分组成的面沿 *xc* 方向移动 10，效果如图 4-206 所示。

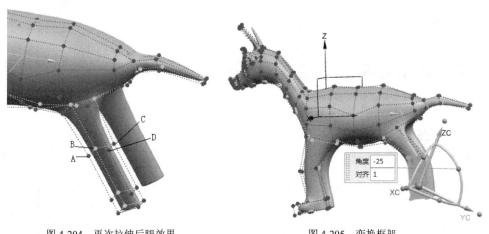

图 4-204　再次拉伸后腿效果　　　　　　图 4-205　变换框架

⑪ 制作后脚。类似前腿的操作，使用"变换框架"命令（），拉伸 P 框架面，并进行变换，得到后脚效果如图 4-207 所示。

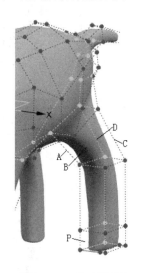
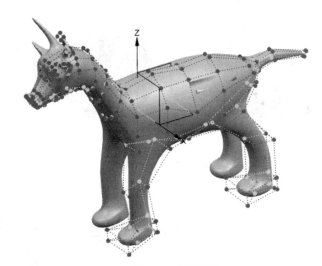

图 4-206　移动框架面　　　　　　图 4-207　后脚效果

再对后腿的大腿部分各面进行调整，并使用"停止对称建模"命令（），取消对称模式，然后对其中一只前脚及其中一只后腿进行旋转，得到最终图 4-152 所示的效果。

本实例还可以进行更多的细节调整，由于篇幅限制，不能一一讲解。通过本例，读者应该能掌握创意塑型的主要命令，同时掌握使用这些命令制作复杂实体的常用技巧，还应该能对每一种命令的使用方法进行综合运用，并根据具体情况进行灵活应对。

小结

　　本章总结了复杂三维模型建模的方法，并用实例进行讲解，读者应从中学会这些曲面建模制作的方法与技巧，并用诸实践。为了提高建模能力，读者可以多做建模练习，通过不断练习，一定可以达到较高水平。

 练习题

 注 意

　　本章练习题均要使用曲面功能才能完成，所有练习题的尺寸读者可自定，制作出效果即可。

　　1. 制作图 4-208 所示的足球。提示：先作一球，尺寸自定，然后作一六边形，并将此六边形在球上投影，然后多次旋转复制投影所得的六边形即可。其中六边形外接圆半径 r 与球的半径 R 的关系可以求出，$r \approx 0.44089687 \cdot R$。旋转时角度为 41.7965°，旋转轴通过球心，轴的方向是投影六边形的两对角线的方向。

第 4 章练习题 1-1

　　2. 制作图 4-209 所示的碗。

第 4 章练习题 1-2

　　　图 4-208　足球效果　　　　　　　　　　图 4-209　碗效果

第 4 章练习题 2

　　3. 电吹风形状多种多样，图 4-210 所示是一种简易电吹风，根据其外部形状制作该电吹风模型。

图 4-210　简易电吹风效果

第 4 章练习题 3

　　4. 制作图 4-211 所示的把手模型。

图 4-211　把手模型及其草图

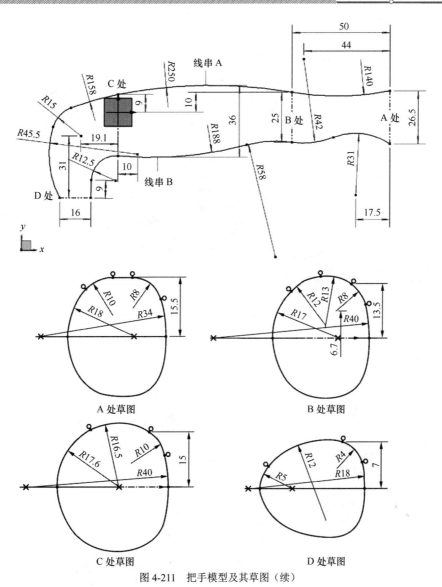

图 4-211　把手模型及其草图（续）

5. 根据图 4-212 所示的线架模型，制作简易喷淋头（见图 4-213）。

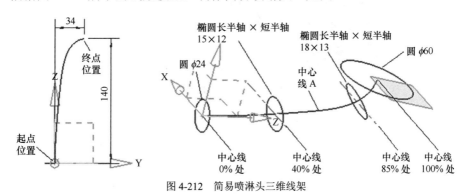

图 4-212　简易喷淋头三维线架

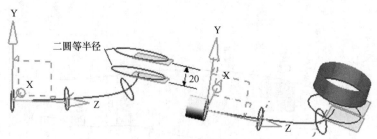

图 4-212   简易喷淋头三维线架（续）

图 4-213   喷淋头效果

6. 制作图 4-214 中的复杂形体，这些公仔与器具在生活中很常见，读者可找一个实物器具或公仔来对照制作。

图 4-214   较复杂形体建模练习

第5章

产品设计装配

随着计算机技术与现代高速通信方式的不断发展，智能制造成为今后机械行业的发展方向。在这种情况下，产品设计思路已经发生变化，首先应进行产品构思，在原理正确的前提下，进行必要的计算，设计主要零件结构，可以边设计边装配，当整个设计完成后，对装配的产品进行运动仿真，验证产品运动关系及产品结构的正确性；再对产品不同部件、结构及整体进行有限元分析，验证其强度、刚度与变形情况是否符合要求，并进行结构优化，有需要时还可进行振动分析；当结构设计完成后，进行后续工程图设计、加工编程、塑料模具设计、冲压模具设计等。

本章将重点介绍现代设计方法中产品设计装配、运动仿真及简单的有限元分析，为产品后续操作打下基础。

 5.1 设计装配介绍

 能力目标

1. 掌握设计装配的概念，学会产品的装配设计基本原则与操作方法。
2. 掌握设计装配中不同零件间及同一零件内部参数间的关联与引用。
3. 掌握三维装配约束命令的使用。

设计装配

现代机械产品设计主要使用计算机辅助设计，具有效率高、可靠性好、易修改、关联性强等众多优点。机械产品设计的一种先进方法就是自顶向下设计。它是一种逐步求精的设计过程和方法，对要设计的复杂问题逐步分解，分成若干大问题，再将大问题细分为若干小问题，如此不断分解，直到得到最基本的、能被设计制造出来的结构零件为止。这种设计方法在总工程师完成整体规划后，由各不同部门完成不同的工作，团队间分工合作，同步进行，提高了办事效率，加快了设计进度。

UG 提供了自顶向下产品设计的完整支持，总工程师完成整体规划后，只需要向不同部门提供产品的连接关系及相应参数，各分部门便可同步进行相应设计。由于 UG 提供了强大的产品链接功能，使产品方案的修改（各种设计参数的修改）、实现产品的系列化等工作都变得轻松自如。

设计装配是自顶向下设计方法的具体操作模式，就是一边设计零件一边装配零件，最终装配出部件或机器的设计过程。在设计装配过程中，使用 UG 超级链接的方式，将不同零件间的尺寸关系进行关联，以保证当其中一个零件参数变化时，对应的零件能做相应的自动修改。为保证零件间进行关联，UG 提供了多种工具与方法，后面会进行介绍；一个机器可以通过边设计边装配的方法得到，也可以先建立整体装配，再装配设计成部件，最终由部件装配成机器。

当一个机器结构较复杂时，可以利用自顶向下的设计理念将复杂结构分解成大部件，再将大部件分解成小部件，如此不断分解，直到得到能方便制作的零件为止。图 5-1 所示是机器设计装配的基本模型。

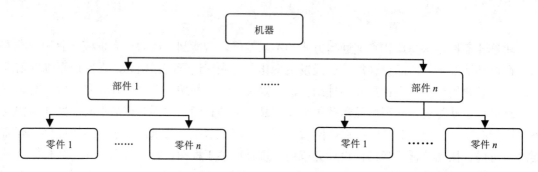

图 5-1　机器设计装配的基本模型

例如，要设计装配一部汽车，可以将其分解为发动机、底盘、车身、电气系统等不同部件，发动机由两大机构五大系统组成，即包括曲柄连杆机构、配气机构及冷却系统、燃料供应系统、润滑系统、点火系统、起动系统。其中，五大系统又可以作为发动机的下一级部件，每个部件又可能包含若干零件，这样层层分解下去，直到得到机器的最小制作单元——零件为止。因此，UG 设计装配完全符合自顶向下的设计思维，是现代机械设计的优秀方法。

设计时，首先应该有总体方案，并梳理出方案中可能用于其他零件或部件设计的参数，将这些参数设置为公共参数；再在 UG 中按图 5-1 所示模式进行装配结构设计，然后建立部件及下级部件结构，最后对每一个部件中的零件进行建模，完成建模后进行部件装配，完成所有部件建模后，再由部件装配成机器。

总结现代工程软件环境下产品开发设计过程如下。

（1）市场调研，获得产品需求要素，并进行可行性分析。

（2）确定实现产品功能的设计方案，画出自顶向下结构图。

（3）进行原理验证与关键计算。

（4）使用三维软件实现产品设计，具体设计过程又包括以下几方面。

① 添加公共参数；

② 添加产品结构布局（在"装配导航器"中建立不同层级）；

③ 激活并设计零件；

④ 部件装配；

⑤ 总装配；

⑥ 运动仿真；

⑦ 有限元分析与优化设计。

（5）产品试制与批量生产，一般先单件试制，检验与验证产品性能，当性能达到设计要求时，再进行批量生产，其中需要进行加工编程、模具设计与制造等。

为了能掌握 UG 设计与装配过程，需要先了解 UG 设计装配中的常用工具，下面进行常用工具介绍。

5.1.1　超级链接

UG 提供的超级链接功能，让产品的不同零件间、同一零件不同参数间能方便地进行关联，从而使产品设计与编辑更加方便，减少了设计与制造中可能引起的错误，从而更轻松地进行产品系列化设计。超级链接包括以下几种形式。

1. 参数链接（零件内部链接）

使用参数可以使同一零件不同结构间尺寸进行关联，比如一个圆柱体，其直径 D 与高度 H，可以单独进行尺寸赋值，比如让 $D=100$，$H=200$；也可以进行关联，如 $H=D\times2$ 就是一种关联，即让 H 等于 D 的 2 倍。

【课堂实例 1】创建一个文件 "5-1.prt"，使用 "工具" 面板中的 "表达式" 命令，弹出 "表达式" 对话框，在 "表达式" 对话框中创建一个名称为 "H"、值为 "200" 的表达式。

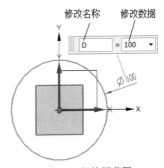

图 5-2　拉伸用草图

然后使用 "拉伸" 命令建立图 5-2 所示的草图。在给草图进行尺寸约束时，修改尺寸名称为 "D"，并修改数据值为 "100"。

完成草图制作后，回到 "拉伸" 对话框处，单击 "结束" 的 "距离" 处，直接输入刚才在表达式中创建的公式名称 "H"，以便使拉伸的圆柱体的高度为 H，按回车键完成数据修改，再次打开 "表达式" 对话框，可以看到我们修改的圆柱体的直径变量 D 及高度 H，在 "表达式" 对话框中修改它们的数据，可以让圆柱体尺寸做相应变化，这就是使用参数对零件结构的关联；如果我们将 H 的表达式修改为 $D\times2$，然后再修改 D 的值，可以看到，高度与直径间会同步按比例修改，这就是同一零件不同结构间的参数关联。

有了参数关联，我们可以使零件由一个或若干参数进行控制，做成参数化产品，并且能方便地进行系列产品的设计，因为只需要修改其中相关参数，就可得到不同的产品。本书第 3 章中最后一个实例（参数化造型实例——标准螺母制作）就很好地演示了这种关联方法。

需要指出的是，在 UG 建模命令中，很多命令具有自动链接功能，比如，"投影" 命令可以将一个零件不同位置的结构投影到另一个结构中，并保持关联；"阵列曲线" 命令能保证阵列的曲线具有关联性，从而保证当修改原曲线参数时，阵列的所有曲线会做相应的修改等；还有一些命令，在其 "设置" 项中有 "关联" 选项，比如 "镜像几何体" "阵列几何特征" "组合投影" 命令等，当选中此项时，操作后的实例将与原来的实例具有关联性，否则是无关联性的。读者在使用这些命令时，要注意根据情况做适当处理。这些关联本质上都是零件内部不同结构间的关联，且都是通过参数完成的关联。

2. 超级链接

超级链接是"装配"面板中提供的一个重要命令，其作用是进行部件间的关联。包括参数关联、结构关联。

（1）超级链接参数关联

创建一个文件"5-2.prt"，在该文件中创建一个拉伸体，其拉伸草图外部为正方形，内部为圆，如图5-3所示，其中，内部的圆孔尺寸要保证与图5-2所示的圆柱体直径 D 相同，其操作过程如下。

使用"拉伸"命令建立图5-3所示草图。

在给草图圆标注尺寸时，单击浮动文本框右侧的下拉按钮▼，在弹出的菜单中选择"公式"选项，系统自动打开"公式"对话框，单击对话框左侧"创建/编辑部件间的表达式"按钮，弹出"创建单个部件间的表达式"对话框，单击"打开"按钮，打开图5-2所示的圆柱体，在"创建单个部件间的表达式"对话框右侧就列出了"源表达式"，其中包括 H、D 及其他参数，单击选择 D，单击鼠标中键两次，完成操作，可以看到，图5-3中的尺寸发生变

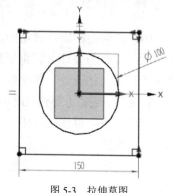

图5-3　拉伸草图

化，说明该直径已经与图5-2中圆柱体的直径 D 发生了关联；同样，将外圈的正方形边长设置为 $D+50$，让正方形边长与图5-2中的圆柱体直径也发生关联。之后，只要修改图5-2中圆柱体的直径，则图5-3中拉伸体的尺寸也会做相应变化，就是部件间参数关联。

（2）超级链接结构关联

在UG中建立一个实验文件，取名"超链接.prt"，在"装配导航器"中右击"超链接"图标，弹出快捷菜单，选择"WAVE"→"新建层"命令，弹出"新建层"对话框，在"部件名"处输入零件名称"零件A"并按回车键确定，再单击鼠标中键完成操作，会在"装配导航器"中"超链接"图标下方出现新"零件A"图标，同样，再建立"零件B"，如图5-4所示。

双击"零件A"，激活该零件，此时，在工作区中的操作将只对"零件A"有效，读者可以按第3章、第4章学过的知识建立一个简单的拉伸体，尺寸自定，形状如图5-5所示。

再双击"零件B"，此时，可以看到"零件A"变成灰色，而"零件B"处于激活状态，后续操作将只对"零件B"有效。

使用"装配"面板中"WAVE几何链接器"命令，弹出"WAVE几何链接器"对话框，其"类型"可以修改为"复合曲线""点""草图""面""体"等，这里使用默认的"复合曲线"，然后单击选中图5-5所示"零件A"的顶面P上的外侧六边形6条边，单击鼠标中键，就完成了超级链接。取消选中图5-4所示导航器中"零件A"前面的复选框，隐藏该零件，可以看到，工作区中只剩下刚才链接过来的6条边，这6条边已经成为"零件B"的一部分。使用"旋转"命令，弹出"旋转"对话框后，选中刚才链接过来的六边形，单击鼠标中键，然后选择六边形其中的一条边，再单击鼠标中键完成操作，得到图5-6所示效果。

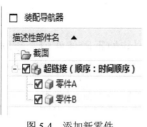

图 5-4　添加新零件　　　　图 5-5　零件 A　　　图 5-6　零件 B

选中"装配导航器"中"零件 A"前的复选框，让"零件 A"显示出来，再双击图 5-5 中的"零件 A"实体，对零件 A 拉伸草图进行修改，主要是改变顶面 P 中多边形大小，完成修改后，看到与之对应的"零件 B"也随之变化，这就说明零件 A 的变化会关联到零件 B 中。而这次使用的"WAVE 几何链接器"命令不但可以链接曲线，还可以链接面、体、草图、基准等，其链接能力强大，我们称之为结构关联。

这里需要注意的是，"零件 B"是关联到"零件 A"中的，因此，对"零件 B"的修改不会影响"零件 A"，但反过来，修改"零件 A"的参数会影响"零件 B"；另外，由于"零件 B"是关联"零件 A"的，如果我们再让"零件 A"关联"零件 B"，这就构成了交叉关联，这是不允许的，操作中会出错。

3. 多个部件间表达式

在装配模式下，如果想将一个零件结构用到其他多个部件中，可以使用部件间链接，也可以使用"多个部件间表达式"命令来完成。比如，想将"零件 A"中的直径参数 D 用于其他多个零件中，可以创建多个部件间的表达式。多个部件间的表达式可以理解为：把"零件 A"中的直径 D 这个参数作为整个装配的公共参数，以后在创建其他部件时，可以引用该参数，而不是直接到"零件 A"中链接。

在图 5-4 所示装配模式下，双击激活"超链接"，单击"工具"面板中的"表达式"按钮，弹出"表达式"对话框，单击左侧"创建多个部件间表达式"按钮，弹出"创建多个部件间表达式"对话框，在其左侧显示了该装配模式下所有部件（零件），单击"零件 A"，则在右侧"源表达式"栏中显示了该零件所有参数的表达式，单击选择需要建立多个部件间表达式的变量 D，在左侧"前缀字符串"处输入"PartA_"作为新表达式的前缀，然后单击右侧面板中的"添加到目标"按钮，则在目标表达式中出现了名称：PartA_D，单击"确定"按钮，则该公式将添加到总装配中。即添加到图 5-4 中"超链接"这个图标所代表的装配中，双击"超链接"，再显示"表达式"对话框，就可以看到该公式在此环境中。

如何应用"多个部件间表达式"？其实也是通过链接来使用的，比如，在图 5-4 所示的装配环境下，再添加 1 个或多个零件，这些零件中某个尺寸与刚才的尺寸 D 相关，则可以引用这个链接而不是直接链接"零件 A"。

激活"超链接"图标后，右击，当弹出快捷菜单后，选择"WAVE"→"新建层"命令，然后添加"零件 C"，双击激活"零件 C"，再使用"拉伸"命令建立一个圆作为草图，在标注该圆直径时，可以单击浮动尺寸右侧的下拉按钮，在弹出下拉菜单后，选择"参考"→"部件间的表达式"选项，弹出"创建单个部件间表达式"对话框，在左侧部件列表中单击选中"超链接"，则在右侧"源表达式"下面能找到刚才的公式"PartA_D"，选中该公式后，单击鼠标中键完成操作，则该草图圆直径就与"PartA_D"的尺寸一致，完成了超链接过程。

同样地，如果有需要，可以反复多次将该公式用到其他不同部件中，或同一部件不同位置与结构中。

因此，通过"多个部件间表达式"也可以将一个零件或部件的参数用于整个装配的其他零件中，从而实现零件间的相互关联，当然，也可以用于装配中，比如一个箱体有上箱体、密封垫及下箱体，这3个零件在接合处的平面内，形状与尺寸是一致的（或基本相同），则在设计装配时，先制作一个零件，比如先制作下箱体，再将整个下箱体的上表面（与密封圈接合的平面）的参数作为"多个部件间表达式"，然后用于后续"密封垫"及"上箱体"对应部分的尺寸参考，从而保证这些尺寸的一致性。

5.1.2 装配约束

装配约束是进行三维装配的重要工具，使用"装配约束"命令可定义组件在装配中的位置。NX 使用无向定位约束，这意味着任一组件都可以移动以求解约束。

单击"装配"面板中的"装配约束"按钮，弹出"装配约束"对话框，如图 5-7 所示，下面对这些约束命令的使用做简单介绍。

1. 接触对齐（ ）

该命令使用最为频繁，在"装配约束"对话框中，"方位"又分为 3 种。

（1）"接触"（ ）

就是让两个组件(零件或部件)的一个几何要素(面、边)相对贴合在一起，它们的位置是相对的。

图 5-7 "装配约束"对话框

（2）"对齐"（ ）

让两个组件的一个几何要素对齐，且它们的位置是同向的。

（3）"自动判断中心/轴"（ ）

就是让两个有圆弧的组件的圆心/轴线对齐。

2. 同心（ ）

该命令用于约束两条圆边或椭圆边以使中心重合并使边的平面共面。

3. 距离（ ）

该命令用于指定两个对象之间的三维距离。如果在两条边、两个点或一条边和一个点之间创建距离约束，则正值和负值视作相同。在上述情况中，由于可以在求解约束的同时连续地将这些几何体从一侧移到另一侧，因此 UG 不识别负符号。对于上述情况，从动距离约束极值及距离约束值与符号无关。而对于面等其他类型的几何体，则可以识别负值。

4. 固定（ ⟟ ）

该命令用于将对象固定在其当前位置。在需要隐藏静止的对象时，固定约束会很有用。如果没有固定的节点，整个装配可以自由移动。

5. 平行（ ∥ ）

该命令用于将两个对象的方向矢量定义为相互平行。比如，让两个面平行、两条边平行等。

6. 垂直（ ⌐ ）

该命令用于将两个对象的方向矢量定义为相互垂直。比如，让两个对象的一个面与另一个面垂直，让一条边与一个面垂直，或一条边与另一条边垂直。

7. 对齐/锁定（ ▰▰ ）

该命令用于将不同组件中的两个轴对齐并防止出现围绕公共轴的任何旋转。

8. 适合窗口（又称"配合"）（ ＝ ）

该命令用于约束半径相同的两个对象，例如圆边或椭圆边、圆柱面或球面。圆柱面的线性公差为 0.1mm，圆锥面的角度公差为 1°。如果以后半径变为不等，则该约束无效。配合约束对于销或螺栓定位在孔中很有用。

9. 胶合（ ▱ ）

该命令用于将对象约束到一起以使它们作为刚体移动。胶合约束只能应用于组件，或组件和装配级的几何体。其他对象不可选。

10. 中心（ ⫼ ）

该命令用于使一个或两个对象处于一对对象的中间，或使一对对象沿着另一个对象对称。

11. 角度（ ⊿ ）

该命令用于指定两个对象（可绕指定轴）之间的角度。

5.2　设计装配实例

设计装配实例

能力目标

1. 通过实例掌握现代机械产品设计原理及思想方法，学会如何在 UG 环境下进行产品设计装配。

2. 掌握设计装配过程中零件的建立、装配与约束。

3. 掌握产品设计过程中零件间参数引用的方法，特别是超级链接在设计装配中的应用。

4. 掌握在设计装配环境下引用标准件的方法。

本节通过图 5-8 所示小型传送系统设计，讲解 UG 环境下设计一个机器的过程，并介绍其中与设计装配相关的知识与技巧。由于建模知识在前面章节中已经做了详细介绍，因此，下面的讲解过程中，如果不涉及装配与超级链接等关键知识，其建模过程将只作简单介绍或省略，请读者重点理解在设计装配时讲解的新知识点。

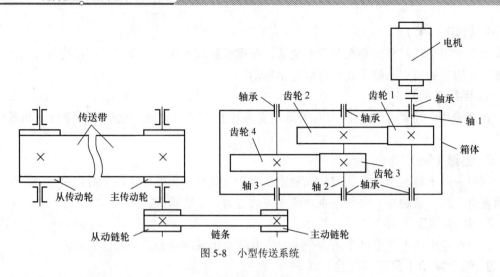

图 5-8　小型传送系统

5.2.1　设计过程简述

现代机械产品设计过程，首先进行概念设计（概念设计是指由分析用户需求到生成概念产品的一系列有序的、可组织的、有目标的设计活动组成的，它表现为一个由粗到精、由模糊到清晰、由抽象到具体的不断进化的过程，是利用设计概念并以其为主线贯穿全部设计过程的设计方法），然后进行必要的设计计算，再经三维设计、运动仿真、有限元分析等完成产品最终的三维装配，最后完成工程图制作或加工编程。

本次使用的实例是小型传送系统，其概念设计已经完成，必要的设计计算，包括电动机（功率、转速、型号）选择、传动比分配、齿轮齿数确定、每根轴上受力分析等，在本节中也假设已经完成，因此，我们重点介绍产品设计装配过程，包括三维设计、三维装配、运动仿真及有限元分析等。

另外，本产品可分为以下几个主要模块：电机（即电动机）、减速机（即减速器）、链传动机构、带传送机构。其中，电动机是选用现有产品，因此，在三维设计时可以只进行外形设计即可，不需要进行详细的三维设计；链传动机构由主、从两链轮及链条组成，需要进行设计；减速机包括上、下箱体，轴，齿轮，轴承，离合器等；带传送机构由主、从传动轮及传送带组成。其中，减速机可再分为若干部件，如箱体（上、下箱体，窥视板，注、放油机构等）、轴系 1（轴、齿轮、平键、轴承等）、轴系 2、轴系 3 等几个部件组成。其主要结构如图 5-9 所示。

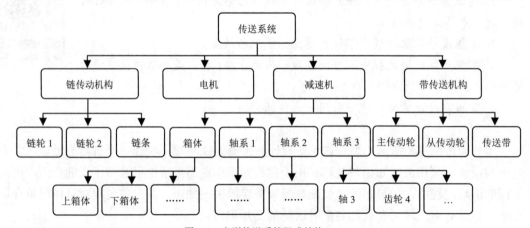

图 5-9　小型传送系统组成结构

5.2.2　传动系统总装配的建立

根据图 5-9，在 UG 中建立系统组成结构，操作过程如下。

1. 建立系统结构

（1）建立一级结构。启动 UG，新建"传送系统.prt"文件，将文件存储目录修改为新建的文件夹"传送系统"，进入 UG 建模环境，在"装配导航器"中可以看到"传送系统"图标，在"装配导航器"中空白位置右击，在弹出的快捷菜单中选择"WAVE 模式"选项，再右击"传送系统"图标，在弹出的快捷菜单中单击"WAVE"右侧的下拉按钮，弹出下级菜单，选择其中的"新建层"命令，弹出"新建层"对话框，在"部件名"处输入"电机"并按回车键确定，单击鼠标中键完成操作，结果在"装配导航器"中"传送系统"图标下方新建了"电机"图标；同样地，建立"链传动机构""减速机"及"带传送机构"。

（2）建立二级结构。再双击激活"链传动机构"，右击，在其目录下建立主动链轮、从动链轮、链条等；依此类推，再在各级目录下建立其他相应的下级部件或零件，完成效果如图 5-10 所示。需要注意的是，图 5-10 只显示了部分内容，另一部件内容被隐藏了，这些零件可以通过单击导航器中的"+"号展开，同时，每项前面有复选框，复选框被选中的是可以显示在屏幕上的，否则是隐藏的。

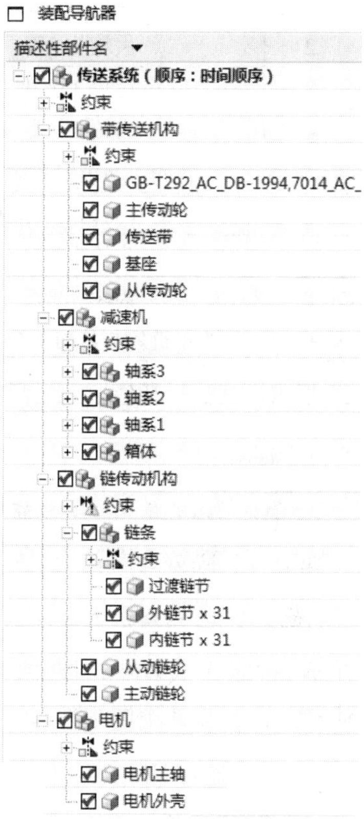

图 5-10　建立系统结构

 注意

　　在添加各种零件时，如果是标准件，就不要先添加，因为标准件添加的方式不同。比如，螺栓螺母、轴承等，这些标准件的添加方式是直接添加的同时给出文件名的；还有一些自制的零件，比如，图 5-10 中的"链传动机构"中的"主动链轮""从动链轮"也是按标准件方式添加的，但又和一般螺栓之类的标准件的添加方式有所不同，它们需要先建层；齿轮也需要先建层再添加，具体操作方法见 5.2.4 节。

2. 建立公共表达式

完成上面结构建立后，先双击"传送系统"图标，再使用"工具"面板中的"表达式"命令，建立用于整个装配所需要的公共参数，在图 5-8 所示的传动系统中，有齿轮 1~齿轮 4，这些齿轮参数会影响后面其他部分的设计，因此，可以将它们的部分参数设置为公共参数，比如，齿轮齿数、模数决定的齿轮直径，同时决定了两齿轮轴之间的中心距，从而决定了箱体安装轴的两孔之间的距离等。用户可以根据需要，设定成公共参数，有利于后续操作。

需要建立的公式如表 5-1 所示。

表 5-1   公共参数表

序号	参数说明	公式名	公式值	单位	备注
1	齿轮 1 齿数	z1	21	无	
2	齿轮 2 齿数	z2	45	无	
3	齿轮 3 齿数	z3	23	无	
4	齿轮 4 齿数	z4	48	无	
5	齿轮 1 与齿轮 2 的模数	m1	2.5	无	
6	齿轮 3 与齿轮 4 的模数	m2	3	无	
7	齿轮 1 宽度	b1	35	mm	比齿轮 2 宽度少 5
8	齿轮 3 宽度	b3	40	mm	比齿轮 4 宽度少 5
9	主动链轮与从动链轮中心距	a1	589.936	mm	
10	两皮带轮中心距	a2	2800	mm	

 注意

  在上表中变量单位非常重要，因为 UG 会自动校验单位，如果单位不正确，将出现错误，因此，齿轮齿数、模数等使用"无单位"，否则，后面会出现操作错误。

  这些公共参数设置完成后，可为后续操作提供基础，操作时将更加方便。这些参数将用在不同的零件设计中，比如，齿数×模数，得到齿轮分度圆直径，可以为后面上箱体、下箱体参照。在设计不同零件时，可以调用这些参数，这些知识会在 5.2.5 节中体现。

5.2.3　电机部件建立

 说明

  由于设计装配过程中，三维设计过程与前面第 3 章、第 4 章所述三维建模方法及过程一致，因此，本章中具体三维制作过程可能会简化，只讲解大概过程，详细过程请读者根据前面章节自行完成，而本章重点介绍设计装配过程及操作中用到的特殊方法。

  另外，所有外购件，比如本处的电机，由于是与整体配套的部件之一，而产品已经由其他厂家生产，因此，只需要制作外形及关键尺寸即可，具体细节则不需要详细制作，比如，电机外形尺寸、安装尺寸、连接尺寸等重要参数需要准确，而电机内部结构则不需要非常准确。当然，如果在仿真中有需要，也可以将模型制作得精确一些。

1. 建立电机主轴

  （1）查证电机型号及关键参数。双击"电机"图标后（也可以右击该图标后选择"设为工作部件"），该图标颜色加深、其他图标颜色变灰，表明此时只有该图标所代表的部件处于激活状态，后续的操作将是对该部件进行建模。

  在建立电机模型时，要按照设计计算结果查表，假设这里选择的是 Y132S1-2 型电机模型，其功率为 5.5kW，转速为 2 900r/min，其主要结构参数包括外形尺寸、安装尺寸、轴直径等均按实际情况建立相应模型，以便实际应用与仿真，由于该电机是由专业厂家生产的，因此，我们在这里仅为选用，所以其他不影响实际安装、运行及仿真的结构，则不要求准确画出，以加速设计过程。

（2）建立电机主轴。右击"电机"图标，新建"电机主轴""电机外壳"两个图层，然后双击"电机主轴"图标，激活"电机"部件，然后使用"主页"面板中"特征"区中的"旋转"命令（🔖）完成图 5-11（a）所示的草图，在制作草图时，由于尺寸 19 为轴的半径，尺寸 80 为电机主轴伸出端轴径，这些数据是连接尺寸，通过查手册得到准确值；而左右两处的 25 是轴承配合尺寸，将与电机外壳的孔配合，为了保证配合效果，UG 提供了几种方法进行尺寸匹配：一是对尺寸命名，然后在需要配合的部件中通过名称引用该尺寸；二是通过投影的方式引用其他部件尺寸，其核心都是 WAVE 几何链接。这里使用第一种方法，对尺寸命名，双击标注的尺寸 25（两处，选择其中一处即可，并保证二者等尺寸），弹出"线性尺寸"对话框，将其"驱动"区中的原尺寸名称（类似 P11），修改为"R"，表示轴半径名称，按回车键确定后即可为后续引用做好准备。草图完成后旋转成图 5-11（b）所示的实轴。

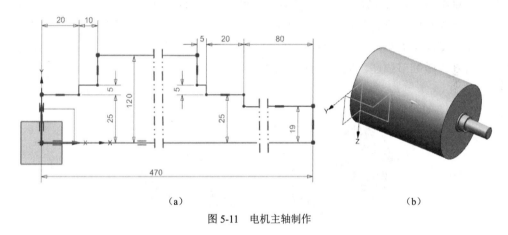

（a）　　　　　　　　　　（b）

图 5-11　电机主轴制作

最后，对轴进行制作键槽、倒斜角等操作，注意键槽尺寸查表得到，本处键槽宽 10、深 5、长 40；最终得到图 5-12 所示的效果。

2. 建立电机外壳

双击"电机外壳"图标，激活该部件，然后使用"旋转"命令完成图 5-13（a）所示的草图，在标注尺寸 25 这个尺寸（左右共两处，设置为共线）时，单击浮动尺寸文本框右侧的下拉按钮▾，选择弹出菜单中的"公式"命令，弹出"表达式"对话框，单击该对话框左侧的"创建/编辑部件间表达式"按钮，弹出

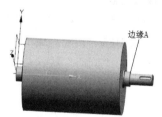

图 5-12　电机主轴效果

"创建单个部件间表达式"对话框，单击其中的"电机主轴"，在对话框右侧看到有很多尺寸项，单击其中的"R"，即我们前面命名的电机主轴半径，然后单击鼠标中键两次，完成该尺寸的设置，这样就保证了前面电机主轴与现在设计的电机外壳的孔的尺寸的一致性，其好处是后续根据设计需要，修改了"R"尺寸后，孔尺寸会随之变化，保证了孔与轴尺寸的匹配性。因此，在产品设计时，凡是需要进行匹配尺寸关系的部件，均可以使用这种方法进行尺寸匹配，保证配合的尺寸一致，便于对产品进行修改。

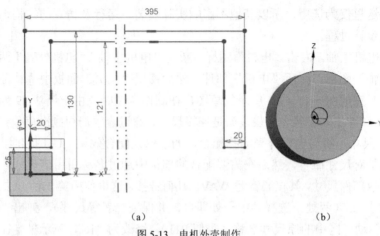

（a）　　　　　　　　　　　　　（b）

图 5-13　电机外壳制作

完成了草图后，以 *x* 轴为旋转中心轴进行旋转，得到图 5-13（b）所示旋转体。对旋转体进行进一步的拉伸、挖孔、边倒圆等操作，作出一个支撑架，请读者根据实际电机手册确定安装尺寸及支撑架大小，其余部件形似即可。在设计中，制作电机主要为了仿真用，故不重要部件尺寸不做细节描述。完成后的电机外壳效果如图 5-14 所示。

图 5-14　电机外壳效果

3. 装配

　　最后，双击"装配导航器"中的"电机"图标，然后单击"装配"面板中的"装配约束"按钮，弹出"装配约束"对话框，单击其中的"同心"按钮◎，意思是使两个要装配的对象的圆心相同，然后单击图 5-12 中电机主轴的"边缘 A"，再单击图 5-14 中电机外壳的"边缘 A"，则电机主轴与外壳相应边缘就实现了同心，至此完成了电机的设计装配过程，效果如图 5-15 所示。

图 5-15　完成的电机效果

5.2.4　链传动机构的建立

1. 链传动机构的制作

　　（1）确定链条类型。链传动部分包括主动链轮、从动链轮、链条等几个零件，其中，链轮与链条是标准件，为了简化操作，我们使用自己开发的链轮组件，操作时，先将下载的链轮模块文件夹"Chain Wheels"里的"NX 12.0"文件夹复制到 UG 安装盘的 Siemens 目录下，覆盖原来的对应文件，在装配模式下，单击导航栏中的"重用库"中的"GB Standard Parts"，右击后弹出快捷菜单，选择菜单中的"刷新"命令，就可以看到在该目录下有"ChainWheels"文件夹，单击该文件夹，在重用库下方"成员选择"面板中就可以看到 4 种标准链轮，包括 A 型与 B 型滚子链，其中，LL_1_A 表示单排 A 型链轮，LL_N_A 表示多排 A 型链轮，LL_1_B 表示单排 B 型链轮，LL_N_B 表示多排 B 型链轮，读者可根据需要选择其中一种。

（2）建立标准链轮。这里使用 B 型滚子链，主动轮使用 17 个齿，从动轮使用 34 个齿，使传动比为 2，操作时，先在装配导航器中双击"链传动机构"图标☑📷链传动机构，使其处于激活状态，然后单击导航器中"重用库"按钮📖，打开"GB Standard Parts"下的"ChainWheels"文件夹，在"选择成员"区选中"LL_1_B_GBT1243"将其拖入 UG 工作区，弹出"添加可重用组件"对话框，将"类型"修改为"20B"，单击鼠标中键完成操作，得到一个链轮，右击新加的链轮，在弹出的快捷菜单中选择"设为工作部件"命令，选择"文件"→"保存"→"另存为"命令，弹出"另存为"对话框，修改保存路径到当前建立的"传动系统"位置，并修改文件名为"主动链轮"，最后保存，完成主动链轮的建立，效果如图 5-16 所示。

此时的链轮参数不符合要求，使用"工具"面板中的"表达式"命令，弹出"表达式"对话框，找到参数"Z"，并将其值修改为"17"，单击鼠标中键完成操作，则链轮齿数改变；再使用"拉伸"命令对链轮挖出轴孔及键槽，拉伸草图，如图 5-17（a）所示，拉伸出孔后的效果如图 5-17（b）所示。

 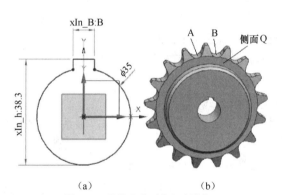

图 5-16　主动链轮效果　　　　图 5-17　拉伸出孔后的主动链轮

（3）制作从动链轮。用同样的方法，添加"从动链轮"，设置其齿数为 34，并添加轴孔及键槽等，效果如图 5-18 所示。

（4）添加链条。本书提供了滚子链条组件，加载对应型号及长度的链条后，效果如图 5-19 所示。

 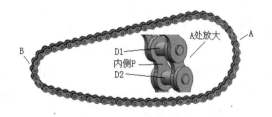

图 5-18　从动链轮效果　　　　图 5-19　装配后的链条及链轮组件

至此，完成了链传动机构的制作，在这个制作过程中主要是使用了随本书提供的组件，因此制作过程比较简单。

2. 链传动机构的装配

（1）单击"装配"面板中的"装配约束"按钮，弹出"装配约束"对话框，单击"接触对齐"按钮，并将对话框中"方位"修改为"自动判断中心/轴"，然后依次单击图 5-17 所示链轮中 A 处底部的圆弧面及图 5-19 所示 A 处的 D1 圆柱面，则齿轮就装配到了链轮上；再次使用该命令，分别单击图 5-17 所示链轮中 B 处底部的圆弧面及图 5-19 所示 A 处的 D2 圆柱面，则完成链轮与链条的初步装配。

（2）单击"装配约束"按钮，在弹出的"装配约束"对话框中单击"距离"按钮，然后分别单击选中图 5-17 中的"侧面 Q"及图 5-19 中的"内侧 P"，"装配约束"对话框中会出现"距离"输入项，将该输入项数据修改为"0.5"，并单击鼠标中键完成操作，则完成了主动链轮与链条的装配。

同样地，对从动链轮进行装配，效果如图 5-20 所示。

图 5-20　完成装配后效果

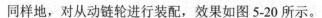

5.2.5　减速机的设计装配

减速机包括箱体、轴系 1、轴系 2 及轴系 3 几个大的部分，每个部分又包括多个零件，为了简化教学过程，以轴系 1 及箱体两个部件为例说明其设计装配过程。

1. 轴系零件的设计装配

在减速机系统中，有 3 个轴系，其中轴系 1 中包括一根齿轮轴、一个平键及两个轴承，下面介绍其操作过程如下。

（1）添加表达式

在图 5-10 所示装配环境下，双击"轴系 1"图标下的"齿轮 1"，激活"齿轮 1"零件，使用"工具"→"表达式"→"创建多个部件间表达式"命令（），弹出"创建多个部件间表达式"对话框，在左侧列表框中显示了整个系统中的所有零件，单击"传送系统"，则在右侧"源表达式"中显示了所有该部件的表达式，将其 b1、b2 两个表达式选中，单击"添加到目标"按钮，让这些表达式移动至"目标表达式"这一栏，单击"确定"按钮完成操作，便可让这两个本来在"传送系统"中的公式，添加到目前的"齿轮 1"中，后续操作中可以直接使用这些变量，保证了这些参数在整个设计系统中的统一性。

（2）添加齿轮轴

单击"主页"面板中"齿轮建模-GC 工具箱"区中的"柱齿轮建模"按钮，弹出"渐开线圆柱齿轮建模"对话框，单击鼠标中键两次，进入参数设置界面，单击"默认值"按钮，给各参数添加默认数据，修改"牙数"为"21"，其余参数使用默认值，单击鼠标中键后，出现"矢量"对话框，选择 z 轴作为齿轮中心线的方向（即矢量），单击鼠标中键后弹出"点"对话框，使用默认坐标点，单击鼠标中键，系统自动完成齿轮的建模，效果如图 5-21 所示。

添加完成的齿轮结构不完整，可以通过 UG 提供的各种命令进行修改，由于该齿轮直径较小，要想制作成齿轮轴，需使用"拉伸"命令进行操作，其中各段拉伸尺寸如图 5-22 所示。图中 $\phi 65$ 是用表达式完成的，其表达式为："b2+10+15"，"b2"是齿轮 3 的宽度，10 是齿轮 2 与齿轮 3 之间间距，15 是齿轮 3 与齿轮箱体内侧边间距，其余各段根据实际需要自行确定，最终齿轮轴效果如图 5-22 所示。

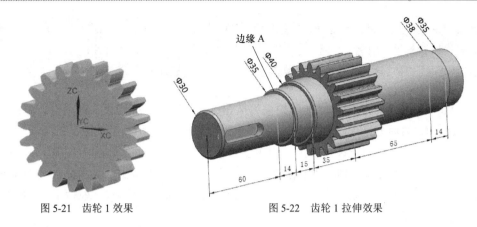

图 5-21　齿轮 1 效果　　　　　　　图 5-22　齿轮 1 拉伸效果

（3）添加轴承

由于轴承是 UG 标准件库中提供的零件，不能先命名，其操作过程如下。

① 双击"轴系 1"使其激活，再单击导航栏中的"重用库"按钮，展开"GB Standard Parts"→"Bearing"→"Angular Ball"，然后在"成员选择"区中选择"_B-1994"轴承图标，将其拖动到工作区中，弹出"添加可重用组件"对话框，如图 5-23（a）所示，将"内径"由图 5-23（a）所示的"10"修改为"35"，外径的尺寸可根据需要进行修改或使用默认值，单击鼠标中键完成添加，效果如图 5-23（b）所示。

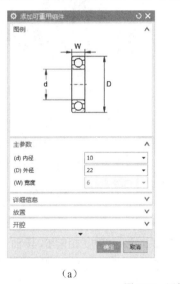

（a）　　　　　　　　　　　　　　（b）

图 5-23　添加轴承

② 右击添加的轴承，选择弹出的快捷菜单中的"设为工作部件"命令，弹出对话框，直接单击"确定"按钮即可，选择"文件"→"保存"→"另存为"命令（或按"Ctrl+Shift+A"组合键），弹出"另存为"对话框及"信息"对话框，可直接将新零件名输入在"另存为"对话框相应的"文件名"处，也可以复制"信息"对话框中的文件名作为新文件名，但一定要修改保存路径为当前制作"传送系统"的目录下，修改完成后，单击鼠标中键即完成标准件添加。

凡是用到 UG "重用库"中的零件，其添加过程都与上述操作类似，且建议使用"信息"对话框中提供的名称，比如，此处添加的是轴承，名称为：GB-T292_B-1994, 7207_B.prt。对于标准件，读者可以给其另外取名，但最好说明其标准、型号及规格等。这里使用的轴承内径为35、外径为55、宽度为14，这些参数对后面操作有用，需要重点注意一下。

③ 单击"装配"面板中的"装配约束"按钮，弹出"装配约束"对话框，单击其中的"同心"按钮◎，然后分别单击图 5-23 所示轴承内圆最外侧的边缘 A 及图 5-22 所示齿轮轴的边缘 A，则轴承就安装到了齿轮轴上；再单击"装配"面板中的"添加"按钮，弹出"添加组件"对话框，然后单击刚才装配好的轴承，并在适当位置单击，则再添加一个轴承，按前述操作方法，将轴承安装到齿轮轴另一外直径为 35 的圆柱体位置，效果如图 5-24 所示。

（4）添加平键

在装配导航器中双击"平键 1"图标，激活该零件，单击"装配"面板中的"WAVE 几何链接器"按钮，弹出"WAVE 几何链接器"对话框，将"类型"修改为"复合曲线"，并将"曲线规则"修改为"相切曲线"，然后单击选择图 5-24 中底边 P，单击鼠标中键完成操作，得到一根链接到平键中的曲线，然后使用"主页"面板中的"拉伸"命令，将该曲线拉伸成实体，其高度为 7，效果如图 5-25 所示。

图 5-24　轴承安装效果

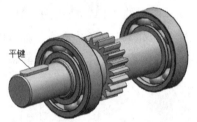

图 5-25　轴系 1 效果

注意

这里制作完平键后，看似已经装配好了，其实并没有，因为没有使用"装配约束"命令进行约束，只有通过装配约束过的零件才是装配完成的。这里请读者自己完成。（两次使用"同心"命令，分别让平键两端的圆弧与轴上键槽的圆弧部分同心）

同样的道理，读者可以设计装配轴系 2、轴系 3。需要注意的是，轴系 2 上的齿轮 2 与轴系 1 上的齿轮 1 是一对配对的齿轮，其模数均为 2.5，齿轮宽度相差 5，其轴上轴承型号为 6007；轴系 2 上的齿轮 3 与轴系 3 上的齿轮 4 是配对齿轮，模数均为 3，齿轮宽度相差 5，可参见图 5-8 及表 5-1，轴系 2 及轴系 3 的最终设计效果如图 5-26 及图 5-27 所示。

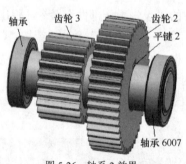

图 5-26　轴系 2 效果

图 5-27　轴系 3 效果

2. 箱体的设计装配

（1）下箱体的制作

在图 5-10 所示装配环境下，双击"箱体"图标下的"下箱体"选项，激活"下箱体"零件，单击"工具"→"表达式"→"创建多个部件间表达式"按钮，弹出"创建多个部件间表达式"对话框，在左侧列表框中显示了整个系统的所有零件，单击"传送系统"，则在右侧"源表达式"中显示了所有该部件的表达式，将其 b1、b2、z1～z4、m1、m2 共 8 个表达式选中，单击"添加到目标"按钮，让这些表达式移动至"目标表达式"这一栏，单击"确定"按钮完成操作，则让这些本来在"传送系统"中的公式，添加到了目前的"下箱体"中，后续操作中可以直接使用这些变量，保证了这些参数在整个设计系统中的统一性。

下面介绍设计下箱体的操作过程（只简略介绍）。

① 制作接合面。使用"拉伸"命令，制作图 5-28 所示的拉伸草图，为了让草图中显示公式，读者可以在草图环境下使用"菜单"→"任务"→"草图设置"命令，弹出"草图设置"对话框，将"尺寸标签"修改为"表达式"即可。

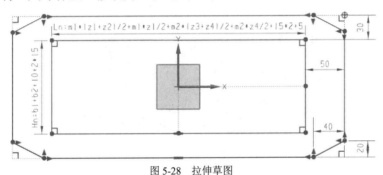

图 5-28 拉伸草图

其中，草图内侧长"Ln=m1*（z1+z2）/2+m1*z1/2+m2*（z3+z4）/2+m2*z4/2+15*2+5"，式中第一、二部分表示第一对齿轮间的中心距及齿轮 1 的分度圆半径，第三、四部分表示第二对齿轮间的中心距及齿轮 44 的分度圆半径，第五部分"15*2"表示齿轮左右两侧间隙。

内侧高"Hn=b1+b2+10+2*15"，式中"b1"表示齿轮 1 宽度，"b2"表示齿轮 3 宽度，"10"表示表示齿轮 2、齿轮 3 之间的间隙，"2*15"表示齿轮与箱体内侧壁之间的距离。

完成草图后，拉伸高度为 12，效果如图 5-29 所示。

② 制作箱体围壳及底面。两次使用"拉伸"命令，制作箱体四周围壳及箱体底面，得到图 5-30 所示效果。其中，面 P1 至面 P3 的距离表达式为"m2*z4/2+40"，即半个最大齿轮高度加浸油深度。

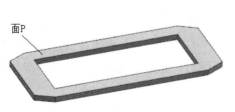

图 5-29 拉伸效果

图 5-30 围壳及底面效果

③ 制作轴承面。使用"拉伸"命令，以图 5-30 中面 P2 作为草图平面，制作图 5-31 所示草图。

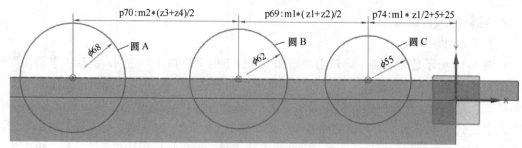

图 5-31　轴承面草图

图 5-31 中圆 A 与圆 B 之间的距离为轴系 3 与轴系 2 之间的中心距，即"m2*（z3+z4）/ 2"；圆 B 与圆 C 之间的距离为轴系 2 与轴系 1 之间的中心距，即"m1*（z1+z2）/2"；圆 C 与 y 坐标轴间的距离为齿轮 1 的半径+齿轮 1 与箱体外壁间的距离，即"m1*z1/2+5+25"。各圆的半径均为对应处轴承的外径大小，因为轴承不同，因此外径不同。

完成草图后，拉伸至整个箱体对面的外壁，得到图 5-32 所示的效果。

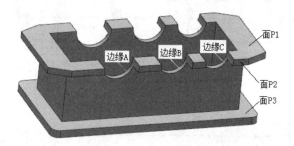

图 5-32　拉伸后效果

再次以面 P2 为草图平面，使用"拉伸"命令，以图 5-33 所示的草图进行拉伸。

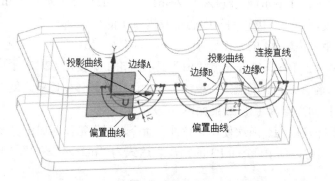

图 5-33　拉伸草图

在图 5-33 的拉伸草图中，首先使用"投影"命令将"边缘 A""边缘 B""边缘 C"进行投影，得到图中 3 条投影曲线，然后使用草图中的"偏置曲线"命令使其偏置 12，得到 3 条偏置曲线，最后使用几段直线将各缺口连接成封闭图形，并进行适当曲线修剪，得到图 5-33 所示效果。完成拉伸，得到图 5-34 所示三维效果。

④ 制作其他结构。再对图 5-34 所示拉伸结构进行再次拉伸、打孔，得到图 5-35 所示的效果。最后，对刚才的两次拉伸、打孔结果进行"镜像特征"操作，并进行适当的"边倒圆"操作，最终完成的下箱体效果如图 5-36 所示。

| 图 5-34　拉伸后的三维效果 | 图 5-35　打孔及拉伸后效果 |

（2）上箱体制作

① 进行超级链接。与前面操作一样，将"传送系统"中的参数"m1、m2、b1、b2、z1、z4"链接到"上箱体"中，为后面的引用操作做准备。

在装配导航器中，双击"上箱体"图标，激活该零件，单击"装配"面板中的"WAVE 几何链接器"按钮，弹出"WAVE 几何链接器"对话框，将"类型"修改为"面"，并选中"设置"区中的"关联"复选框，以保证上、下箱体在链接后是关联的，然后单击选中图 5-36 所示下箱体的接合面 P1 所在各平面（共 6 个平面，需要分 6 次操作，一次只选中其中一个面），隐藏"下箱体"后，只剩下 6 个链接的面，效果如图 5-37 所示。

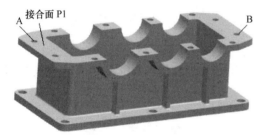

| 图 5-36　下箱体最终效果 | 图 5-37　链接下箱体的接合面 P1 效果 |

② 拉伸。使用"拉伸"命令，当弹出"拉伸"对话框时，将"曲线规则"修改为"面的边"，然后分别选中图 5-37 所示的链接后的面，拉伸高度为 12，得到图 5-38 所示拉伸效果。

再次使用"拉伸"命令，当弹出"拉伸"对话框时，单击鼠标中键，弹出"创建草图"对话框，将"平面方法"修改为"新平面"，然后分别单击选中图 5-38 所示的"前

图 5-38　拉伸效果 1

侧面 P1"及其对应的"后侧面 P2"，会得到一个介于这两个面之间的草图平面，然后以此草图平面制作图 5-39 所示的拉伸草图。

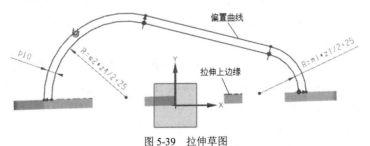

图 5-39　拉伸草图

该草图中，左侧内圆半径为："R= m2*z4/2+25"；右侧内圆半径为："R=m1*z1/2+25"，且两个圆的圆心均在图 5-38 拉伸体的上边缘上，外侧曲线为使用"偏置曲线"命令制作的偏置10 的曲线。在左右两端用直线将草图封闭。

完成草图后，使用对称拉伸，长度为"（b1+b2+40）/2"，效果如图 5-40 所示。

再以图 5-38 所示的前侧面 P 为草图平面，以前侧面外轮廓投影及首尾相连直线作草图进行拉伸，得到图 5-41 所示效果。并将该拉伸效果镜像到对面，再使用"合并"命令将所有实体合并成一体。

再使用"拉伸"命令，分别以图 5-41 中的 AB、CD、EF 作为直径作 3 个圆，完成"减去"功能的拉伸，得到图 5-42 所示的轴承孔效果。

图 5-40　拉伸效果 2

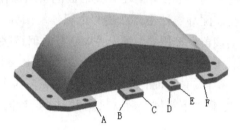

图 5-41　拉伸效果 3

设计到这一步后，已经完成了关键数据设计，剩下的结构设计可以通过多次"拉伸""边倒圆""镜像特征"等命令完成，请读者根据前面所学知识自行确定尺寸并完成余下操作，最终参考效果如图 5-43 所示。

图 5-42　拉伸出轴承孔效果

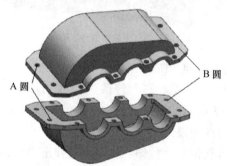

图 5-43　完成效果

（3）其他零件

箱体中，其实还有其他零件，比如：箱体上安装有 3 根轴，因此需要 6 个端盖和大量的螺栓等，为简化教学过程，这些内容请读者自行完成。这里重点介绍一下端盖制作中的特殊方法，以轴系 1 中的一对端盖为例，这对端盖中一个是中间不开孔的，一个是中间开孔的，其余部分完全一样，操作过程如下。

① 制作端盖 1A。首先在装配导航器中双击"箱体"图标，然后新建"端盖 1A"与"端盖1B"两个零件，其中，"端盖 1A"中间有孔，"端盖 1B"中间无孔，操作时，先双击"端盖 1A"，然后用"旋转"命令制作出端盖的主体，再用"孔"命令打出紧固螺栓孔，如图 5-44 所示。

② 制作端盖 1B。完成上述操作后，在装配导航器中右击"端盖 1A"，弹出快捷菜单后，选择"WAVE"→"将几何体复制到部件"命令，弹出"创建一个与位置无关的链接特征"

对话框，单击"确定"按钮，弹出"选择部件"对话框，在"选择已加载的部件"列表框中，选择"端盖 1B"，单击鼠标中键后，弹出"部件间复制"对话框，将"几何体选择过滤"修改为"实体"，然后选中"端盖 1A"，单击"确定"按钮，就将"端盖 1A"的实体复制到了"端盖 1B"中。

双击"端盖 1B"激活，再次双击"端盖 1B"，弹出"WAVE 链接几何器"对话框，单击"设置"使其展开，选中"固定于当前时间戳记"复选框，否则，当修改"端盖 1A"时，"端盖 1B"会同步修改。

再双击"端盖 1A"，用"孔"命令在其中间打一个孔，效果如图 5-45 所示，而"端盖 1B"还保持为图 5-44 所示效果。

图 5-44　端盖 1A 效果　　　　　　图 5-45　完成的端盖 1A 效果

上述操作非常适用于零件间稍有不同的场合，特别是当修改"端盖 1A"时，"端盖 1B"会同步变化。但选中"固定于当前时间戳记"复选框后的操作对"端盖 1B"不产生影响，同时，修改"端盖 1B"也不会影响"端盖 1A"。

（4）箱体的装配

在装配环境下，双击装配导航器中的"箱体"图标，激活"箱体"部件，使用"装配"面板中"装配约束"命令中的"同心"命令，分别使图 5-43 中上、下箱体的 A 圆边缘同心；同样，使图 5-43 中上、下箱体的 B 圆边缘同心，就完成了下箱体与上箱体的装配。需要注意的是，由于前面有超级链接存在，在装配前，看上去已经装配好了，其实没有装配好，因为没有经过装配约束。

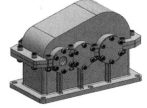

同理，使用"装配约束"命令装配箱体其他零件，最终装配效果如图 5-46 所示。

图 5-46　装配完成的箱体效果

3. 减速机的装配

前面已经完成了各轴系及箱体共 4 个部件的设计装配，现在可以将它们装配到"减速机"中了。为了操作方便，可以先将"上箱体"隐藏，双击装配导航器中的"减速机"图标，激活整个减速机部件，然后使用"装配"面板中的"装配约束"命令进行装配，其操作可使用"同心"命令完成，以轴系 1 装配到"下箱体"为例，其操作过程如下。

使用"同心"命令，然后单击选中"轴系 1"上的轴承的外边缘（靠近图 5-47 中端盖 1A）的边缘，再单击"端盖 1A"靠近轴承侧的边缘，则将轴系 1 安装到"下箱体"上，安装时如果出现方向不对的情况，可以单击"反向"按钮 ✗ 调整方向。

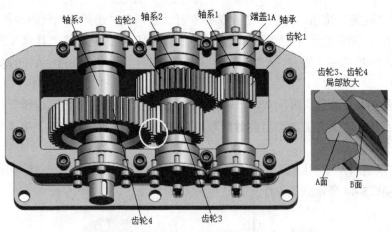

图 5-47 装配后效果

　　其余的轴系安装方法相同，完成各轴系安装之后，还需要使用"装配约束"中的"接触"命令（⋈），使各配对的齿轮进行正确的啮合，操作时，使用"接触"命令（⋈），然后分别单击图 5-47 右侧齿轮中的"A 面"及另一个齿轮的"B 面"，然后单击鼠标中键即可完成齿轮配对的啮合操作。

　　最终装配效果如图 5-47 所示。

5.2.6　带传送机构的设计装配

　　带传送机构由主传动带轮、从传动带轮、基座、传送带等部件组成，为了简化教学中的操作，把这些部件都制作成单个零件（实际上一个部件由很多个零件组成，实际工程中不允许用零件替代部件），具体设计过程不再详细讲解，设计完成的效果如图 5-48～图 5-51 所示。

图 5-48　主传动带轮

图 5-49　从传动带轮

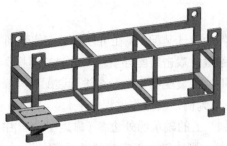

图 5-50　基座

图 5-51　传送带

　　在进行上述部件制作时，注意使用前面讲解过的超级链接功能，以保证部件间有合适的关联，特别是在制作基座时，安装电机、减速机的位置，应该进行关联，保证电机、减速机的地脚螺栓位置正确；另外，减速机的输出轴、主传动带轮安装后的输入轴之间的中心距离应该与链传动机构中两个链轮之间的中心距一致，有关联关系，这些都是设计装配中应重点关注的内容。

图 5-52　完成安装后的带传送机构效果

完成各部件设计后，可以使用"装配约束"中的"同心"命令（◎），将两个传动轮安装到基座上，再使用"接触对齐"命令（ ）中的"自动判断中心/轴"命令（ ）及"距离"命令（ ）安装传送带到两个传动轮上，效果如图 5-52 所示。

5.2.7　总装配

前面已经完成了"电机""链传动机构""减速机"及"带传送机构" 4 个部件的设计装配，现在就可以进行总装配了。

操作时，首先在装配环境下双击装配导航器中的"传送系统"图标，激活总装配，然后使用"装配约束"工具中的"同心"命令（◎）将减速机、电机、链传动机构等几个部件安装到图 5-52 所示带传送机构的基座上，最终装配效果如图 5-53 所示。

图 5-53　总装配效果

5.3　爆炸图与视图截面

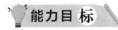能力目标

1. 掌握爆炸图的制作方法。
2. 理解爆炸图与视图截面在 UG 建模工作中的作用。

爆炸图与视图
截面

5.3.1　爆炸图

1. 爆炸图简介

（1）爆炸图概念。爆炸图（Exploded Views），实际上是 UG 装配功能中的一个子功能，

是将装配的零件或部件按一定距离分离开，从而清晰地反映零件或部件间的装配关系的特殊视图。它的主要作用包括：提供三维装配关系分解图，指导工作人员进行产品装配；根据三维装配关系图，方便分析机器运行过程中的工作机制及可能的故障点，指导维护维修人员对机器进行维护保养；为产品说明书等资料中提供图解构件说明。

（2）爆炸图操作。爆炸图的操作主要包括新建、编辑、删除等。为了让读者掌握爆炸图的操作，下面以图 5-54 所示减速机为例进行说明。

【课堂实例2】减速机爆炸图。

在 UG 环境下打开前面制作的减速机，单击"装配"面板中的"爆炸图"按钮⃟⃟，出现下拉菜单，单击"新建爆炸"按钮⃟⃟，弹出"新建爆炸"对话框，输入爆炸图的名称，单击"确定"按钮，完成爆炸图的创建。此时，再次单击"装配"面板中的"爆炸图"按钮⃟⃟，出现下拉菜单时，其上各种命令均可使用，单击"编辑爆炸"按钮⃟⃟，弹出"编辑爆炸"对话框，其中有 3 个单选按钮，默认选择的单选按钮是"选择对象"，如图 5-55（a）所示。用鼠标单击选择要移动的对象，比如选中图 5-55（b）中的上箱体，再选中对话框中"移动对象"单选按钮，此时，在选中的对象上出现移动手柄，如图 5-55（b）所示。

从图 5-55（b）中可以看到，移动手柄包括一个"任意移动手柄"，可以用鼠标按住此手柄，任意移动对象；3 个"方向手柄"，可以让对象沿 x 轴、y 轴或 z 轴方向平行移动；3 个"旋转手柄"，可让对象围绕 x 轴、y 轴、z 轴旋转。

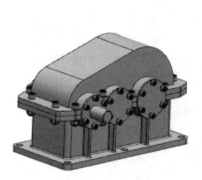

图 5-54　减速机　　　　　　　　　　　图 5-55　"编辑爆炸"对话框

移动方向由用户根据需要爆炸的效果来确定，图 5-55（b）所示的上箱体，应该朝上移动，同时，与它一起移动的还包括上箱体上的螺栓，因此，选择所有上箱体上的螺栓及上箱体后，再使用"移动对象"命令，发现 z 轴方向是倾斜的，选中"编辑爆炸"对话框中的"只移动手柄"单选按钮，然后单击 z 手柄，再单击图 5-55（b）所示面 P，看到 z 箭头垂直于面 P，选中"编辑爆炸"对话框中的"移动对象"单选按钮，按住鼠标朝上拖动 z 手柄，效果如图 5-56（a）所示。

同样地，将上箱体上的所有螺栓进行爆炸，效果如图 5-56（b）所示。

读者也可以使用"自动爆炸组件"命令（⃟⃟）进行爆炸，但当组件复杂时，该命令的爆炸效果可能不理想，因此，多用"编辑爆炸"命令进行爆炸。最终整体爆炸效果如图 5-57 所示。

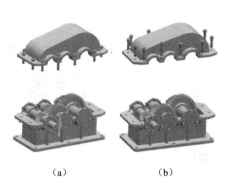

（a）　　　　　　（b）

图 5-56　上箱体及螺栓爆炸效果　　　　图 5-57　整体爆炸效果

　　如果机器复杂，零件摆放可能比较拥挤，为了看清零件正确的安装位置，可以使用"追踪线"命令（♪）来指示装配关系，操作时，只需要指出出发点及终止点即可。

2. 爆炸图的隐藏与删除

　　如果有必要，同一个装配关系可以制作多个爆炸图；当不想显示爆炸效果时，可以单击"爆炸图"按钮，出现下拉菜单后，单击文本框右侧下拉按钮▼，选择"无爆炸"命令即可；如果想显示，则选择相应爆炸图名称即可。

　　如果想删除已经制作的爆炸图，则单击"删除爆炸"命令（）、弹出"爆炸图"对话框，选中要删除的爆炸图名称，单击"确定"按钮即可删除该爆炸图。

5.3.2　视图截面

　　在装配图中，为了看清机器内部结构，可以使用视图截面功能来达到目的。

　　【课堂实例 3】制作减速机剖切图。

　　以图 5-54 所示的减速机为例进行说明。使用"视图"面板中的"编辑截面"命令（），弹出"视图剖切"对话框，并将减速机剖切开来，同时，显示了剖切平面及剖切手柄，如图 5-58 所示。通过对手柄的移动、旋转可以修改剖切平面的位置、方向等，从而改变剖切效果。

　　根据需要，可以修改"视图剖切"对话框中的"类型"为"两个平行平面"或"方块"（相当于 6 个平面），"两个平行平面"视图截面效果如图 5-59 所示。当使用多个剖切平面时，用鼠标单击要修改的剖切平面，这时手柄就移动到该平面上，对手柄的操作就是对该剖切平面的操作。

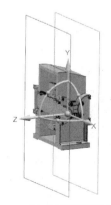

图 5-58　单一视图截面效果　　　　图 5-59　两个平行平面视图截面效果

修改"视图剖切"对话框"截断面设置"区中的"颜色选项"为"几何体颜色"，则使截面的颜色改为几何体颜色，完成设置后，使用"菜单"→"首选项"→"可视化"命令，弹出"可视化首选项"对话框，打开"颜色/字体"选项卡，展开"随机颜色"区，选中"随机颜色显示"复选框，再选中"体"单选按钮，单击鼠标中键完成操作后，可看到装配图中不同零件用不同颜色显示出来，很容易区分不同零件及装配关系，如图5-60所示。

彩图 5-60

图 5-60　随机颜色效果

选中"视图剖切"对话框"截断面设置"区中的"显示干涉"复选框，可以显示部件间的干涉现象，比如，一对配对的轴与齿轮的孔，当轴直径大于孔直径时就出现了干涉，说明结构不合理，应该对结构进行修改。"视图剖切"对话框中还有多个选项可用于结构修改，如果需要，读者可根据情况进行适当设置。结构修改完成后，如果不想显示剖切效果，可以单击"视图"面板中的"剪切截面"按钮，当该按钮被按下时显示剖切效果，弹起时不显示剖切效果，可通过反复单击实现切换。

5.4　运动仿真

能力目标

1. 掌握运动仿真原理、方法，并理解运动仿真在现代产品设计中的作用。
2. 通过实例掌握常用运动仿真的操作过程与步骤。
3. 通过实例掌握运动仿真中常用的命令及不同仿真的操作技巧。
4. 学会对仿真结果进行运动分析，并提出产品设计的改进措施与方法。

仿真（Simulation），是以相似原理、控制理论、计算技术、信息技术及其应用领域的专业技术为基础，以计算机和各种物理效应设备为工具，利用系统模型对实际的或设想的系统进行实验，并借助于专家经验知识、统计数据和信息资料对实验结果进行分析研究，进而做出决策的一门综合性、实验性的学科。

利用模型复现实际系统中发生的本质过程，并通过对系统模型的实验来研究存在的或设计中的系统，又称模拟。这里所指的模型包括物理的和数学的、静态的和动态的、连续的和离散的各种模型。所指的系统也很广泛，包括电气、机械、化工、水力、热力等系统，也包括社会、经济、生态、管理等系统。当所研究的系统造价昂贵、实验的危险性大或需要很长时间才能了解系统参数变化所引起的结果时，仿真是一种特别有效的研究手段。仿真的重要工具是计算机。仿真与数值计算、求解方法的区别在于它首先是一种实验技术。仿真的过程包括建立仿真模型和进行仿真实验两个主要步骤。

UG 运动仿真，可以简单理解为利用三维模型来模拟产品真实的运动效果，并分析运动仿真结果。运动仿真的目的有以下几点。

（1）验证机器的工作原理。机器设计完成后，能不能按理想要求进行运动，可以通过运动仿真来模拟其真实效果。

（2）发现或排除机器中各零件间的干涉现象。在设计时各零件结构可能存在不合理性，从而在机器运动过程中，各零件间出现碰撞或尺寸矛盾等现象，即干涉。这些干涉可以通过运动仿真方便地发现并予以排除。

（3）分析零件的运动学性能，包括位置、速度（线速度、角速度）、加速度等。

（4）分析零件的动力学性能，包括驱动力、惯性力、反馈力、功率等。

5.4.1　运动仿真函数

UG 运动仿真中提供了一系列的运动仿真函数，对复杂运动仿真非常重要，下面介绍几个常用的运动仿真函数。

1. STEP（x, x_0, h_0, x_1, h_1）与 HAVSIN（x, x_0, h_0, x_1, h_1）函数

STEP 是 3 次多项式逼迫阶跃函数，而 HAVSIN 则是半正矢阶跃函数，这两个函数的参数一样，操作方法类似。其中的参数意义如下。

（1）x 为变量，是时间或时间的表达式。

（2）x_0、x_1 分别是变量 x 的初始值与终止值，可以是常量、函数表达式或设计变量。

（3）h_0、h_1 分别是 STEP（或 HAVSIN）函数的返回值的初始值与终止值，可以是常量、函数表达式或设计变量。

（4）整个函数可以理解为当 x 从 x_0 变化到 x_1 时，相应地，STEP（或 HAVSIN）函数的值由 h_0 变化到 h_1。因此，利用这两个函数可以进行时间分段。

【课堂实例 4】时间从 0 变化到 20 时，STEP 从 0 变化到 40；当时间从 30 变化到 50 时，STEP 从 40 变化到 0，这样就可以写成：

$$\text{STEP}（time, 0, 0, 20, 40）+ \text{STEP}（time, 30, 40, 50, 0）$$

2. IF（$x: e_1, e_2, e_3$）函数

该函数是判断函数。当 $x<0$ 时，函数结果为表达式 e_1；当 $x=0$ 时，函数结果为表达式 e_2；否则，当 $x>0$ 时，函数结果为表达式 e_3。其中，x 可以是常量、表达式或设计变量。该函数可以表述为：

$$\text{IF} = \begin{cases} e_1 & \text{当} x < 0 \text{时} \\ e_2 & \text{当} x = 0 \text{时} \\ e_3 & \text{当} x > 0 \text{时} \end{cases}$$

【课堂实例 5】对于一个转动副，当时间小于 50 时，使用振动；当时间大于 50 时，使用转动 90°，可以写为：

$$\text{IF}（time\text{-}50, \text{SHF}（x, 0, 20, 0.1, 0, 0）, 0, \text{STEP}（time, 50, 0, 100, 90））$$

其中，用 time-50 作为判断条件，用 SHF 实现振动，用 STEP 实现旋转 90°，注意 STEP 函数的时间点是从 50 至 100。

3. BISTOP（$x, dx, x_1, x_2, k, e, c_{max}, d$）函数

它在 UG 里的格式是：BISTOP（$x, dx, x_1, x_2, k, e, c_{max}, d$），由 8 个参数定义。BISTOP 是双侧碰撞函数，返回的是力，例如，两个墙壁之间的球回弹，或在槽口中滑杆的移动。

BISTOP 的触发是由两个边界条件确定的，即 x_1 和 x_2，当 x 值大于或等于 x_1 且小于或等于 x_2 时，函数值为 0。当 x 值大于 x_2 或小于 x_1 时，它的值是不同的：当 x 小于 x_1 时，返回值是 "$k(x_1-x)^e - c_{max} * dx * step(x, x_1-d, 1, x_1, 0)$"；当 x 大于 x_2 时，返回值是 "$k(x-x_2)^e - c_{max} * dx * step(x, x_2, 1, x_2+d, 0)$"。各种参数表示意义如下。

x：自变量。对于力计算，定义位移结果以指定 x 变元。

dx：自变量的导数。对于力计算，定义速度结果以指定 x' 变元。

x_1：自变量的下限。对于力计算，如果 $x < x_1$，则力为正值。

x_2：自变量的上限，大于 x_1。对于力计算，如果 $x > x_2$，则力为负值。

k：非负值。对于力计算，k 表示边界表面接触的刚度。

e：正值。对于力计算，e 是力变形特征的指数。对硬弹簧输入，$e > 1.0$；对软弹簧输入，$0 < e < 1.0$。

c_{max}：非负变量。对于力计算，c_{max} 是最大阻尼系数。

d：正实变量。对于力计算，d 是应用最大阻尼系数 c_{max} 的边界穿透。

5.4.2　运动仿真实例

1. 实例 1　曲柄滑块机构运动仿真

曲柄滑块机构是一种常用的四杆运动机构，主要包括机架、曲柄、连杆、滑块 4 个部分，如图 5-61 所示。

（1）进入并修改仿真环境

曲柄滑块机构
运动仿真

打开"装配.prt"文件，单击"应用模块"仿真区中的"运动"按钮 ，在导航栏中弹出"运动导航器"，自动产生与装配名相关的文件，在其上右击，选择弹出的快捷菜单中的"新建仿真"命令，根据需要，可以修改仿真文件名，单击鼠标中键后，弹出"环境"对话框，直接单击鼠标中键，

图 5-61　曲柄滑块机构

弹出"机构运动副向导"对话框，再次单击鼠标中键，弹出"主模型仿真的配对条件/约束转换"对话框，单击"是"按钮，完成操作。此时，在"运动导航器"中已经添加了"连杆"与"运动副"两项，其下级目录中有很多项，是由系统自动给出的结果。由于这些结果往往是不符合要求的，因此，在"连杆"项上右击，在弹出的快捷菜单中选择"全部删除"命令，将所有内容删除，只留下图 5-62 所示内容。

（2）建立连杆

作图分析：连杆在不同场合有不同含义，在 UG 运动仿真环境下，连杆相当于机械设计中的构件，即由若干零件组成的，但各零件间没有相对运动的一个刚体结合体，这个结合体可以一起运动或静止。如图 5-61 所示

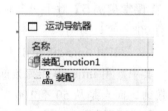

图 5-62　删除内容后的"运动导航器"

机架，是由底座、两个轴承盖及 4 个螺栓组成的，它们之间没有相对运动，因此机架就可以

建立一个连杆；又如图 5-61 中的连杆是由连杆体、连杆压盖及螺栓组成的，它们之间也没有相对运动，工作时一起运动，因此也可以建立一个连杆。

选中"主页"面板中的"连杆"按钮，弹出"连杆"对话框，选中"无运动副固定连杆"复选框，即此时制作的连杆为固定连杆，是整个机器中固定不动的部件，或者说是仿真时不会产生运动的连杆；然后将不运动的部分全部选中作为一个连杆，如图 5-63 中 1、8、9 组成的机架，其中，9 是轴承盖，共有左右两个，8 是螺栓，共 4 个。将这些零件全部选中，然后单击鼠标中键完成操作，就得到一个固定连杆。

按同样的操作，取消选中"无运动副固定连杆"复选框后，把 4、6、7 做成一个可以运动的连杆，2、3 做成一个可以运动的连杆，将 5 做成一个可以运动的连杆，共得到 4 个连杆。

（3）建立运动副

作图分析：运动副在不同场合也是有不同含义的，在 UG 仿真环境下的运动副，是指有相对运动的两个连杆之间可能产生的运动关系，当两个连杆之间有相对运动时，就要建立一个运动副。如上面建立的 4 个连杆之间，是有相对运动的，这些相对运动就要建立相应的运动副。

① 单击"接头"（注：应为"运动副"，属翻译不当）按钮，弹出"运动副"对话框，如图 5-64 所示。

该对话框中的"类型"有"旋转副"（绕轴转动）、"滑块"（滑动副，沿路径移动）、"柱面副"（旋转与移动）、"螺旋副"（螺旋运动）、"万向节"（绕点任意转动）等 15 种，根据连杆运动性质不同，可选择不同的运动副，如本例中的曲柄会绕轴旋转，因此，就选择"旋转副"；而滑块会沿机架圆柱体部分来回滑动，因此，就选择"滑块"副。当选择不同运动副时，"操作"区的界面内容会不同，如选择"旋转副"时，"操作"区有"选择连杆""指定原点"和"指定矢量"等项，其作用就是确定一个连杆，使之围绕以原点为旋转中心点，以矢量为轴线方向的旋转运动；当选中"底数"（注：应为"基础"，属翻译不当）区中的"啮合连杆"复选框后，也有与"操作"区相同的选项，即指定前面定义的旋转的连杆要围绕在哪个连杆上面旋转。其操作过程与上面类似。

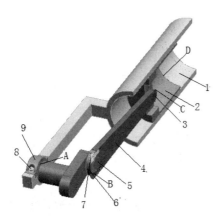

1—底座；2—滑块体；3—滑块销；4—连杆；
5—曲柄；6—连杆压盖；7—连杆螺栓；
8—轴承盖螺栓；9—轴承盖；A—零件 9 边缘；
B—零件 6 边缘；C—零件 4 边缘；D—零件 2 边缘
图 5-63　曲柄滑块机构组成

图 5-64　"运动副"对话框

② 单击"接头"按钮 ，在弹出"运动副"对话框后，"类型"使用默认的"旋转副"，单击选择图 5-63 所示的 A 边，即曲柄端面的边缘曲线，系统会自动将"操作"区中的 3 个选项都选择好，减少选择负担，方便操作。单击图 5-64 对话框中"底数"区的"选择连杆"，再单击选择机架，表示曲柄会围绕机架旋转。再单击"运动副"对话框中的"驱动"选项卡，将"旋转"修改为"多项式"，然后在"速度"处输入"50"，后面的单位是"rev/min"，即转/分钟。单击鼠标中键，完成操作，就得到了一个旋转副，且给它添加了驱动。

③ 同样地，对连杆制作"旋转副"，分别是以图 5-63 中连杆压盖的边缘曲线 B、啮合连杆是曲柄；连杆小端圆弧面的边缘曲线 C、啮合连杆是滑块，作两个旋转副，这样就保证了连杆与曲柄可以相对旋转，连杆与滑块也可以相对旋转。但这两个旋转副都不添加驱动。一般情况下，一个机构或一个机器只需要添加一个驱动，但特殊情况除外。

④ 最后，给滑块制作"滑块"运动副，操作过程类似，选择连杆时，单击选择图 5-63 中滑块体末端圆的边缘曲线即可，啮合连杆是机架。

完成了曲柄与机架、曲柄与连杆、连杆与滑块、滑块与机架之间的所有运动副的建立，就可以进入下一步操作。

（4）建立"解算方案"

单击"主页"面板中的"解算方案"按钮 ，弹出"解算方案"对话框，可以根据需要修改"解算类型"及"分析类型"。

"解算类型"包括"常规驱动""铰接运动驱动""电子表格驱动"和"柔性体"几类；"分析类型"包括"运动学/动力学"及"静力学"两类。这里选择默认类型即可。将"时间"修改为"30"，表示仿真时长为 30s；修改"步数"为"600"，表示每秒 20 步，30s 共 600 步，这里的"步数"可以理解为放电影时每秒图片帧数，一般在 15～40 较好。太少会有不连续感，太多可能解算时间过长。其余参数根据需要修改，这里使用默认数据。

注意

"解算方案"一般情况下只需要建立一个，如果有特殊需要才会建立多个。

（5）求解

求解就是对前面建立的"解算方案"求出结果。

单击"求解"按钮 ，弹出"信息"对话框，如果没有错误，就可以在"结果"页面中单击"播放"按钮 查看结果；也可以单击"下一步"按钮 查看单步仿真结果。观看完结果，可以单击"完成草图"按钮 退出处理环境。

（6）分析

① 如果能查看到动画效果，说明机构的工作原理是正确的，此时，我们还可以进一步查看机构的结构是否合理，如果不合理，可以进行修改。因此，仿真的第一个作用就是对原理进行验证，并判断机构结构是否存在不合理的地方，以便适时修改。

② 在"分析"页面，可以对机构进行包括加速度、位移、速度、力的分析。操作过程如下。

a. 单击"分析"页面中的"动画"按钮 ，弹出"动画"对话框，可对后处理工具、动画延时、播放模式进行修改与设置。

b. 单击"动画"按钮 下面的下拉按钮 ，选择"XY 结果"命令，会自动展开"运动导航器"，选择"运动导航器"中某个运动副，如 J004 滑块副，再单击展开"XY 结果视图"，可以看到，关于 J004 滑块副相关的分析选项如图 5-65 所示。J004 滑块副可以分析的内容包括"绝对"坐标模式和"相对"坐标模式，每种模式中又包含位移、速度、加速度、力 4 个内容。

　　c. 单击"绝对"坐标模式中"位移"前面的"+"号，展开该项，再双击幅值，会在工作区左上角出现一个"查看窗口"浮动工具条，单击"新建窗口"按钮 🖺，就可以看到 J004 滑块副在 30s 内的运动位移曲线，如图 5-66 所示。

　　也可以单击"结果"页面中的"并排视图"按钮 🔲，将窗口分成并排两个，当出现"查看窗口"浮动工具条时，单击"用指针选择窗口"按钮 🖱，然后选择并排窗口中的一个，则刚才的位移曲线就制作在该窗口中。

图 5-65　XY 结果视图

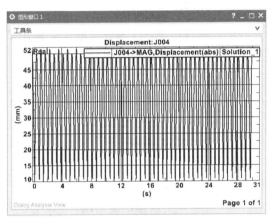

图 5-66　J004 滑块副位移曲线

　　用同样的操作方法，可以对不同连杆或不同运动副，进行包括位移、速度、加速度、力等内容的分析，获得它们的相应规律曲线。

　　分析不同连杆的不同参数，可以指导产品设计、后续修改优化等工作。

　　③ 单击"动画"按钮 📐 下面的下拉按钮 ▾，在弹出的下拉菜单中选择"填充电子表格"命令（📱），弹出"填充电子表格"对话框，修改好储存位置后，单击"确定"按钮，就可以将分析的每一步（前面设定为 600 步）运动时的参数记录到电子表格中，方便我们进行定量分析。如前面分析的是位置，则可看到每一步的位置数据。

　　④ 单击"动画"按钮 📐 下面的下拉按钮 ▾，在弹出的下拉菜单中选择"创建系列"命令（📯），可以创建装配过程的动画，但由于很多连杆不是由单一零件组成的，因此，这里制作的动画可能和实际效果不一致，建议在装配中制作这种动画。

　　⑤ 单击"动画"按钮 📐 下面的下拉按钮 ▾，在弹出的下拉菜单中选择"载荷传递"命令（计算反作用载荷以进行结构分析），会弹出"载荷传递"对话框，单击需要分析的某一连杆或滑块，然后单击对话框中的"播放"按钮 ▶，就会自动进行分析与计算，最后得到一张 Excel 表格，将分析的每一步结果存储在电子表格中。

　　⑥ 单击"动画"按钮 📐 下面的下拉按钮 ▾，在弹出的下拉菜单中选择"运动包络"命令，会弹出"运动包络"对话框，可以任意选择要分析的对象，如图 5-63 中的连杆螺栓 7，单击"确定"按钮，就可以得到该螺栓在运动过程中形成的包络效果，如图 5-67 所示。

包络效果

图 5-67　运动包络效果

（7）导出电影

完成分析后，如果想将动画效果用作宣传或其他工作，可以将动画效果导出成为电影，以方便后面使用。操作过程如下。

单击"结果"页面中的"导出至电影"按钮 ，弹出"录制电影"对话框，修改保存路径，单击"确定"按钮，系统将自动完成电影转换过程。

以上详细介绍了曲柄滑块机构的运动仿真过程，需要读者注意的是，运动仿真不是为了做个动画玩，而是为了进行原理验证、结构检查、运动参数分析的，是为后续设计、产品优化、结构优化提供依据的。

2. 实例 2 减速机运动仿真

前面我们对减速机进行了设计装配，并制作了爆炸图（见图 5-57），因此，我们对减速的组成应该非常清楚。

（1）设置运动导航器

打开"减速机.prt"文件，使用无爆炸的效果，单击"应用模块"面板中"仿真"区中的"运动"按钮 ，系统自动进入"运动"仿真环境，在导航栏中显示了"运动导航器"图标 。右击"运动导航器"中的"减速机"图标，选择弹出的快捷菜单中的"新建仿真"命令，弹出"新建仿真"对话框，可以修改保存路径与文件名，这里直接使用默认值，单击"确定"按钮，弹出"环境"对话框，直接使用默认的"动力学"，单击鼠标中键，弹出"机构运动副向导"对话框，连续单击鼠标中键两次，运动导航器中增加了多项内容，右击其中的"连杆"，选择"全部删除"命令，则只剩下两项。然后将减速机中不动的所有零件，比如上、下箱体，端盖，固定螺栓，各轴的轴承外圈等，全部设置成一个固定连杆；将轴系 1 中可以一起运动的部分设置为一个连杆，同样设置轴系 2、轴系 3 各为一个连杆，整个机器共设置为 4 个连杆，完成设置后的"运动导航器"如图 5-68 所示。

与上面曲柄滑块机构的设置一样，设置运动副，分别将 3 个轴系所在连杆设置为旋转副，并将轴系 1 设置驱动为"多项式"中的"速度"为 50°/s，其余两个旋转副不设置驱动，参见图 5-68。

（2）添加齿轮耦合副

单击"齿轮耦合副"命令图标 ，弹出"齿轮耦合副"，然后分别单击 J002、J003，将对话框中的"比例"修改为齿轮 1 与齿轮 2 的齿数比 21/45；再对 J003 与 J004 做同样的"齿轮耦合副"操作。这里的比例为正，表示外啮合；若为负则表示内啮合。结果如图 5-69 所示。

图 5-68　设置后的"运动导航器"

图 5-69　添加齿轮耦合副

（3）检测页面仿真效果

使用"解算方案"命令，打开"解算方案"对话框，设置"时间"为"20"、"步数"为"300"，其他参数使用默认值；再使用"求解"命令对方案进行解算，就可以在"结果"页面检测运动仿真效果。

运动分析还包括运动学分析、动力学分析等，请读者按上面示例进行操作。

3. 实例3 链传动机构仿真

链轮机构运动
仿真

链传动机构的仿真相对来说比较麻烦，因为链条是由很多段链节组成的，因此需要对每个链节进行处理，处理过程中很容易出错，查找起来也困难，因此，在制作这种仿真时需要特别认真，下面我们还是以前面 20B 链条为例，详细介绍其制作过程。

（1）建立链传动装配

① 建立表达式。启动 UG，建立一个新文件夹，以便存放零件，并在该文件夹中建立"链传动装配.prt"装配文件。在该装配文件中。建立表达式，主要是链条节距"P=31.75"。主动链轮齿数"z1=17"，分度圆直径"d1=P/sin（180/z1）"，从动链轮齿数"z2=34"，分度圆直径"d2= P/sin（180/z2）"，两链轮间中心距"a=500"（初定，后面需要调整），如图 5-70 所示。

② 建立草图。完成表达式建立后，再在总装配中建立图 5-71 所示草图，该草图左右分别为两个链轮的分度圆直径，并将两圆中心距定初为 500，再用一段直线及另一段圆弧将左右两圆弧连接，保证各曲线间相切，然后沿着草图曲线建立若干小圆（直径自定），让小圆的圆心在草图曲线上，保证各小圆直径相等，且两小圆间距离为链条节距 P=31.75。这里需要理解的是，建立小圆的目的是为后面链节的装配提供参照，方便装配链节。由于小圆间距相等，且小圆中心在草图曲线上，因此，会出现过约束，最后删除左右两圆间的距离（原定 500，约束后会自动调整）。为保证两小圆中心距离为 P，可以在两小圆间用直线连接（参见图 5-71 中间放大部分），然后约束各段直线长度相等。

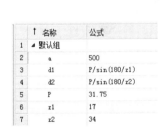

图 5-70　建立表达式

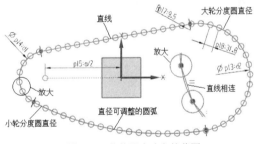

图 5-71　总装配中建立的草图

③ 制作复合曲线。完成草图制作后，将该草图移动至第 22 层（方便后续操作），同时设置该层为"可显示"，单击"曲线"面板中的"复合曲线"按钮，弹出"复合曲线"对话框，选中图 5-71 中 4 段草图曲线（1 段直线，3 段圆弧），选中"复合曲线"对话框中的"高级曲线拟合"复选框，将"连接曲线"由原来默认的"否"修改为"常规"，这样制作的复合曲线就变成了只由一段组成的曲线，这是后面操作"点在线上副"必须用到的，因为该操作只允许使用单一曲线，不能使用多段曲线。完成复合曲线制作后，将该曲线移动到第 20 层，以方便后续操作。

（2）装配各链节、链轮

下面将本章 5.2.4 节所建立的链轮、外链节、内链节添加到总装配中，先装配内、外链节，完成整个链条装配后，再装配链轮。各零件如图 5-72 所示。

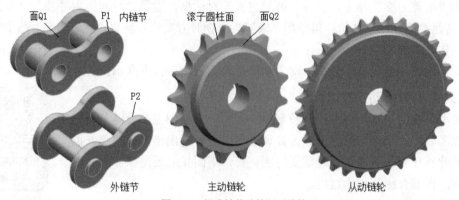

图 5-72　组成链传动的主要零件

① 装配链节。

a. 装配内、外链节时，先添加一个内链节。使用"装配约束"中的"同心"命令（◎）后，单击图 5-72 中内链节的 P1 边，即内链节的一端外边缘，再单击图 5-71 中的某个小圆，让它们同心；同样地，再使用"同心"命令，单击内链节外边缘的另一端及图 5-71 中相邻的一个圆，让它们同心，就完成了一个链节安装，效果如图 5-73 所示。

b. 类似上述操作，添加一个外链节。使用"装配约束"中的"同心"命令（◎）后，单击图 5-72 中外链节的 P2 边，即外链节的一端的内边缘，再单击图 5-73 中的小圆 A，让它们同心；同样地，让外链节的另一端与图 5-73 中的小圆 B 同心，就完成了一个外链节的安装，效果如图 5-74 所示。

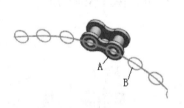

图 5-73　安装一个内链节

图 5-74　安装一个外链节

依此类推，完成整个链节的安装，效果如图 5-75 所示。

② 装配链轮。装配主动链轮时，使用"装配约束"命令中的"接触对齐"类型的"自动判断中心/轴"命令，先单击图 5-72 中主动轮的滚子圆柱面，再单击图 5-75 所示安装主动链轮处其中一个滚子圆柱，齿轮就会安装到附近；再次使用该命令，单击图 5-72 所示与主动链轮相邻的一个滚子圆柱面及图 5-75 中 N 处的滚子圆柱面（M、N 为同一链节的两个滚子圆柱体）；然后使用"装配约束"中的"距离"命令，让图 5-72 中主动链轮侧面 Q2 与内链节的内侧面 Q1 之间的距离为 19.25（正面相对时）或 0.25（反面相对时）。通过上述 3 个操作就可以安装好主动链轮，同理，可以安装从动链轮，最终装配效果如图 5-76 所示。

图 5-75　装配完成的链条效果

图 5-76　最终装配效果

装配完成后，使用"文件"→"保存"→"全部保存"命令，保存整个装配关系。

（3）建立仿真

单击"应用模块"面板中的"运动"按钮，进入仿真环境，新建仿真后，删除系统自动创建的文件，使用"连杆"命令将所有内、外链节及两个链轮均分别创建为连杆。为了后续操作方便，建议将两个链轮分别创建成 L001、L002 连杆，将所有内链节连杆序号从 L003 开始，创建完所有内链节后再创建所有外链节。

① 制作连杆与旋转副。使用"接头"命令（　），对主动链轮创建"旋转副"，旋转轴心即为链轮中心孔中心，将"运动副"对话框中"驱动"选项卡中的"旋转"设置为"多项式"，"速度"设置为 0.25r/s；从动轮设置为绕中心轴旋转的旋转副，不设置驱动。使用"齿轮耦合副"命令（　）设置小链轮与大链轮为齿轮耦合副，比例设置为内啮合，二者齿数比为：-17/34。

再使用"接头"命令（　）对每一个链节制作旋转副，以其中一个为例说明操作过程。

如图 5-77 所示，制作旋转副时，只需要对外链节制作旋转副即可，图中外链节 P2 需要制作两个旋转副，操作过程如下。

单击"接头"按钮，弹出"运动副"对话框，单击图 5-77 所示外链节 P2 的边缘 A，系统自动完成"操作"区的"选择连杆""指定原点"（注：选择之前要让此处为圆弧中心）及"指定矢量"各项，用鼠标选择"运动副"对话框中"底数"区中的"选择连杆"命令，然后单击图 5-77 所示的边缘 A1，再单击鼠标中键，完成一个旋转副的制作；再次使用"接头"命令（　），单击图 5-77 所示边缘 B，选择"运动副"对话框中"底数"区中的"选择连杆"命令后，单击图 5-77 所示边缘 B1，再单击鼠标中键完成操作，则完成另一个旋转副的制作。使用同样的方法，对所有外链接制作旋转副。由于链节数量多，因此，制作过程需要认真细心，谨防出错。

② 制作点在线上副。首先隐藏所有外链节，只显示所有内链节，将第 20 图层设置为"可显示"，其余图层不可显示，则可以看到，前面制作的复合曲线显示出来，如图 5-78 所示。以图中内链节 P 为例说明操作过程。

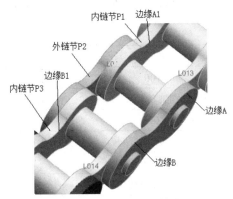

图 5-77　制作各链节旋转副

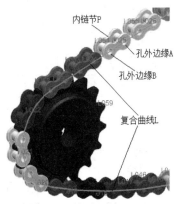

图 5-78　制作点在线上副

使用"点在线上副"命令（），弹出"点在线上副"对话框，单击图 5-78 所示内链节 P 的孔外边缘 A，则出现该圆心点，然后单击复合曲线 L，再单击鼠标中键完成一个点在线上幅操作；同样地，对图 5-78 中的孔外边缘 B 也做点在线上副的操作，就完成了一个内链节的操作。

用同样的方法，对所有内链节制作点在线上副。

③ 制作驱动。完成所有旋转副及点在线上副的制作后，使用"驱动体"命令（），弹出"驱动"对话框，选择刚才制作的其中一个点在线上副（任意一个），此时"驱动"对话框会发生改变，在"速度"处输入如下表达式："0.25*pi（）*31.75/sin（180/17）"。这个表达式中，0.25 是前面设置主动链轮的旋转副时的旋转速度，即 0.25r/s；"pi（）"是圆周率 π，"31.75/sin（180/17）"是求 20B 滚子链小链轮的分度圆直径，其中"31.75"是滚子链节距，"17"是小链轮齿数。这样设置的目的是保证小链轮旋转的线速度与链条的线速度相同。

（4）演示与结果分析

完成以上操作后，就可以单击"求解方案"按钮，弹出"求解方案"对话框后，将"时间"设置为"10"，"步数"设置为"200"，完成设置后进行"求解"（），最终效果可以在"结果"面板中查看，并可以进行分析等操作。具体操作请参照前面实例进行。

链传动仿真可以用于带传动仿真，可以将带分解成多段，用类似链传动的方式对带传动进行仿真。

4. 实例 4 机械手运动仿真

（1）仿真环境设置

图 5-79 所示是一个简单机械手模型。该机械手由 4 个零件组成：手爪、旋转臂、伸缩柱、底座。

① 仿真动作分析。伸缩柱上升 100 后，旋转臂转动 90° 后，伸缩柱下降到底，手爪合拢，以便抓起产品，然后伸缩柱上升到 100，旋转臂向返回方向回转 90°，伸缩柱下降到底，手爪张开，以放下产品，完成一次产品的抓取、传送及放下的过程。现在我们来设计机械手的工作流程及用时关系，如表 5-2 所示。

机械手运动仿真

图 5-79 机械手模型

表 5-2　　　　　　　　　　机械手动作流程及用时表

序号	动作名称	起始时间	结束时间	位移（转动角度或移动距离）	备注
1	伸缩柱上升	0	50	100	
2	旋转臂正向转动	55	100	90°	两动作间休整 5ms
3	伸缩柱下降	105	150	−100	
4	手爪合拢	155	200	两个爪分别旋转相反的 55°	两动作间休整 5ms
5	伸缩柱上升	205	250	100	
6	旋转臂反向转动	255	300	−90°	两动作间休整 5ms
7	伸缩柱下降	305	350	−100	
8	手爪张开	355	400	两个爪分别旋转相反的 55°	两动作间休整 5ms

② 设置运动副。我们已经分析清楚了机械手的动作关系，就可以开始制作运动仿真了，与前面操作一样，完成连杆设置后，设置两个手爪与旋转臂之间的两个转动副分别为 J001 与 J002，在 J001 这个转动副设置的对话框中，将"数据类型"设置为"位移"，并单击"函数"处下拉按钮▼，在弹出菜单中选择"f（x）函数管理器"选项，如图 5-80 所示，弹出"XY 函数管理器"对话框，单击该对话框下方的"新建"按钮，弹出"XY 函数编辑器"对话框，如图 5-81 所示。

图 5-80　"运动副"对话框设置

图 5-81　"XY 函数编辑器"对话框

在该对话框中，我们将"插入"右侧下拉列表框内容修改为"运动函数"，则在其下面显示了多种运动函数，这些运动函数在本节前面有介绍。读者在双击选定函数后，就可将函数添加到上面的文本框中进行公式的编辑了。

现在，我们在此添加 STEP 函数，并根据表 5-2 的运动流程关系，添加公式如下：

$$\text{STEP}（time, 155, 45, 200, -10）+\text{STEP}（time, 355, -10, 400, 45） \tag{5-1}$$

然后介绍一下 UG 中提供的函数，其中，STEP 函数的模式是：

$$\text{STEP}（x, x_1, y_1, x_2, y_2）$$

在这里，变量 x 是系统变量，可以是位移 x 坐标值，也可以是时间值 time 等系统变量，该函数的意义是，当变量 x 由 x_1 变为 x_2 时，运动副将由位置 y_1 运动到位置 y_2，而这里的运动副如果是移动副，y_1、y_2 的值就代表移动的位移量，如果是旋转副，y_1、y_2 的值就代表转动的角度，如果是其他运动副，则依此类推。因此，这个函数的意义是对时间变量或位移变量分段。理解了上面的意思后，就不难理解式（5-1）的含义，当时间 time 从 155 ms 变化到 200ms 时，由于手爪是转动副，因此，转动量就从 45°转动至-10°，共转动了 55°；当时间从 355ms 变化到 400ms 时，转动量就从-10°转动至 45°，这一过程正好是转过去、再转回来的一个来回过程。读者应该注意的是，系统默认情况使用的是弧度作为角度单位，如果使用角度单位，则需要进行修改，如图 5-81 所示。

对于另一只手爪，其转动过程应该与上面这个手爪过程相似，但转动的角度是对称的，因此，其公式是：

$$\text{STEP（time,155, -45,200,10）+STEP（time,355,10,400,-45）} \qquad (5\text{-}2)$$

读者注意对比式（5-1）与式（5-2）。

同样的道理，可以对旋转臂与伸缩柱之间的转动副 J004 输入如下的驱动函数：

$$\text{STEP（time, 55, 0, 100, 90）+STEP（time, 255, 90, 300, 0）} \qquad (5\text{-}3)$$

对伸缩柱与固定基座之间的滑动副输入如下的驱动函数：

$$\text{STEP（time,0,0,50,100）+STEP（time,105,100,150,0）+}$$

$$\text{STEP（time,205, 0, 250, 100）+STEP（time, 305, 100, 350, 0）}$$

（2）设置解算方案

通过上面的设置后，就可以进行解算方案的设置了，单击"解算方案"按钮，弹出"解算方案"对话框，将对话框中的"时间"设置为"400"，"步数"设置为"2000"，其他设置使用默认值，单击鼠标中键完成设置。

（3）求解与仿真

单击"求解"按钮，系统完成解算，然后单击"结果"面板中的"播放"按钮▶，进行动作演示，可以看到动作符合设计要求。图 5-82 是动画中的几个截图画面。具体动画效果可以查看本书附带的相应的演示文件。

图 5-82　仿真动画效果截图

总结：本节介绍了 UG 运动仿真的详细过程，通过实例讲解了运动仿真的关键方法，读者通过本节学习应该重点掌握运动仿真的操作方法，理解运动仿真的目的与意义，掌握运动仿真对装配零件的动力学、静力学分析，学会判断产品设计中可能存在的原理问题及可能出现的结构干涉问题。

5.5　有限元分析

1. 掌握有限元分析的概念，并理解有限元分析在现代机械产品设计中的作用与地位。
2. 掌握有限元分析的过程与操作步骤。
3. 掌握有限元分析常用命令的使用方法与操作技巧。

有限元分析（Finite Element Analysis，FEA）就是利用数学近似的方法对真实物理系统（几何和载荷工况）进行模拟。利用简单而又相互作用的元素（即单元），就可以用有限数量的未知量去逼近无限未知量的真实系统。

有限元分析是基于"离散逼近（Discretized Approximation）"的基本策略，用较简单的问题代替复杂问题后再求解。它将求解域看成由许多称为有限元的小的互连子域组成，对每一单元假定一个合适的（较简单的）近似解，然后推导求解这个域总的满足条件（如结构的平衡条件），从而得到问题的解。

对于单一零件或构件，如一般的梁、杆、板等，可以通过公式推导计算位移、应变、应力等力学参数，但如果这个结构非常复杂，而且受力情况也很复杂，则计算难度极大，无法得到准确结果。有限元分析的目的就是借助计算机的高速计算能力，将任意复杂的几何形体在任意复杂外力作用下准确求出位移、应变、应力等力学参数，从而帮助设计者对产品结构或者受力进行调整与优化，最终得到符合要求的设计结果。

实际产品设计中，各种不同的产品工作环境不同，其设计要求也不同。比如，设计一个音箱，可能要进行振动分析，防止箱体变形或损坏；设计一个气罐，可能要分析气体受热后对罐体的影响，防止爆炸；设计潜艇，可能要分析潜艇下潜后水压对舱体的作用力情况，防止出现安全事故；设计一个电器，可能需要分析其元件发热情况，防止过热烧坏电器或减少产品寿命等，这些在 UG 有限元分析中都能一一解决。

UG 具有强大的有限元分析能力，其所涉及的知识面极广，本节只对 UG 提供的有限元分析作简单介绍，并通过实例讲解介绍其基本操作方法。

5.5.1　基本知识

1. 有限元分析基本过程

有限元分析包括前处理、分析计算与后处理，这是一个复杂的过程。

（1）前处理包括建立三维模型、简化模型、定义材料、定义单元属性、网格划分与检查、添加边界条件及添加载荷等工作。

（2）分析计算包括创建方案与求解，其过程由计算机完成，不同仿真会进行不同分析计算，常见的有：静力分析、模态分析、热分析、疲劳寿命分析、谐波分析、瞬态分析、电磁分析、声学分析等。

（3）后处理则主要是提取数据、云图、计算结果，绘制相关曲线及导出数据与报告等。

2. 仿真文件

UG 仿真环境下，共有 4 类仿真文件。

（1）主模型部件，就是仿真分析的原始部件，其扩展名为".prt"，可能是一个单一的零件，也可能是一个装配。

（2）理想化部件，是原始部件的一个复制，其扩展名也是".prt"，但在其后面加有"_femX_i"的标记，其中的"X"是随机给出的数字，用户可以对该文件进行修改。

（3）有限元文件，主要包含材料属性、单元类型、单元大小及网格属性等，其扩展名是".fem"。

（4）仿真文件，包括仿真相关参数、边界条件、求解方案及求解步骤等内容，扩展名为".sim"，往往在原始部件文件名后面有"_simX."这样的标记，其中 X 是数字。

如图 5-83 所示，即是对零件"轴 3.prt"进行有限元分析时，仿真导航器中的文件展开情况，显示了这 4 类文件。

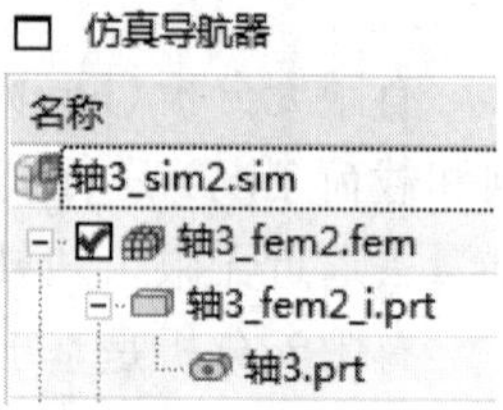

图 5-83　仿真文件

3. 添加材料

UG 仿真时提供了常见的一些材料，用户可以直接将这些材料赋给仿真对象，但工作中，很多材料可能找不到，因为不同国家生产的材料标准不同，牌号也不同，材料性能也不同，因此，要根据实际情况添加材料。

在做不同分析时，可能对材料要求也不同，UG 的"管理材料"工具提供了材料各种性能，用户很难将这些性能都加上去，但一些关键参数是需要添加的。比如，分析的对象受冲击力，就需要添加材料的弹性模量、泊松比、抗剪切强度、屈服强度、材料密度等；如果分析的对象是散热产品设计，就需要添加弹性模量、泊松比、材料密度、比热、热传导系数等参数。总之，不同的有限元分析情况，需要的参数不同，需要根据实际情况确定。

打开一个要分析的零件文件，单击"应用模块"面板中的"前/后处理"按钮，系统进入仿真环境中，单击"管理材料"按钮，弹出"管理材料"对话框，修改对话框下方"类型"，如"各向同性""各向异性""流体""正向各向异性"等，选择一种合适的材料，单击右下角"创建材料"按钮，弹出对应的材料对话框，如选择材料类型为"各向同性"，就弹出"各向同性材料"对话框，首先修改材料名称，再在该对话框中添加各种材料参数，完成后单击"确定"按钮，即可将该材料添加到材料库中，为后续应用提供方便。

创建材料也可以在设计仿真环境下进行，当进入仿真场景时，单击"指派材料"按钮，弹出"指派材料"对话框，修改材料"类型"，并单击"创建材料"按钮，同样可以创建材料。

4. 有限元网格

有限分析的前处理工作之一就是建立网格，而建立网格则需要首先确定单元类型。

什么是单元？可以理解为最简化而又相互作用的计算元素。由于有限元分析范围很广，在大类里又可分为结构单元、热单元、电磁单元、流体单元等。

在结构有限元分析中主要有平面应力单元、平面应变单元、轴对称实体单元、空间实体单元、板单元、壳单元、轴对称壳单元、杆单元、梁单元、弹簧单元、间隙单元、质量单元、摩擦单元、刚体单元和约束单元等单元类型。结构单元如果按维度分，则可以分为一维、二维、三维等；如果按插值函数分，可分为线性单元、二次单元、三次单元、高次单元等。不同的有限元分析，单元类型是不同的，读者需要根据实际情况适当选择。

UG 提供的网络收集器就是用于定义单元属性的，单击"网格收集器"按钮，弹出"网格收集器"对话框，在其中可以定义"单元族"类型，包括 0D、1D、2D、3D、1D 接触、2D 接触等，不同单元族有不同的收集器类型。

在结构分析环境下，网格有多种，图 5-84 是 UG 提供的网格类型。

图 5-84　UG 提供的网格类型

5.5.2　有限元分析实例

1. 实例 1 悬臂梁变形分析

如图 5-85 所示是一根悬臂梁，其一端受到重力 G=15 000N 作用，另一端固定在支承柱上，悬臂梁与支承柱的材料均为 Q235 钢，支承柱上下两端面固定，分析悬臂梁的变形情况。

悬臂梁变形分析

操作步骤如下所述。

（1）创建有限元模型的解算方案

打开"悬臂梁.prt"文件，进入建模环境中，单击"应用模块"面板中的"前/后处理"按钮，系统进入"前/后处理"工作环境，单击"主页"面板上的"新建 FEM 和仿真"按钮，弹出"新建 FEM 和仿真"对话框。在该对话框中，用户可以确定是否建立理想化部件，使用理想化部件可以使单元规则化，便于后面的计算，否则网格质量很差，计算误差也大，因此，系统默认情况是选中此项；另外，可对"求解器环境"进行设置，UG 提供了多种"求解器"，不同的求解器又有不同的"分析类型"等选项可供修改，这里都使用默认参数，直接单击鼠标中键，弹出"解算方案"对话框，在这里也可以对多种选项进行修改，直接单击鼠标中键完成操作，就建立了一个解算方案"Solution 1"。完成后的仿真导航器效果如图 5-86 所示。

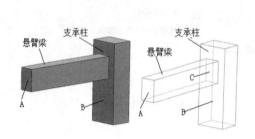

图 5-85 悬臂梁　　　　　　　　　图 5-86 仿真导航器效果

（2）建立有限元模型

① 指派材料。对一种材料来说，其性能参数有很多，在 UG 材料管理中，将这些性能分成机械强度、耐久性、可成形性、热/电性能、糯变、黏弹性、黏塑性、损伤等几个大类，而每一个类中又有很多具体参数，在进行有限元分析时，可根据分析环境，填写对本次仿真有重要意义的参数，其余参数使用继承性能即可。

由于本次属于结构变形分析，因此，确定如下主要参数。

查机械设计手册相关资料可知，Q235 材料性能如下：密度 7.85g/cm^3；泊松比 0.288；屈服强度 235MPa；抗拉强度 420 MPa；弹性模量 2.05×10^5MPa；线膨胀系数 1.2×10^{-5}/℃。

a. 单击"激活网格划分"按钮![icon]，系统进入"网格划分"环境，单击"管理材料"按钮![icon]，弹出"管理材料"对话框，单击右下角"创建材料"按钮![icon]，弹出"各向同性材料"对话框，将"名称"由原来的"各向同性"修改为"Q235"，并填写材料密度、泊松比、强度等各参数，完成后单击"确定"按钮，回到"管理材料"对话框处，此时显示了刚才创建的 Q235 材料，单击"确定"按钮，完成材料管理操作。

b. 单击"物理属性"按钮![icon]，弹出"物理属性表管理器"对话框，将"类型"选择为默认的"PSOLID"，名称修改为"MY-PSOLID"，单击"创建"按钮，弹出"PSOLID"对话框，单击"选择材料"按钮![icon]，弹出"材料列表"对话框，将"材料列表"修改为"本地材料"，选择刚才建立的 Q235 材料，单击鼠标中键完成操作，回到"PSOLID"对话框处，其余参数使用默认值，单击鼠标中键完成操作，回到"物理属性表管理器"对话框处，可以看到，在该对话框中创建了"MY-PSOLID"这项。单击"关闭"按钮完成物理属性创建操作。

c. 单击"网格收集器"按钮![icon]，弹出"网格收集器"对话框，将"实体属性"选择为刚才的"MY-PSOLID"，将"名称"修改为"Solid_myself"，然后单击鼠标中键完成操作，就完成了材料属性定义。

d. 使用"主页"面板中"属性"区中的"更多"命令，单击弹出菜单中的"指派材料"按钮，弹出"指派材料"对话框，用鼠标单击选中悬臂梁与支承柱，将"材料列表"修改为"本地材料"，然后选中 Q235，单击鼠标中键完成操作，就将 Q235 材料指派给了悬臂梁与支承柱。

② 网格划分。

a. 单击"3D 四面体网格"划分命令按钮，弹出"3D 四面体网格"对话框，用鼠标单击选中悬臂梁，然后单击"单元大小"右侧的"自动单元大小"按钮，系统会给出合适的单元大小数据；取消选中"目标收集器"区中的"自动创建"复选框，将"网格收集器"选择为"Solid_myself"，就将前面网格收集器的操作结果加入网格中；再单击对话框底部的"预览边界节点"按钮，可以看到预览的节点效果如图 5-87 所示。

b. 单击鼠标中键完成操作，就完成了对悬臂梁的网格划分。同样地，完成对支承柱的网格划分。

c. 完成网格划分后，单击"单元质量"按钮，对单元进行质量分析，由于本处零件结构简单，划分网格后不会存在大问题，因此，只需要查看一下结果即可。但如果构件结构复杂，可能需要进行单元格修复。

③ 添加边界条件。

a. 单击"主页"面板中的"激活仿真"按钮，系统进入"仿真"环境，单击"载荷类型"下拉菜单中的"力"按钮，弹出"力"对话框，将"类型"修改为"幅值和方向"，单击选择悬臂梁的端面 A（参见图 5-85），表示要在这里添加受力，在"幅值"区中的"力"处输入"15 000N"，单击鼠标中键以后，选择 yc 反向作为力的方向，单击鼠标中键完成添加载荷的操作，效果如图 5-88 所示。

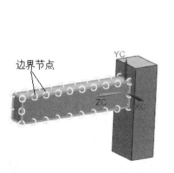

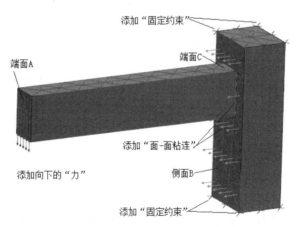

图 5-87　预览边界节点　　　　　图 5-88　添加边界条件后效果

b. 单击"约束类型"命令下拉菜单中的"固定约束"按钮，弹出"固定约束"对话框，单击选中"支承柱"上下两端面，单击鼠标中键完成操作，就将支承柱上下端面固定了，结果如图 5-88 所示。

c. 单击"仿真对象类型"命令下拉菜单中的"面-面粘连"按钮，弹出"面-面粘连"对话框，将"类型"修改为"手动"，单击"源区域"右侧的"创建区域"按钮，弹出"区域"对话框［也可以事先使用"区域"命令（）制作好区域，然后直接选用］，选择支承柱的侧面 B 面作为源区域，单击鼠标中键完成操作，又回到"面-面粘连"对话框处，再单击"目标区域"右侧的"创建区域"按钮，弹出"区域"对话框，选择悬臂梁的 C 端面作为目标区域，单击鼠标中键完成操作，再次回到"面-面粘连"对话框处，单击"确定"按钮完成操作，就完成了悬臂梁端面与支承柱侧面的粘连操作，效果如图 5-88 所示。

（3）求解仿真模型

由于前面已经建立了解算方案，因此，在这里只需要单击"求解"按钮，弹出"求解"对话框，单击"确定"按钮，系统开始进行解算，其过程可能需要一定时间，根据仿真环境的复杂程度不同，所需要的时间也不同，完成后，单击"仿真导航器"中的"结果"处的"Structural"项，导航器自动进入"后处理导航器"中，效果如图 5-89 所示。

（4）后处理

① 位移分析。双击"后处理导航器"中"位移"节点中的"X""Y""Z"等不同项，可以看到位移变化情况，如图 5-90 所示。

图 5-89　"后处理导航器"

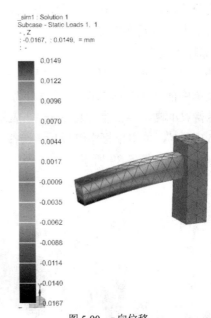

图 5-90　z 向位移

② 力分析。同样地，读者可以对旋转、应力、反作用力等不同项目进行云图查看，从而得到分析的结果。

③ 注释操作。如果需要知道某个节点上的受力情况及数据，可以单击"创建注释"按钮，弹出"创建注释"对话框，用鼠标单击选中要分析或标注注释的节点，然后单击"确定"按钮，就可以创建一个注释。如图 5-91 所示，是创建一个 z 方向反作用力的节点注释。

如果要隐藏该注释，可以在"后处理导航器"中"查看窗口"节点下方的"注释"处，取消选中该节点名前面的复选框，右击该节点名称，可对该注释重命名、编辑或删除。

④ 图操作。双击"后处理导航器"中"位移"节点中的"Z"，再单击"创建图"按钮，弹出"图"对话框，选中"标记"复选框，然后按如图 5-92 所示顺序选择各节点，选择 2

点以上，单击"应用"或"确定"按钮，弹出"查看窗"浮动窗口，单击其中的"新建窗口"按钮，就会在弹出的窗口中显示刚才选择的各节点的位移曲线图，如图 5-93 所示。

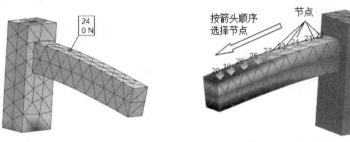

图 5-91　创建节点注释　　　　　图 5-92　选择节点

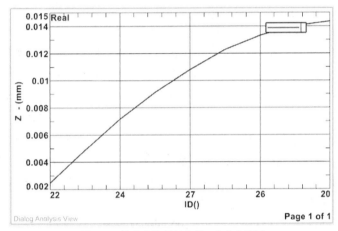

图 5-93　按节点路径创建的 z 方向位移图

⑤ 动画操作。单击"动画"按钮，弹出"动画"对话框，单击"播放"按钮，可以看到 z 方向位移的变形过程的动画演示效果，并可通过单击"导出动画 GIF"按钮，将动画效果保存成 GIF 动画电影文件。

⑥ 作业分析。完成分析后，读者还可以使用"分析作业监视器"命令（　）对作业结果进行可信度分析，也可以使用"结果测量"命令（　）对结果测量。

⑦ 创建报告。在完成有限元分析后，在"结果"面板中，还有许多项可以进行分析，读者可以使用这些工具对分析结果进行操作。最后，可以单击"创建报告"按钮，弹出"在站点中显示模板文件"对话框，选择一个模板文件，然后单击"确定"按钮，可在仿真导航器的"解算方案"中增加"报告"这一栏，右击"报告"，在弹出的快捷菜单中选择"发布报告"命令，可以生成相应的 Word 文档格式的分析报告。

2. 实例 2　减速机轴 3 的有限元分析

本章前面介绍了传送系统的设计，现在对传送系统中减速机的轴 3 进行有限元分析，设该轴的材料是 40Cr。轴 3 的结构及受力情况如图 5-94 所示。

减速机轴有限元分析 1

减速机轴有限元分析 2

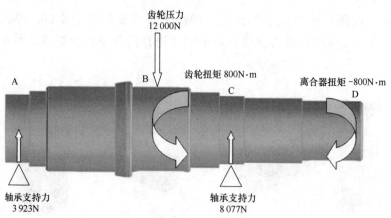

图 5-94　轴 3 结构与受力情况

操作过程如下所述。

（1）打开"轴 3.prt"文件，单击"应用模块"面板"仿真"区中的"设计"按钮，弹出"新建 FEM 和仿真"对话框，使用默认值，直接单击鼠标中键，弹出"解算方案"对话框，可将"解算类型"修改为"线性静态-单约束"或"线性屈曲"中的一种，本次使用"线性屈曲"，选中对话框中"模型数据列表"开始的 8 个复选框，单击鼠标中键完成，进入有限元分析环境中。

（2）单击"指派材料"按钮，弹出"指派材料"对话框，单击对话框最下方的"创建材料"按钮，弹出"各向同性材料"对话框，在其中填写材料性能参数，其中，材料名称为 40Cr，密度为 7.9g/cm^3，泊松比为 0.3，弹性模量为 $2.06×10^5$MPa，屈服强度为 785MPa，抗拉强度为 980MPa，输入完数据后，单击"确定"按钮返回"指派材料"对话框处，单击选中"轴 3"，然后单击"确定"按钮完成材料指派。

（3）单击"3D 四面体"按钮，弹出"3D 四面体网格"对话框，选中"轴 3"，单击"自动单元大小"按钮，得到的值比较大，为 14，将其值除以 5，即将单元大小设置为"14/5"，单击鼠标中键完成网格划分。

（4）单击"载荷类型"按钮，弹出下拉菜单，选择其中的"轴承"选项，在图 5-94 中两个三角形标记处添加轴承，即图 5-94 中 A、C 两段处，给出轴承方向为 yc，力的大小分别为 3 923N 和 8 077N；完成后再选择"扭矩"选项，弹出"扭矩"对话框，单击鼠标选中图 5-94 中的 B 段，将扭矩值 800N·m 转为 800 000N·mm（注意单位不同），单击鼠标中键完成操作；同理，在 D 段添加"扭矩"，但扭矩值为-800 000N·mm，说明两处的"扭矩"大小相等、方向相反。效果如图 5-95 中"扭矩 1"和"扭矩 2"所示。

继续添加"力"，添加在扭矩 1 这一段上，其方向与轴承的力的方向相反，力的大小为 12 000N，结果如图 5-96 所示。

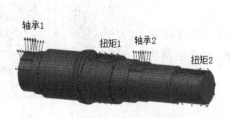

图 5-95　添加轴承与扭矩

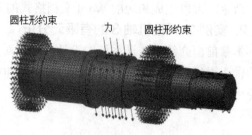

图 5-96　添加力与约束

（5）单击"约束类型"按钮📐，弹出下拉菜单，选择其中的"圆柱形约束"命令，弹出"圆柱形约束"对话框，将"轴向旋转"由原来的"固定"修改为"自由"，然后单击选中轴承 1 处，再单击鼠标中键完成操作，就建立了一个圆柱形约束；同理，在轴承 2 处也建立一个圆柱形约束，效果如图 5-96 所示。

（6）单击"求解"按钮📋，弹出"求解"对话框后单击"确定"按钮，由于计算量较大，可能需要几分钟时间求解，直到系统完成求解过程，查看求解结果。如图 5-97 所示，是"后处理导航器"显示内容。

对位移、旋转、应力、应变等项进行分析，图 5-98 是对"应力-单元"最大剪切应力的分析效果图，从图中可以看到最大剪切应力为 74.03MPa。

图 5-97　"后处理导航器"

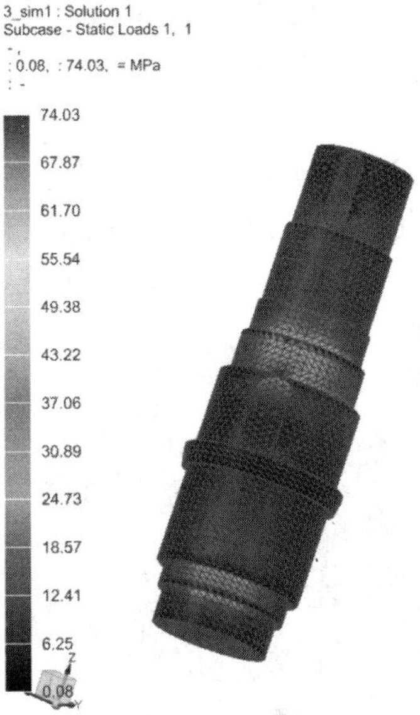

3_sim1 : Solution 1
Subcase - Static Loads 1, 1
: 0.08, : 74.03, = MPa

图 5-98　单元最大剪切应力

同理，可以对"应力-单元-节点"所对应的最大剪切应力图进行分析，得到最大剪切应力值为 138.56MPa，远小于该材料的许用剪切应力 211.1MPa 的要求，说明该轴的使用是安全的；再对应变、应变能等其他各项进行分析，发现该轴结构设计合理，能承受所加载的载荷的作用，符合工作要求。

3. 实例 3　减速机箱体模态分析

我们知道，减速机在工作过程中，一端输入动力，另一端则输出动力，减速机会产生各种频率的声音，工作中也会产生不同频率的振动，下面对该箱体进行振动模态分析。

减速机箱体
模态分析

具体操作步骤如下所述。

（1）打开"箱体.prt"文件，单击"应用模块"面板中的"设计"按钮📐，弹出"新建 FEM 和仿真"对话框，使用默认值，直接单击鼠标中键，弹出"解算方案"对话框，将"解算类型"修改为"振动模态"，将"模态生成"修改为"模态/频数"，将"频率范围-下限"修改为"20"，其余使用默认值，单击"确定"按钮，进入仿真环境。

（2）使用"指派材料"命令（🔧）对箱体外壳指派材料为铸铁 iron40（相当于我国的 QT400-18），将其余材料指派为 Q235（实例 1 中已经添加为本地材料）。

（3）单击"3D 四面体"按钮，弹出"3D 四面体网格"对话框，选中箱体中所有零件，将网络尺寸修改为 10（若太小计算时间会太长），单击鼠标中键完成网格划分。

（4）单击"仿真对象类型"按钮，弹出下拉菜单，选择"面-面粘连"命令，弹出"面-面粘连"对话框，将"类型"修改为"自动配对"，单击"创建面对"按钮，弹出"创建自动面对"对话框，直接单击"确定"按钮，经过一定时间计算后，自动回到"面-面粘连"对话框处，再次单击"确定"按钮，完成面对创建，得到的面-面粘连效果如图 5-99 所示。

（5）要创建"面-面粘连"是因为工作中，上、下箱体是贴合在一起的，端盖零件也是紧贴在箱体上，其他零件也一样是相互贴紧的，因此，要创建这样的约束。

（6）完成这些操作后，直接单击"求解"按钮完成解算（可能需要较长时间），进入"后处理导航器"，可以看到分析结果，如图 5-100（a）所示，共分析了 10 种模态，每种模态分析了不同频率状态下的位移、旋转、应力、应变等数据。

（7）单击"模态 1"前面的+号，展开分析结果，双击"X"，可以查看到 x 方向位移效果如图 5-100（b）所示。尽管从图中看出效果非常夸张，但实际值只有不到 1mm 的振动变化量，观看变化动画，会看到振动的变化过程，反映了在给定频率下，箱体会因为振动而产生不同方向的位移、应力、应变、应变能、反作用力等振动效果。

图 5-99　面-面粘连效果

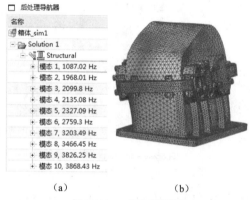

（a）　　　　　　（b）

图 5-100　x 方向位移效果

通过振动分析，可以检查振动对机器的影响，如果振动量过大，产生破坏作用，就应该对结构进行修改，比如增加加强肋、增大壁厚等以提高强度。当然，本次设计的箱体由于使用 QT400-18，加之传递的功率不大，其振动在允许范围内。

 # 5.6　普通装配

能力目标

1. 掌握普通装配的过程与步骤。
2. 通过实例掌握普通装配的常用命令的操作方法与技巧。

普通装配是先制作机器中的所有零件，然后进行三维装配。由于 UG 的零件名称的扩展名均为".prt"，建议读者给装配取名时加上一定的标记，如在装配文件的后面加上"-asm"来表示装配模型，如"mymachine-asm.prt"中的"-asm"就表示本模型为 UG 装配体。值得注意的是，在实际工作中，零件的名称最好用零件的代号，或者是零件代号加上零件名称来命名，这样更方便识别各零件。

当准备好一个机器的所有三维模型后，就可以开始进行装配了，特别要注意，装配体与装配用的零件要在同一目录中。本书提供有装配实例用的完整装配模型，读者可用它作为练习用，以便节约时间。读者可登录人邮教育社区（www.ryjiaoyu.com）下载。

一个复杂的机器，如果一次性将所有零件都装配上去可能很困难，同时也不便于今后的工作，因此正确的装配思路是：先将机器按功能部件进行装配，再将各功能部件进行总装配。这样既便于装配工作，又便于今后工人的实际安装及设计分析等。

例如，要装配一部汽车，可以将动力系统、传动机构、车身、电气系统等分开成部件分别装配，大的部件，如传动机构又可分为减速机构、转向机构等部件，如此将各部件分别进行装配，并做出这些装配的装配工程图，再将这些大部件装配在一起做成总装配，并做出总装配的工程图。

下面给出两个实例。

5.6.1 曲柄滑块机构的装配实例

图 5-101 所示为一曲柄滑块机构，该装置由 4 个零件组成，分别是连杆 1、曲柄 2、机架 3 和滑块 4。

装配过程如下所述。

1. 添加机架

新建"装配.prt"文件，单击 UG "装配"面板中的"添加"按钮，弹出"添加"对话框，单击"打开"按钮，选中"机架 3"，修改"添加组件"对话框中的"组件锚点"为"绝对坐标系"，将"装配位置"

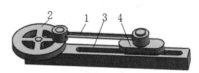

1—连杆；2—曲柄；3—机架；4—滑块
图 5-101 曲柄滑块机构

修改为"绝对坐标系-工作部件"，单击鼠标中键，完成机架 3 的安装，将其安装在坐标原点，如图 5-102（a）所示。

2. 装配曲柄

再用同样的方法，添加曲柄，将"添加组件"对话框中的"装配位置"修改为"绝对坐标系-显示部件"，出现控制坐标轴，按住 zc 轴朝上拖动到适当位置，如图 5-102（b）所示，方便后面装配，单击鼠标中键完成操作。

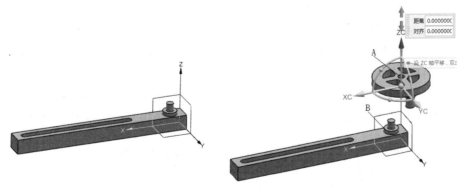

图 5-102 装配过程 1

3. 装配滑块

单击"装配约束"按钮 ，弹出"装配约束"对话框，单击其中的"同心"按钮 ，然后单击图 5-102（b）中的曲柄中心孔的边缘 A，再单击滑块的凸台边缘 B，最后单击"装配约束"对话框中的"撤销上一个约束"按钮 ，完成该曲柄的装配，效果如图 5-103（a）所示。

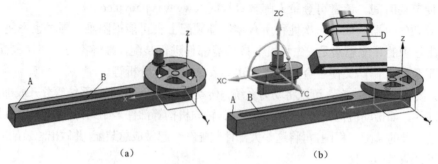

（a）   （b）

图 5-103　装配过程 2

使用与添加曲柄相同的方法，添加滑块 4，并适当拖动滑块 3 到合适位置，效果如图 5-103（b）所示。

单击"装配约束"中的"接触对齐"按钮 ，并修改"方位"为"接触"，然后分别单击图 5-103（b）中面 D、面 B，使这两个面接触；再分别单击端面 C 及表面 A，完成滑块 3 的装配，效果如图 5-104（a）所示。

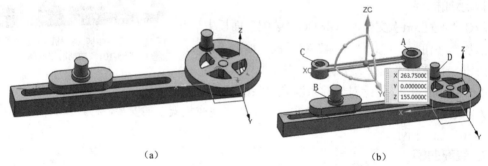

（a）   （b）

图 5-104　装配过程 3

4. 装配连杆

添加连杆，并将其拖动到合适位置，效果如图 5-104（b）所示。单击"装配约束"中的"同心"按钮 ，分别单击图 5-104（b）中连杆的孔边缘 A 与滑块的凸台边缘 B，如果方向不正确，可单击"撤销上一个约束"按钮 ，完成第一次装配，再单击"接触对齐"按钮 ，并修改"方位"为"自动判断中心/轴"，然后分别单击图 5-104（b）所示连杆的内孔面 C 及曲柄的圆柱面 D，完成最终装配，效果如图 5-101 所示。

单击"运动仿真"按钮 ，建立仿真文件，按前面例子的操作，给曲柄加上恒定的加速度 $50m/s^2$，就可以做出运动仿真效果，注意设置动画时间为 $10\sim20s$、步数为 $200\sim500$ 即可。

5.6.2　差速器的装配实例

图 5-105 所示为一种差速器，动力从右侧皮带轮传入，通过输入轴带动该轴上的齿轮 1

与齿轮 2 同时转动，再由这两个齿轮分别带动内啮合齿轮 1 与内啮合齿轮 2 转动，由此分别将动力输出到输出轴 1 与输出轴 2，形成两个不同的速度输出，即差速输出。

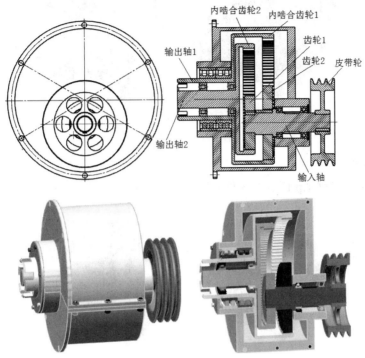

图 5-105　差速器

具体操作步骤如下。

1. 添加外壳

新建"差速器总装.prt"文件，单击"装配"面板中的"添加"按钮，首先选择"外壳 1.prt"，并安装在绝对坐标位置，效果如图 5-106（a）所示。

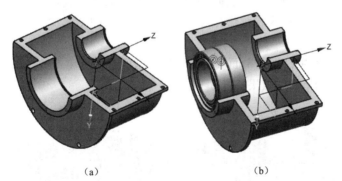

（a）　　　　　　　　　　　　　　　（b）

图 5-106　安装过程 1

2. 装配轴承及轴

再添加轴承"GB-T285_NN-1994,NN_3021.prt"，使用"装配约束"命令（ ）中的"同心"功能（ ），安装两个轴承，效果如图 5-106（b）所示。再使用同样的方法安装右侧的两个轴承"GB-T292_B_AC-1994,B7010_AC.prt"及轴承间的"套筒 1.prt"，效果如图 5-107（a）所示。安装"输入轴.prt"，效果如图 5-107（b）所示。

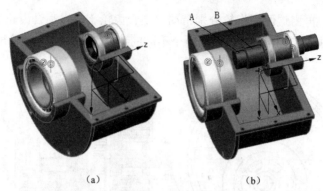

（a）　　　　　　　　　（b）

图 5-107　安装过程 2

3. 装配平键

在 A 处安装"平键 1.prt"，在 B 处安装"平键 2.prt"，效果如图 5-108（a）所示。

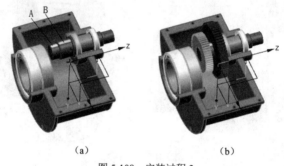

（a）　　　　　　　　　（b）

图 5-108　安装过程 3

4. 装配外齿轮

在 B 处安装"齿轮 1.prt"，在 A 处安装"齿轮 2.prt"，安装时使用"装配约束"命令（🖳）中"接触对齐"类型下的"自动判断中心/轴"（🖬）功能进行轴同心操作，使用"接触对齐"类型下的"接触"功能（🔀）使轴台阶端面与齿轮端面接触；使用"装配约束"命令（🖳）中"平行"功能（⫽）保证齿轮键槽孔与平键平行，效果如图 5-108（b）所示。

5. 编辑截面

为了安装方便，使用"视图"面板中的"编辑截面"命令将三维效果从轴中心截开，然后安装"内啮合齿轮 1.prt"，效果如图 5-109（a）所示。

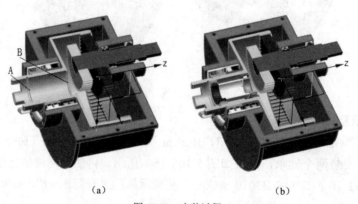

（a）　　　　　　　　　（b）

图 5-109　安装过程 4

6. 装配轴承及内齿轮

在图 5-109（a）中 A 线处及 B 台阶处安装两个轴承"GB-T283_NJ-1994,NJ209E.prt"，再在这两个轴承间安装"套筒 2.prt"，效果如图 5-109（b）所示。最后安装"内啮合齿轮 2.prt"，效果如图 5-110（a）所示。

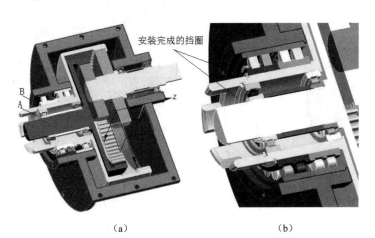

（a）　　　　　　　　　　　　（b）

图 5-110　安装过程 5

在图 5-110（a）所示 A 处安装轴用弹性挡圈"GB893.1-86-KDA-A-100.prt"，在 B 处安装孔用弹性挡圈"GB893.1-86-KDC-A-85.prt"，效果如图 5-110（b）所示。另外，在输入轴处安装孔用弹性挡圈"GB893.1-86-KDA-A-85.prt"。最后安装端盖、端盖上的螺栓及外壳 2，最终效果如图 5-105 所示。

小结

本章重点介绍了 UG 环境下使用自顶向下设计模式进行现代机械产品的设计过程，用"传送系统"这一实例介绍了整个产品设计的主要步骤，重点讲解了 UG 环境下如何进行设计关联和设计装配，以提高产品设计、编辑效率，并介绍了产品设计完成后，使用运动仿真进行产品原理验证、结构干涉分析、运动参数分析等相关知识，还介绍了对设计完成后的产品进行有限元分析的方法，以进一步确定产品结构的合理性，并为产品结构改进提供参考和依据，最后介绍了普通装配的两个实例。在学习过程中，读者应该重点掌握现代设计这一基本方法及完整的过程，理解每一步操作的实际意义。

练习题

1. 仿照本章图 5-8 的机器原理，自行设计一款减速机。
2. 图 5-111 所示为一种球阀，其装配图在第 6 章 6.2.2 节中有介绍，请自行确定尺寸，按照自顶向下的设计原则完成该产品的设计，并保证各关联部件尺寸或结构关联。

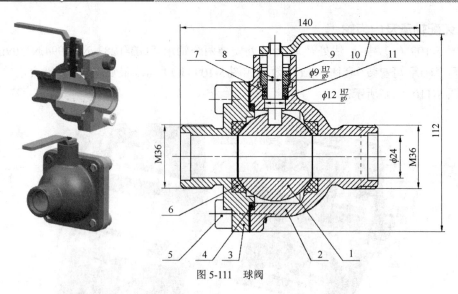

图 5-111　球阀

3. 图 5-112 所示为一种齿轮泵的爆炸图及装配效果，请使用自顶向下的设计原则，设计装配该产品，并进行运动仿真，对轴进行有限元分析。

图 5-112　齿轮泵

4. 生活中有非常多的机械、机电产品，如冰箱、彩电、电风扇、液化气灶、家具等，均可使用 UG 进行装配设计，请自行选择一种产品进行设计，并进行运动仿真及有限元分析，对结构进行优化。

第6章

工程图

随着现代机械设计制造自动化进程的不断推进，使用三维工程软件制作的三维模型，其作用主要包括以下几方面。

（1）为现代数控加工提供三维模型，方便数控编程与加工。

（2）用于三维装配，并通过三维装配后的效果进行运动仿真，进而研判产品的机械原理及零件间的干涉现象。

（3）对零件、机构或整体机器进行有限元分析。

（4）转换成工程图，方便工人进行产品加工、质量检测、零件实验及机器装配。本章将介绍 UG 三维模型转换成工程图的基本方法与操作技巧，让读者能利用 UG 制作出符合中国国家标准的工程图。

UG 环境下制作工程图常会遇到一些问题，比如初次安装 UG 后，找不到工程图制作图标，工程图标题栏不能修改，命令不够集中、寻找困难等，因此，本章会在解决这些问题后，重点介绍 UG 作图的常用操作命令。

UG 的制图功能是将三维模型转换为二维工程图，以满足传统加工手段的需要，虽然随着加工技术的自动化、智能化水平的提高，可能进入无纸化加工时代，但目前阶段还需要将三维图转换为工程图，以适应大多数企业的需求。由于 UG 的工程图与三维模型是完全关联的，因此，修改三维模型，二维工程图会自动做相应的修改，这就保证了三维模型与二维工程图的一致性，减少了工程技术人员的劳动量，降低了错误率。

注意

工程图只能引用三维模型数据，而不能通过修改工程图来达到修改相应的三维模型数据的目的。

工程图可分为零件图与装配图，其中，装配图又包括机器总装图、部件总装图，当一个机器比较复杂时，可以将机器分成若干部件，对各部件分别制作装配图，再对整个机器制作装配图，这样就保证了每个装配图的零件数量合理，从而使装配图清晰明了、布局合理，有效利用图纸空间。

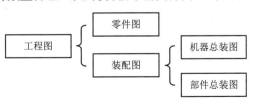

由于工程图有专门的教材讲解，本书主要介绍将 UG 三维模型转换为工程图的原理与方法，并着重介绍常用操作的技巧与操作步骤。

6.1 制图的基本设置

1. 通过对用户默认设置的修改，学会构建符合自己习惯的工程图环境。
2. 掌握添加作者提供的工程图框架标准的方法，以完善工程制作环境。

6.1.1 用户默认设置

用户默认设置

启动 UG 后，使用"文件"→"实用工具"→"用户默认设置"命令，弹出"用户默认设置"对话框，如图 6-1（a）所示，选择"制图"→"常规/设置"选项，然后在右侧单击"标准"选项卡，将"制图标准"由"Inherited"修改为中国国家标准"GB"，如果有必要，还可以单击"定制标准"按钮，弹出"定制制图标准-GB"对话框，如图 6-1（b）所示。

在对话框的左侧是"制图标准"选项，有"常规""公共""图纸格式"等；右侧是对应的设置内容，读者可以逐一对每一项进行设置，使之符合我国制图标准即可。例如：图纸正交投影角修改为第一象限，默认为第三象限；将所有字体均设置为系统自带的 Chinesef_fs 字体、将字的宽高比设置为 0.45，字的大小设置为 3.5；又比如，将"标准"中的"基准符号显示"由原来的"中国国家标准"修改为"正常"，以便在制作基准符号时符合最新国家标准等，其他还有诸如"视图""剖切线""注释"等选项，请读者根据我国制图标准，对各项逐一进行修改设置。

完成设置后，可以单击其中的"另存为"按钮，输入自己的标准名称，如"GB（myself）"，将标准进行保存；然后回到"用户默认设置"对话框，将"制图标准"修改为已保存的标准即可。设置完成后，重新启动 UG，就能方便地制作出符合我国标准的工程图。

 注意

在 UG NX 12.0 版本中，以上说的这些设置一般只需要设置为"GB"即可，其余的部分不需要修改，但因为工程制图的国家标准可能间隔一段时间会更新，因此，有时需要适当修改以适应新的国家制图标准。

（a）

图 6-1 "用户默认设置"对话框

(b)

图 6-1　"用户默认设置"对话框（续）

6.1.2　UG 工程图图框模板的修改

在 UG 所有版本中，UG 安装目录下的 LOCALIZATION\prc\simpl_chinese\startup 文件夹中，有 A0-noviews-template.prt、A2-noviews-asm-template.prt 等 16 个 prt 文件。其中，带有 "-asm-" 标志的是装配图模板，没带这个标志的是零件图模板。但这些模板用起来不方便，为了解决这个问题，作者在提供的素材文件中的 "UG 资料\UG 工程图图框" 文件夹中，存放了上述文件修改后的模板，并且增加了符合我国标准的装配图用的明细栏，读者可从本书配套的网站下载相应资料并覆盖原来 UG 安装目录下的文件即可，作者在这个附带的文件中，给模板设置了各项参数，使其符合我国制图标准。读者也可以自己制作模板。

安装了上面的模板后，不但适合制作零件及装配工程图，同时也可以适合制作模具设计中的工程图。

完成上面的工作后，还要设置导航栏 "制图模板" 面板，以便能使用制图模板。

6.1.3　在导航栏中加 "制图模板" 面板

以上的操作只是完成工程图图框模板的修改，但未能将模板显示出来，在作图时，如果要使用 UG 中的工程图模板，就要先将其显示出来；用制图模板制图不但可以加入图框，而且能自定义标题栏，具体操作过程如下。

启动 UG，使用 "首选项" → "资源板" 命令，弹出 "资源板" 对话框，如图 6-2 所示。

图 6-2　"资源板"对话框

单击上面的"打开资源板"按钮 ，弹出"打开资源板"对话框，单击"浏览"按钮，打开 UG 安装目录下"Siemens\NX 12.0\LOCALIZATION\prc\simpl_chinese\startup"的"ugs_drawing_templates_simpl_chinese.pax"文件，完成在右侧资源导航器中新增"制图模板"面板的操作，如图 6-3 所示。

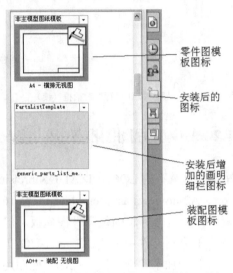

图 6-3　导航栏中新增的"制图模板"面板

在操作面板中，有 A0～A4 共 5 种模板，分别是 A0～A4 中的 5 种图纸规格，使用时注意模板有装配图与零件图之分。当作好三维图，进入制图环境中时，只要单击其中一个模板图标即可。

 ## 6.2　制图实例

能力目标

1. 掌握零件图的制作过程，特别是在 UG 环境下零件图的制作过程、操作技巧。

2. 掌握零件图视图制作方法与技巧，包括基本视图、剖视图、局部视图、剖面图、局部放大图、断面图等。

3. 掌握零件图标注方法与技巧，特别是一些特殊标注法：对称尺寸标注、尺寸修改、尺寸公差标注、几何公差标注等。

UG 提供了各种视图与剖面图，这些操作足以完成符合中国标准工程图要求的图纸制作。UG 中制图的过程与步骤如下。

（1）制作或打开三维模型文件，如"xx-3d.prt"文件，"xx"是零件的名称，"-3d"表示是三维模型文件。

（2）单击导航栏中"图纸模板（公制）"按钮 ，在其中选择合适的图纸规格，如 A3，选择时要注意：如果是零件图则选择"A3-无视图"模板，如果是装配图则选择"A3-装配无视图"模板。

（3）选择合适模板后系统会自动进入制图环境，根据图纸情况，选择合适的图形表达方式，如：合适的主视图及其他相关的表达方式，包括剖面、局部放大、半剖、全剖、旋转剖等。

（4）标注尺寸、几何公差、粗糙度与技术要求。如果是装配图，还要加零件明细栏并标注零件序号。

（5）填写标题栏并保存文件。在保存文件时，系统会自动在原有文件名后面增加"_dwg"后标，以便与对应的三维图进行区别。

6.2.1 零件工程图实例

1. 零件工程图的制作要点

我们知道，零件工程图是用于机械加工整个过程的重要技术资料，其作用是指导加工工艺过程，包括通过零件图纸进行零件加工、质量检测、零件实验等。制作零件工程图时，需要注意以下几点。

（1）要完整表达出零件的每一个结构的形状与尺寸，为后续加工、测量、试验等工作要提供帮助。为此需要选择合适的视图进行表达，除了使用主视图、俯视图及左视图等常用图形表达方式外，还可使用局部剖、半剖、阶梯剖、向视图、断面图、局部放大等方式进行表达，尽量用最少的视图表达清楚。

（2）零件工程图要有完整的尺寸标注，即应该包括零件结构的位置尺寸与形状尺寸，保证零件结构的唯一性，其标注要符合国家制图标准。

（3）要对零件表面加工状况进行标注，即表面粗糙度的标注，以区分加工部分与不加工部分。

（4）要有几何公差、技术要求等保证产品质量的要求，这些标注都要符合工程规范，其中，零件图技术要求主要写加工制造工艺过程中的要求及零件实验、维护与保养的要求，包括零件铸造、锻压、热处理、机械加工等方面的要求，零件加工未注尺寸要求等，如材料表面渗碳、未注圆角等；也可以写维护保养要求，如零件进行法蓝、法黑、表面涂漆等处理；还可以写实验与检验要求，如高速轴类零件需要进行动平衡实验，零件检验要符合相应的国家标准等相关要求；等等。

（5）要标注标题栏相关项目，如零件名、零件材料、零件在装配图中的代码、图纸比例等内容，保证图纸的完整性。

2. 实例 1 基座零件的工程图

图 6-4 所示为一个基座类零件。

图 6-4　基座类零件

基座零件工程图制作 1

基座零件工程图制作 2

完成本例工程图操作，首先根据三维效果，选择合适的表达方式制作视图，保证每个结构能表达清楚；其次进行尺寸标注，做到每个尺寸都标注完整但不重复；然后标几何公差、表面粗糙度及技术要求；最后进行标题栏标注。下面按此顺序进行介绍。

（1）制作视图

根据本例零件的形状与结构，要表达零件内外结构，因此，三视图中的主视图要使用半剖视图、左视图采用局部剖来表达内部结构。其操作过程如下。

① 进入制图环境。启动 UG，并打开文件"1.prt"，单击选中导航栏中"制图模板"（）中的"A3-横排无视图"模板，自动进入工程图环境，并弹出"视图创建向导"对话框，直接关闭该对话框，以便可根据自定义来创建合适的视图。

② 建立俯视图。单击"主页"面板"视图"区中的"基本视图"按钮，弹出"基本视图"对话框，并出现随鼠标移动的零件，如果此时可作为零件图中的一个视图，就可以直接在图纸上适当位置单击，得到对应视图；如果不符合，可以单击"基本视图"对话框中"定向视图工具"按钮，弹出"定向视图"窗口，可以任意旋转零件，选择合适的投影方向，操作时可以选择窗口中的坐标轴，也可以选择零件的边、面等作为投影方向。选择完成后，单击鼠标中键，移动到合适位置后单击，就可得到相应视图。本次直接使用默认方向，在图纸左下方适当位置单击，得到俯视图，然后单击鼠标中键，完成俯视图的建立，得到的效果如图 6-5（a）所示。

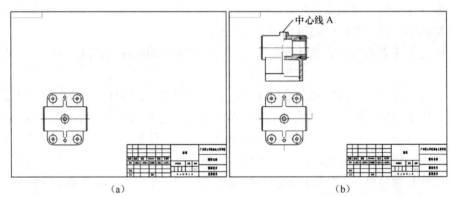

图 6-5　操作过程 1

③ 建立半剖主视图。单击"主页"面板"视图"区中的"剖视图"按钮，弹出"剖视图"对话框，将该对话框中的"方法"修改为"半剖"，然后将鼠标移动到刚才作的俯视图中圆心位置单击（选中圆心后单击）两次，其中第一次单击表示视图从该位置前面剖开，第二次单击表示视图从该位置左右分开，其中一半不剖，另一半剖开，再朝上移动鼠标到合适位置单击，就完成了相应的半剖主视图的建立，关闭对话框，效果如图 6-5（b）所示。

④ 建立左视图。单击"投影视图"按钮，弹出"投影视图"对话框，选择其中的"选择视图"项后，再单击图 6-5（b）中上面的半剖图作为投影源，然后朝右侧拖动鼠标，在适当位置单击，完成左向投影图的建立，效果如图 6-6（a）所示。

⑤ 建立局部剖。将鼠标指针慢慢从外面靠近左视图，当有一定距离时会出现一个红色矩形（见图 6-6），此时右击，弹出快捷菜单，选择其中的"活动草图视图"命令，则将该视图激活成活动草图，可以在该图中自行添加曲线或修改图形。单击"主页"面板"草图"区中

右侧的下拉按钮▼，弹出按钮菜单，单击其中的"艺术样条"按钮✦，弹出"艺术样条"对话框，选中其中的"封闭"复选框，然后作图 6-6（b）所示曲线，完成后单击鼠标中键，完成操作，为后面制作局部剖切做准备。

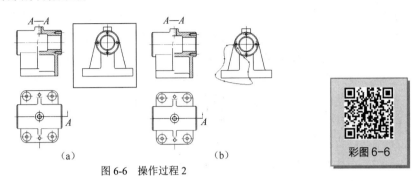

（a）　　　　　　　　　　　（b）

彩图 6-6

图 6-6　操作过程 2

单击"主页"面板"视图"区中"局部剖视图"按钮▣，弹出"局部剖"对话框，单击左视图，表示要对该视图进行局部剖，然后单击选中俯视图中最中间的圆心，表示局部剖是从这里剖切开的，单击鼠标中键后，再选择刚才制作的样条曲线，单击鼠标中键，完成局部剖操作，得到剖切效果如图 6-7（a）所示。根据我国制图标准，零件肋板不应该有剖面线，所以，右击剖面线，弹出快捷菜单后选择"隐藏"命令，将剖面线隐藏，但需要对非肋板部分制作剖面线，操作过程如下。

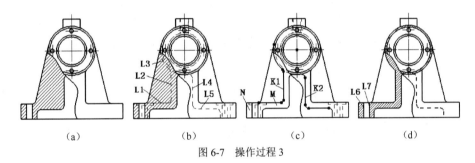

（a）　　　　　　　（b）　　　　　　　（c）　　　　　　　（d）

图 6-7　操作过程 3

⑥ 显示隐藏线。将鼠标指针从左视图外面慢慢靠近左视图，当出现红色矩形框时，双击该框（或右击，在弹出的快捷菜单中选择"设置"命令），弹出"设置"对话框，单击"公共"列表中的"隐藏线"，将原来的"不可见"修改为"虚线"，然后单击鼠标中键完成操作，效果如图 6-7（b）所示，出现了虚线。

⑦ 投影部分虚线。单击"草图"区中右侧的下拉按钮▼，弹出按钮菜单，单击其中的"投影曲线"按钮🖱，弹出"投影曲线"对话框，然后依次选择图 6-7（b）中与 L1、L2、L3 相连的 5 段曲线（两段直线，3 段圆弧），以及与 L4、L5 相连的 6 段曲线（直线与圆弧各 3 段），选择完成后单击鼠标中键，完成投影操作，效果如图 6-7（c）所示。

⑧ 隐藏"隐藏线"。类似步骤⑥，把隐藏线设置为"不可见"，完成后，图 6-7（b）中的隐藏线将被隐藏，但刚才制作的投影线 K1、K2 被保留。

⑨ 修改内侧投影线线型。选中投影线 K2 各段（共 6 段），单击"视图"面板中"可视化"区中的"编辑对象显示"按钮🖋，弹出"编辑对象显示"对话框，将其中的线型修改为虚线，单击鼠标中键完成操作，则 K2 变成虚线。

⑩ 隐藏剖面线。右击图 6-7（b）中剖面线，在弹出的快捷菜单中选择"隐匿"命令，将剖面线隐藏，效果如图 6-7（c）所示。

⑪ 制作符合要求的剖面线。单击"主页"面板"注释"区中的"剖面线"按钮▨，弹出"剖面线"对话框，在图 6-7（c）中的 M、N 两处分别单击，再单击鼠标中键完成操作，然后单击"草图"区中的"完成草图"按钮▨，得到图 6-7（d）所示效果。

⑫ 制作或整理中心线。在主视图中［见图 6-5（b）］，双击中心线 A，弹出"3D 中心线"对话框，展开其中的"设置"面板，选中"单独设置延伸"复选框，可看到中心线 A 两端均有箭头，拖动向下的箭头超过最底横线 3～5，单击鼠标中键完成操作，则中心线延长。单击"主页"面板"注释"区中的"中心标记"按钮⊕ ▾右侧的下拉按钮，在弹出的菜单中选择"2D 中心线"命令，弹出"2D 中心线"对话框后，分别选择图 6-7（d）所示的孔边缘直线 L6、L7，单击鼠标中键完成操作，制作出该孔的中心线。在后续的工程图操作中，读者均可使用这两种方式对中心线进行处理。

（2）尺寸标注

对于零件图，尺寸标注的要求是完整、不重复，符合工程制图国家标准。为方便理解，以主视图的标注为例进行介绍。

① 标注水平方向尺寸。单击"主页"面板"尺寸"区中的"快速"按钮⚡，弹出"快速尺寸"对话框，将对话框中"测量"区中的"方法"修改为"自动判断"或"水平"，然后分别单击图 6-8（a）所示零件两侧面 A、B，向下拖动鼠标到适当位置后单击鼠标左键，就完成了该尺寸的标注。用同样的方法，再标注其他水平线，效果如图 6-8（b）所示。注意在标注最上面的圆柱凸台时，要将"快速尺寸"对话框"测量"区中的"方法"修改为"圆柱式"。

在标注尺寸时，有时只需要标注一半，另一半的线条看不见，如标注半剖时的内腔尺寸。标注图 6-8（b）中下端水平尺寸 55 的操作过程如下。

a. 先将主视图激活成活动草图，然后使用"主页"面板"草图"区中的"点"命令，利用捕捉功能捕捉图 6-8（a）中线 L 的下端点，得到一个点 P0，为后续标注对称尺寸做准备（对称尺寸只识别草图点或草图曲线）。

b. 单击"主页"面板"注释"区中的"中心线"按钮⊕ ▾右侧的下拉按钮▾，在下拉菜单中选择"对称中心线"命令（⊪⊪），弹出"对称中心线"对话框，将"类型"修改为"起点和终点"，然后分别捕捉图 6-8（a）中的 P1、P2 两个端点，单击鼠标中键得到一条对称中心线 K。

c. 再单击"主页"面板"制图工具-GC 工具箱"中的"对称标注"按钮▨，弹出"对称标注"对话框，单击选中中心线 K，再单击选择刚才制作的点 P0，最后在放置尺寸的位置处单击，单击鼠标中键，完成标注图 6-8（b）所示的尺寸 55。为了不影响美观，建议将中心线 K 及刚才制作的草图点移动到第 30 层进行隐藏。

② 标注垂直方向尺寸。垂直方向尺寸标注与水平方向尺寸标注方法相同，不过需要将"快速尺寸"对话框"测量"区中的"方法"修改为"自动判断"或"垂直"，标注后的效果如图 6-8（c）所示。

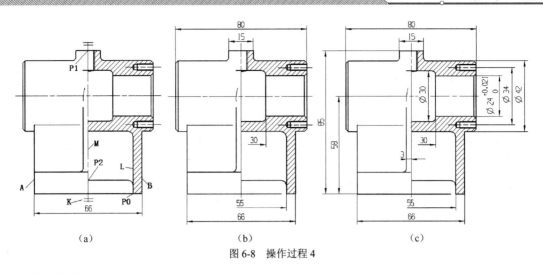

（a）　　　　　　　　（b）　　　　　　　　（c）

图 6-8　操作过程 4

③ 公差标注。

a. 单击"主页"面板最右侧"尺寸快速格式化工具-GC 工具箱"中的"tolerances only"（仅公差）按钮 ⬚（如果不想使用公差，则单击该面板中的"无公差"按钮 ✕ 即可），再使用"快速"按钮 ⬚ 来标注。在分别选中图 6-8（c）中的 ϕ24 孔两内侧边缘时，会弹出图 6-9（a）所示对话框，在该对话框中可以修改公差种类，如图为"孔"公差，也可修改偏差代码，本处为 H，还也可修改公差等级，本处为 7 级。当修改这些内容后，对话框内容也会发生相应变化，如将"公差形式"中的 H7 修改为"单击正公差"（ ⬚ ）后，对话框变成图 6-9（b）所示。

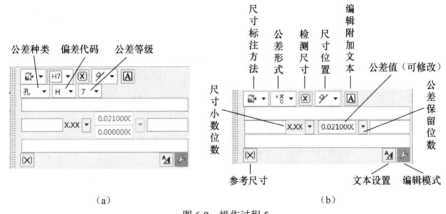

（a）　　　　　　　　　　　　　（b）

图 6-9　操作过程 5

b. 移动鼠标，可以到"尺寸标注方法"处修改尺寸标注的方法，如圆柱式、水平、垂直等；移动鼠标指针到"公差形式"处可修改公差形式，有单向正公差、单向负公差、双向公差等；如果单击"检测尺寸"按钮 ✕，则会在基本尺寸外面加一个腰圆形外框；修改"尺寸位置"可改变尺寸在指引线上的位置关系；单击"编辑附加文本"按钮 Ⓐ 则会弹出相应的对话框，允许修改文本格式，如加前缀、后缀、分数等；修改"尺寸小数位数"可修改基本尺寸的小数点保留位数；修改"公差保留位数"则可确定保留几位公差，一般默认是 3 位。单击"参考尺寸"按钮 ⌧，则在基本尺寸上加圆括号，表示该尺寸为参考尺寸；单击"文本设置"按钮 ⬚ 会弹出相应的对话框，允许对文本进行设置操作。

本实例按图 6-9 设置即可，将鼠标移动到合适位置，单击鼠标左键即可完成尺寸标注，效果如图 6-8（c）所示。

④ 螺纹标注。

a. 先右击主视图外框后，在弹出的快捷菜单中选择"活动草图视图"命令，使其变成活动草图，然后单击"主页"面板"草图"区中的"偏置曲线"按钮，将图 6-10（a）中的直线 L 朝左偏置 8，得到直线 M，系统自动标注了尺寸 8 及添加了约束符号，单击选中 6-10（a）中的 N 所指约束符号，将其删除，则尺寸与约束符号均被删除。然后使用"快速"命令（）标注直线 L、M 间的尺寸，使用"菜单"→"编辑"→"注释"→"文本"命令，弹出则"文本"对话框，用鼠标单击刚才标注的尺寸 8，则"文本"对话框的"文本输入"处显示了数字 8，在其前面增加字母 M，然后单击鼠标中键完成操作，则原来的尺寸 8 修改成了 M8，效果如图 6-10（b）所示。

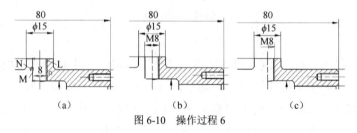

图 6-10 操作过程 6

b. 双击尺寸 M8，弹出"线性尺寸"对话框，单击"线性尺寸"对话框中的"文本设置"按钮，会弹出"线性尺寸设置"对话框，如图 6-11 所示。

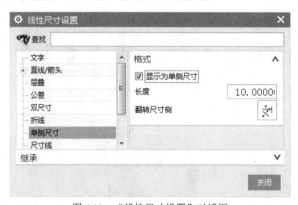

图 6-11 "线性尺寸设置"对话框

c. 选择该对话框中左侧列表中的"单侧尺寸"选项，然后选中右侧面板中的"显示为单侧尺寸"复选框，如果发现尺寸显示方向错误，则单击"翻转尺寸侧"按钮，使尺寸显示方向正确。效果如图 6-10（c）所示。右击图 6-10（a）中的偏置曲线 M，将其隐藏，完成 M8 螺纹的标注。

d. 对于小螺纹的标注，可以使用"注释"命令进行：单击"主页"面板中的"注释"按钮，弹出"注释"对话框，在"文本输入"区中输入"M4"，然后单击该区中的"符号"，展开符号面板，单击选中，然后输入"10"，表示螺纹深度为 10，再输入"钻 12"，表示钻孔深度为 12。然后单击"指导线"区中的"选择终止对象"按钮，用鼠标捕捉到主视图中左端面上要标注螺纹孔的圆心，单击鼠标左键后确定圆柱位置，移动尺寸到适当位置后再单击鼠标中键，完成尺寸标注。效果如图 6-12（a）所示。

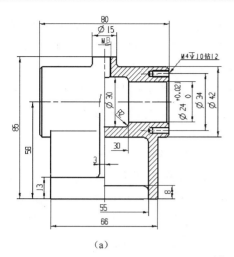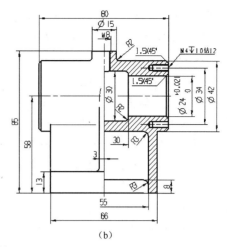

（a） （b）

图 6-12 操作过程 7

⑤ 其他尺寸标注。主视图中还有倒角、圆角等其他未标注尺寸，均可在"主页"面板的"尺寸"区中找到对应的命令进行标注，完成后效果如图 6-12（b）所示。

其他视图的标注过程与此类似，在此不重复介绍。

（3）几何公差、表面粗糙度与技术要求

完成尺寸标注后，要对需要进行机械加工的部分标注表面粗糙度，且关键位置需要标几何公差等，还需要写技术要求。

① 标注表面粗糙度。单击"主页"面板"注释"区中的"表面粗糙度"按钮√，弹出"表面粗糙度"对话框，修改"除料"方式为"需要除料"（√），然后根据零件结构给出相应的波纹值，或相应的文字内容，可以直接在要加工的材料表面标注，也可以使用指引线标注在表面、尺寸线等位置，如图 6-13（a）所示。

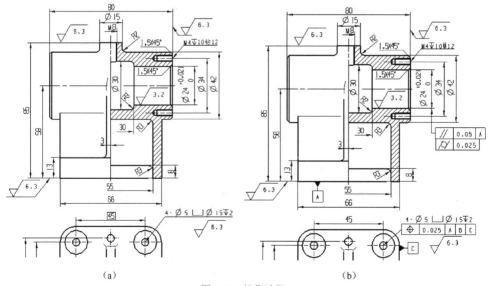

（a） （b）

图 6-13 操作过程 8

② 标注基准符号。在标注几何公差前，单击"注释"区中的"基准特征符号"按钮标注基准，使用该命令，弹出"基准特征符号"对话框，在指引线区单击"选择终止对象"，然

后在需要标注基准的位置单击并拖动鼠标到合适位置后，再单击鼠标完成操作。需要注意的是，UG 在默认安装时，使用了我国以前的基准符号⌀，而最新国家标准符号是⌀，修改的方法如下。

③ 设置基准符号。使用"文件"→"实用工具"→"用户默认设置"→"制图"命令，然后在面板右侧单击"定制标准"按钮，弹出"定制制图标准"对话框，单击"常规"→"标准"选项，在右侧面板"文本编辑区"中，将"基准符号显示"由原来的"中国国家标准"修改为"正常"，单击"保存"按钮，重新启动 UG 即可。

④ 标注几何公差。单击"注释"区中的"特征控制框"按钮，弹出"特征控制框"对话框，修改该对话框中"特性"为"平等度"，"公差"为"0.02"，"第一基准参考"为"A"，然后单击"选择终止对象"，在主视图中单击选择尺寸为 24 的内圆孔的尺寸线，拖动鼠标到适当位置后单击，完成几何公差的标注。同理，可以标注圆柱度，效果如图 6-13（b）所示。

⑤ 添加技术要求。最后，在图纸右下方空白位置填写技术要求，由于是零件图，因此，技术要求的内容主要包括机械加工、热加工、表面处理等相关内容。使用"主页"面板"制图工具-GC 工具箱"中的"技术要求库"命令（图）来完成最为方便。操作时，使用该命令，弹出"技术要求"对话框，在技术要求库中双击需要添加的内容，可以选择多种不同要求，完成后，在图纸空白处左上角单击，再在右下角单击，则技术要求就填写在刚才两次鼠标单击的空间内，效果如图 6-14 所示。

（4）标题栏

完成以上操作后，工程图标题栏必须填写，其中零件图必须标注零件名称、零件材料、图样代号、单位名称等，还有制图比例、图纸张数等，设计者、修改者、批准者等均要求填写。最终完成的工程图如图 6-14 所示。

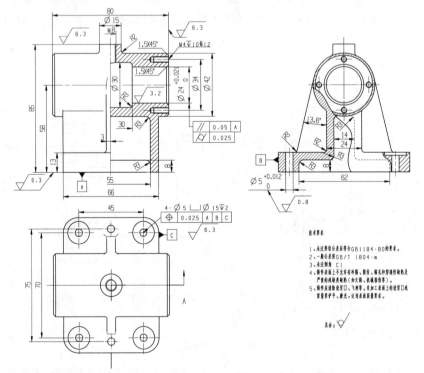

图 6-14　最终效果

图纸制作完成后，使用"文件"→"保存"命令，将文件按默认文件名和默认路径保存即可，系统会在原来三维图名称的后面加上一个后缀"_dwg"，以便对三维图及工程图进行区别；如果需要传送到其他计算机上进行打印，可以使用"文件"→"导出"→"PDF"命令，将文件转换为 PDF 格式的文件。

花键轴工程图
制作 1

花键轴工程图
制作 2

3. 实例 2 花键轴的零件图

图 6-15 所示为一根花键轴，制作其工程图。

图 6-15 花键轴

分析：轴类零件的关键是其上各结构大多要按国家标准画出，比如，图 6-15 所示的花键轴上面有花键、中心孔、轴用弹性挡圈、平键及螺纹孔等结构，需要按国家标准来表达，因此，这类零件往往以一个主视图加若干剖面、局部剖、局部放大等方式来完成零件结构展示，尺寸则按国家标准要求标注。

其操作过程如下所述。

（1）视图制作

① 制作主视图。启动 UG，打开"花键轴.prt"文件，然后单击导航栏中"制图模板"面板中的"A3-横排无视图"，系统自动进入制图环境，取消系统自动出现的制图向导，然后单击"主页"面板"视图"区中的"基本视图"按钮🗅，弹出"基本视图"对话框，单击其中的"定向视图工具"按钮🔄，弹出"定向视图"对话框，在该窗口中旋转轴，然后单击轴上其中一个平键的底平面，表示要将该底平面朝向视图前面，然后单击鼠标中键，在制图区域移动鼠标到合适位置单击，完成一个视图的创建，然后在图纸空白区域单击鼠标中键完成操作，得到图 6-16（a）所示的视图。

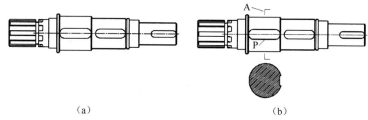

（a）　　　　　　　　　　（b）

图 6-16 视图制作 1

② 制作移出剖面。单击"视图"区中的"剖视图"按钮▥，弹出"剖视图"对话框，用鼠标捕捉轴上最宽平键横向线段的中点，朝右侧拖动鼠标，到合适位置单击，得到一个视图，然后按住该视图边框拖动到主视图对应平键剖切线位置，双击该视图的边框，弹出"设置"对话框，将列表栏中的"表区域驱动"展开，选择"设置"选项，取消选中右侧面板中"显示背景"复选框，单击鼠标中键完成操作，效果如图 6-16（b）所示。

双击图 6-16（b）所示的剖切线 A，弹出"剖视图"对话框，单击"文本设置"按钮🅰，弹出"剖视图设置"对话框。选择左侧列表中的"截面线"选项，修改右侧"箭头"区中的

"长度"为"0.001"，修改"箭头线"区中的"箭头长度"为"0.002"，单击鼠标中键完成操作，则原来显示的箭头变为不可见，效果如图 6-17（a）所示。

使用"主页"面板"注释"区中"中心标记"命令（⊕），对移出剖面作中心线。

右击移出剖面边框，弹出快捷菜单，选择"视图对齐"命令（🔠），弹出"视图对齐"对话框，将"方法"修改为"竖直"，"对齐"修改为"点到点"，然后选择图 6-16（b）所示键边缘中间点 P，再单击选择剖视图的圆心点，则视图对齐剖切线，效果如图 6-17（a）所示。

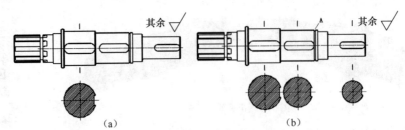

图 6-17　视图制作 2

同理，制作其余两剖平键的剖面图，效果如图 6-17（b）所示。

③ 修改花键视图。在上面各图中，主视图左侧的花键不符合国家标准画法，需进行以下操作使其符合国家标准。

a. 去掉多余线条。右击主视图边框，将其设置为"活动草图视图"，再次右击主视图边框，选择"视图相关编辑"命令（🖼），在弹出的"视图相关编辑"对话框中单击"擦除对象"按钮□·[，然后选中不需要的曲线，单击鼠标中键完成擦除。需要注意的是，使用该命令时选择线条要细心，不然容易误选，导致擦除完成后图形可能不全，得到图 6-18（a）所示效果。

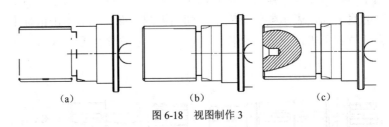

图 6-18　视图制作 3

b. 使用草图命令补齐线条。单击"草图"区中的"轮廓"按钮⌒，对图进行修补，效果如图 6-18（b）所示。得到符合要求的矩形花键画法。

④ 局部剖视图，显示中心孔。如图 6-18（c）所示。操作过程参考前面学习内容。

⑤ 局部放大图。图 6-17（b）中 A 处，是用来安放轴用弹性挡圈的沟槽，但由于该结构较小，标注尺寸不方便，因此，可以放大此处。

单击"视图"区中的"局部放大图"按钮🔎，弹出"局部放大图"对话框，在图 6-17（b）的 A 处单击，并拖动鼠标到适当位置，然后单击鼠标左键，得到一个随着鼠标移动的图，修改"局部放大图"对话框中的"比例"为"5:1"，然后移动鼠标到合适位置后单击，完成局部放大图的操作，效果如图 6-19（a）所示。

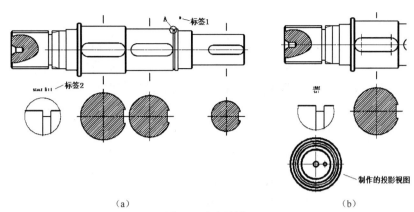

（a）   （b）

图 6-19　视图制作 4

图 6-19 中有几处不符合制图国家标准要求，修改操作如下。

双击放大图边框，弹出"设置"对话框，选择左侧列表中"详细"→"设置"选项，在右侧面板中将线条修改为"实线"，宽度修改为"0.13"，并选中"剪切边界"复选框，完成放大图处修改，再右击隐藏在图 6-19（a）中的标签 1 及标签 2，再使用"注释"命令对两处标签进行修改，效果如图 6-19（b）所示，完成局部放大图的制作。

⑥ 制作右端面向视图。由于轴小端面上有两个用来固定端盖的螺纹孔，因此，需要制作一个向视图来表达，其深度可以用标注来表达。

单击"视图"区中的"投影视图"按钮，弹出"投影视图"对话框，向左侧移动鼠标到合适位置单击，得到一个投影视图，用鼠标将其拖动到合适的位置，效果如图 6-19（b）所示。右击投影视图边框，选择弹出菜单中的"视图相关编辑"命令，将除了最内侧的表达轴端面的圆弧以外的所有圆弧删除，并使用"注释"命令在该视图上方标注"B 向"，再使用"制图工具-GC 工具箱"中的"方向箭头"命令（⤶），在轴右端制作一个方向箭头，修改字母为"B"。最终完成的视图效果如图 6-20 所示。

⑦ 制作矩形花键端面图。由于要标注矩形花键，因此，需要制作其端面图，可以直接制作左视图即可。使用"视图"区中的"投影视图"命令（），效果如图 6-20 所示。

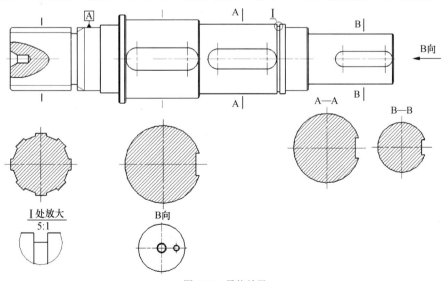

图 6-20　最终效果

（2）尺寸标注

完成视图制作后，进行尺寸标注，对于普通尺寸，不在此讲解，请参考前面的实例，本处重点介绍几个特殊标注，即矩形花键、弹性挡圈、平键、中心孔等标准件标注，这类标注可以按机械设计手册要求进行。其中，凡加工时使用的是标准的成形刀具的结构，由于刀具尺寸是固定的，因此，可以只标注型号及相关参数，如中心孔、螺纹等，如 A 型中心孔，d=6.3，D=13.2，可标注为 GB/T 145 A6.3/13.2；刀具结构不标准的，则可按一般标注法进行，如平键、弹性挡圈槽等。如果是在零件图中，标注的结构尺寸一定要完整；而如果是在装配图中则标注规格型号种类等。

① 花键标注。花键是标准件，要在装配图中标注花键副的规格型号等，如本例的花键与其配对的内花键，可以这样标注：$8 \times 46\dfrac{\text{H8}}{\text{g7}} \times 50\dfrac{\text{H11}}{\text{a11}} \times 9\dfrac{\text{H9}}{\text{f9}}$ GB/T 1144—2001；对于零件图，可以这样标注：外花键 8×46 g7$\times 50$a11$\times 9$ f9 GB/T 1144—2001，这种标注的缺点是数据不详细，需要工人在加工时自己查数据，加工时容易出错，因此，最好是进行详细标注，各种参数及技术规格由设计人员查找机械设计手册得到准确值，方便工人加工。本例按一般用途的紧滑动的外花键进行标注，则 d 按 g7 标注公差，表面粗糙度 Ra0.8，D 按 a11 标注公差，B 按 f9 标注，表面粗糙度 Ra1.6，并有几何公差标注要求。由于标注方法在上一个实例中已经介绍，这里只将其标注后结果显示在图 6-21（a）中。

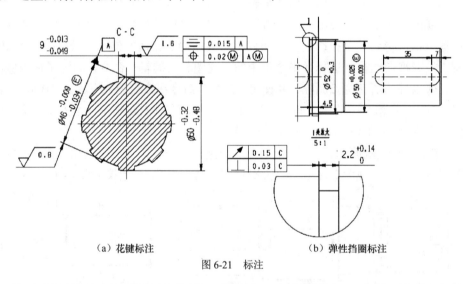

（a）花键标注　　　　　　　　　　（b）弹性挡圈标注

图 6-21　标注

② 轴用弹性挡圈标注。弹性挡圈要标注轴外径、挡圈槽直径及公差、槽宽度及公差，还要标注几何公差，效果如图 6-21（b）所示，包括主视图及放大图两部分标注。

③ 其余尺寸标注。参考前面实例，将所有尺寸标注齐全，部分几何公差可以写在技术要求中。

完成所有标注后的工程图如图 6-22 所示。

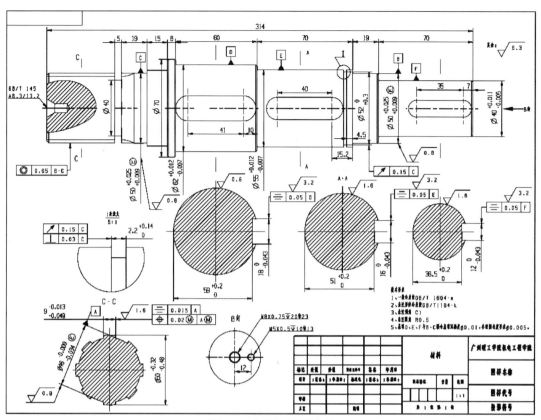

图 6-22　完成的工程图效果

　　本实例介绍了轴类零件的工程图制作，可以看出，由于轴类零件很多结构都是有国家标准要求的，因此，其标注可能较为复杂，读者一定要认真查校标准来标注，不能随意标注。

4. 实例 3　支承叉架零件图

图 6-23 所示为某机器上的一个支承叉架。

支承叉零件图

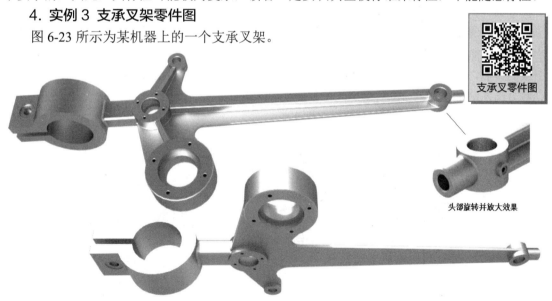

头部旋转并放大效果

图 6-23　支承叉架三维效果

　　由于该支承叉架较长，且在长度方向上没有结构变化，因此，可以使用断开剖来表达，为了将其他结构表达清楚，可以添加局部剖、局部放大、向视图等其他形式辅助表达。下面介绍该零件图的制作过程。

（1）视图制作

① 制作主视图。启动 UG，打开该"叉架.prt"文件，然后单击导航栏中"中国标准工程图框"选项卡，单击其中的"A2-横排无视图"，自动进入制图向导，取消向导，单击"主页"面板中"视图"区的"基本视图"按钮 ，弹出"基本视图"对话框，然后将对话框中的"比例"修改为"1:2.5"，将鼠标移动到合适位置单击，得到主视图，如图 6-24（a）所示。关闭"基本视图"对话框后，双击主视图边框，弹出"设置"对话框，展开左侧列表中的"公共"，单击"角度"，在面板右侧"角度"处输入"–20"，并按鼠标中键完成操作，主视图摆正位置，效果如图 6-24（b）所示。可以看到，由于零件太长，有一部分图伸出图框范围。

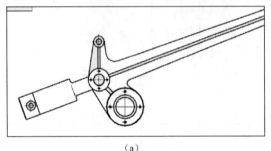
（a）
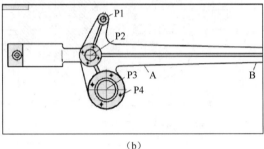
（b）

图 6-24　视图制作 1

② 制作局部剖视图。

a. 单击"剖切线"按钮 ，弹出"截面线"对话框，同时系统自动进入"剖切线"环境（此时主面板中除了原有的"主页""分析"等面板外，还增加了"剖切线"面板），利用草图"轮廓"命令（ ）制作一条经过图 6-24（b）所示的 P1、P2、P3、P4 4 个圆的圆心的折线 A-A-A-A，如图 6-25（a）所示。该折线经过上述 4 个圆心，其首尾两端超出图边界 5 左右，其长度代表了后面制作的视图的大小，单击"完成草图"按钮后，弹出"截面线"对话框，同时系统自动出现剖切线效果，注意使用对话框中"反向"按钮 ，使箭头方向如图 6-25（b）所示。完成折线制作后，右击刚才制作的剖切线，在弹出快捷菜单后，选择"添加剖视图"命令，并沿剖切线方向拖动鼠标到适当位置单击，得到剖视图，效果如图 6-25（c）所示。

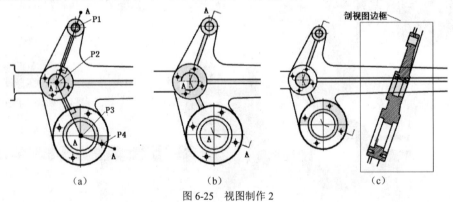
（a）　　　　　　　　　　　（b）　　　　　　　　　　　（c）

图 6-25　视图制作 2

b. 双击剖视图边框，在弹出的"设置"对话框中将"角度"修改为"110"，拖动剖视图到主视图下方适当位置，单击选中剖视图中不必要的线条并将其隐藏，效果如图 6-26（a）所示。

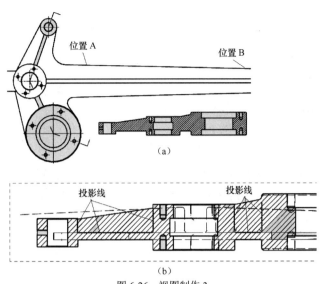

位置 A　　　位置 B

投影线　　　　　投影线

（a）

（b）

图 6-26　视图制作 3

c. 由于图 6-26（a）中的剖视图是从各圆中心剖开的，经过肋板，根据国家制图标准要求，肋板不画剖面线，因此，需要进行处理，操作过程如下。

双击剖视图的边框，在"设置"对话框中将"隐藏线"修改为"虚线"，右击剖视图边框，将剖切图设置为活动草图，然后将图 6-26（b）所示的虚线进行投影，得到对应的投影线，再将"隐藏线"设置为"不可见"，并右击隐藏剖面线，效果如图 6-27（a）所示。使用草图命令将图 6-26（a）中断开位置用线填补，使刚才制作的投影线与周围边缘封闭，效果如图 6-27（b）所示。单击"主页"面板"注释"区中的"剖切线"按钮，对图 6-27（b）中的 A、B、C、D、E 各处进行剖切线填充，并添加各孔的中心线，效果图 6-27（c）所示。

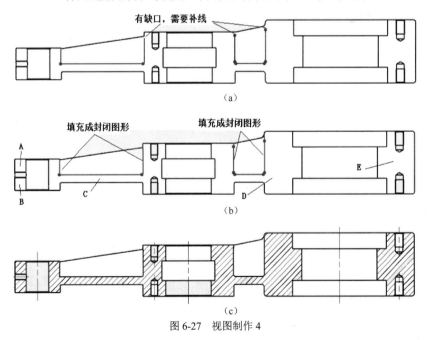

有缺口，需要补线

（a）

填充成封闭图形　　填充成封闭图形

A　　　　C　　　D　　　E

B

（b）

（c）

图 6-27　视图制作 4

③ 制作局部剖。对零件左侧的开口圆柱孔及最右侧的孔制作局部剖，效果如图 6-28 所示。

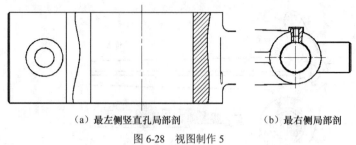

（a）最左侧竖直孔局部剖　　　　　（b）最右侧局部剖

图 6-28　视图制作 5

④ 制作断面图。为了让零件不超出图纸范围，需要制作断面图。单击"断开视图"按钮，弹出"断开视图"对话框，先单击主视图，表示要对主视图断开剖，再用鼠标分别单击图 6-29（a）中位置 A 与位置 B 处零件边缘，作为断开位置，单击鼠标中键，完成断开剖操作，效果图 6-29（b）所示。

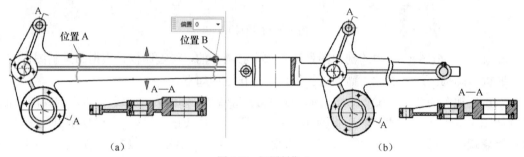

（a）　　　　　　　　　　　　　　　（b）

图 6-29　视图制作 6

⑤ 制作俯视图。使用"剖视图"命令（ ），将主视图从中间圆心向下方制作"简单剖"，得到"俯视图"，同样由于剖视图是从圆心开始的，经过肋板，可以按步骤②中处理肋板的方式进行处理，最终效果如图 6-30 所示。

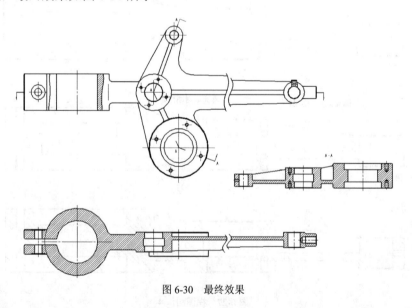

图 6-30　最终效果

 注意

在用 UG NX 12.0 制作工程图时，断面图制作以后，一般都不能再将视图设置为活动草图，也就是说，凡与活动草图相关的操作均不能进行，如不能再制作局部剖视图、添加草图线条等操作，因此，凡需要进行草图相关操作的内容都要先行完成，或者将断开剖放在最后操作中，这是 UG 制作工程图时存在的不足，希望读者注意。

（2）尺寸标注及几何公差标注

由于本例尺寸标注只有一处特殊性，就是有尺寸线重叠相交的情况（参见图 6-31 主视图右侧 M8、ϕ12 及尺寸 75 处），这时可以右击该尺寸线，在弹出的菜单中选择"设置"命令，弹出"设置"对话框后，展开左侧列表中"直线/箭头"项，选择"断开"选项，然后选中右侧面板中"创建断开"复选框，并修改"断开大小"数据，就可以得到尺寸线断开的状态，符合中国制图标准。其余没有新的标注方法，不再重述，标注过程请读者按前面各实例自行完成，具体标注效果如图 6-31 所示，供读者参考。

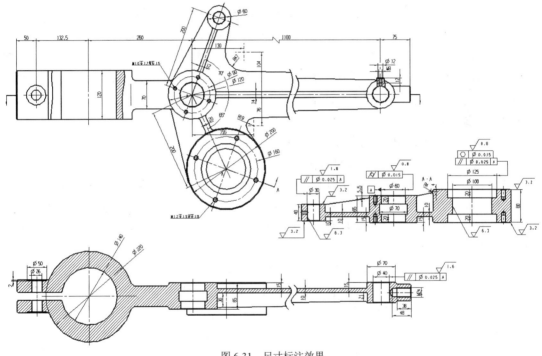

图 6-31　尺寸标注效果

（3）其他

本零件其他操作请按前面实例制作。

6.2.2　装配工程图实例

能力目标

1. 掌握装配工程图的制作特点及其制作内容。

2. 掌握在装配工程图中进行编辑、隐藏或显示曲线及零件、修改零件结构等基本操作。

3. 掌握装配工程图明细栏的制作、零件序号自动标注的方法与技巧。

4. 掌握装配工程图尺寸标注特点。

1. 装配工程图的制作要点

装配工程图表达的主要内容与零件工程图表达的主要内容有所不同，装配工程图首先要清楚表达机器的工作原理，即从装配工程图中能看出该机器是如何工作的，比如动力从哪里输入、输出到哪里，中间的传动过程是如何实现的，依靠什么进行控制等；其次要表达各零件间的装配关系，即清楚表达这个零件与另一个零件间是怎么进行连接的，它们之间的位置关系等。装配工程图中必须能确切知道每一种零件的位置与数量及与其他零件间的装配关系。因此，装配工程图要做到以下几点。

（1）用一组视图完整准确地表达出机器的工作原理，各零件间的位置关系、装配关系、连接方式及重要零件的结构。

（2）尺寸标注。装配工程图尺寸标注的目的是便于机器包装、安装、运输、保养维护等，常见的尺寸标注包括以下几种情况。

① 机器的空间尺寸。即常见的长、宽、高的最大尺寸，其目的是便于机器包装、运输和安装，如果机器中某些机构是可旋转或可伸缩的，应该标出最大尺寸范围。

② 机器或部件的规格、性能尺寸。比如一个抽水机，出水压力及出水口尺寸决定了该机器单位时间内的最大出水量，在技术要求中标注出水压力，并在装配工程图中标注出水口尺寸。

③ 配合尺寸。凡是有配合关系的部分，均需要标注配合尺寸及配合公差，比如一根轴与齿轮间的配合关系。

④ 安装尺寸。比如机器地脚螺栓的数量及两螺栓间距的尺寸。

⑤ 其他重要参数。比如两轴间的中心距。

（3）书写技术要求，装配工程图的技术要求包括机器或部件的性能、主要参数，以及机器或部件装配、调试、试验、运输保养、机器操作等所必须满足的条件与要求。比如运输过程中不得倒置、机器工作多久需要加注何种润滑油、机器进行极限运转试车试验、调试后达到的技术性能要求等。

（4）填写零件标号、明细表、标题栏等，特别要注意，明细栏中的非标准件，都要给出零件代号，由设计者自行确定；标准零件，比如螺栓、垫片等不需要零件代号，但可在代号栏中标注零件标准号及零件规格参数，也可在备注栏中标注参数；外购件也不需要零件代号，但要标明规格型号或重要性能参数等。保证装配工程图明细栏中非标准件的零件代号与对应的零件图纸中的图号一一对应。

2. 实例 1 球阀装配工程图

图 6-32 所示为一种简单的球阀三维效果，其原理是通过手柄旋转带动阀芯转动，从而使阀开合，达到打开或关闭流水的目的。

其装配工程图的制作过程如下。

（1）视图制作

由于该装配零件数量少，原理简单，只需要使用主、俯、左 3 个视图即可，其中，主视图采用全剖形式。

图 6-32 一种球阀三维效果

打开"球阀总装.prt"文件，单击导航栏中"中国标准工程图图框"按钮，展开该导航栏，由于本装配零件数量不多，尺寸不大，因此，单击该导航栏中的"A3-装配横排无视图"模板，系统自动进入制图环境，单击"主页"面板上的"基本视图"按钮🖼，弹出"基本视图"对话框，单击"定向视图工具"按钮🔄，弹出"定向视图"小窗口，单击其中的 y 方向坐标（向上的坐标箭头），表示以该方向作为视图方向，单击鼠标中键后，移动鼠标到适当位置，即制作出装配工程图的俯视图。双击俯视图边框，弹出"设置"对话框，将"角度"设置为"180°"，得到俯视图最终效果。

单击"剖视图"按钮🖼，从俯视图中间位置制作全剖视图，得到主视图。再利用"投影视图"命令（🖼）制作左视图，效果如图 6-33 所示。

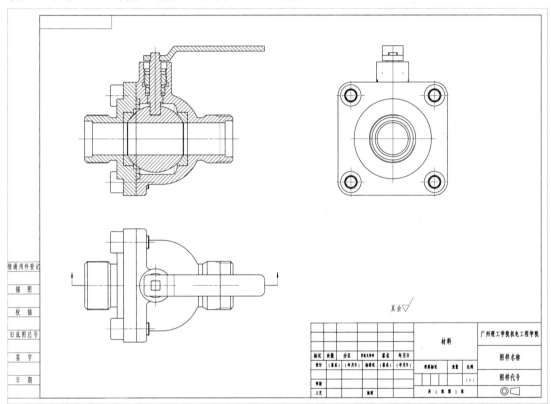

图 6-33　制作视图

（2）编辑视图

在制作装配工程图时，由于零件数量很多，制作出来的视图可能存在问题，一般都需要进行编辑，如图 6-33 中主视图，存在以下几个问题。

① 有多余的剖面线或其他曲线，这是由于零件间的干扰造成的，因此，需要使用"视图相关编辑"命令（🖼）将其擦除。

② 剖面线间距不合适，比如有的零件尺寸很小，但系统默认所有零件的剖面线间距相同，因此，需要双击对其间距进行修改，有时还需要对其方向进行修改。

③ 部分零件可能不需要剖切，如中心对称的零件，在装配工程图的剖切中心的，可使用"视图中的剖切"命令（🖼）将其修改为"非剖切"效果。

④ 部分零件可能需要在其中一些视图中不显示，以便更好地表达其他零件间的装配关系，可使用"隐藏视图中的组件"命令（🖼）将其隐藏。

⑤ 可能某些零件的投影效果与制图国家标准不符，需要重新绘制，此时，先使用"视图

相关编辑"命令（🔲）擦除这些内容，再使用草图命令进行重绘，比如：弹簧、齿轮、花键等，直接投影后不符合制图国家标准，因此需要重绘（参见前面零件图制作时的编辑操作）。

本装配工程图主视图中存在上述几种需要编辑的情况，因此，需要进行相关编辑，编辑前后对比效果如图 6-34 所示。

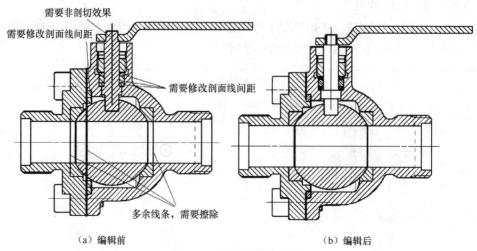

（a）编辑前　　　　　　　　　　　　　　（b）编辑后

图 6-34　主视图编辑前后效果

当然，在制作不同的装配工程图时，可能存在不同的问题，这时需要读者根据实际情况进行合适的修改，直到完全符合制图国家标准为止。

（3）尺寸标注

根据前面有关装配工程图尺寸标注的说明，标注完成的效果如图 6-35 所示。

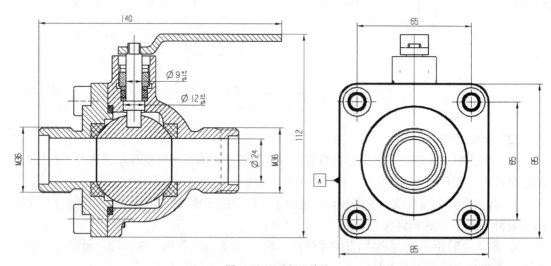

图 6-35　尺寸标注效果

（4）明细栏与自动符号标注

读者在安装了本书自带的标准工程图图框后，在"中国标准工程图图框"导航栏（🔲）最下方，有一个"自制零件明细表"按钮，单击该按钮后，会有一条水平线随鼠标移动，将鼠标十字形指针的中心对准明细栏的右上角，单击鼠标左键，完成明细栏的制作，效果如图 6-36 所示。

11	QF-07	密封垫	2	橡胶			
10	QF-06	扳手	1	Q235			
9	QF-05	填料螺纹套	1	Q235			
8	QF-04	阀杆	1	Q235			
7	QF-03	填料	1	橡胶			
6	QF-02	密封圈1	2	橡胶			
5	GB-T70.1-2000	内六角螺栓	4				M10×20
4	QF-01	密封圈2	1	橡胶			
3	QF-003	阀盖	1	HT-200			
2	QF-002	阀体	1	HT-200			
1	QF-001	阀芯	1	HT10			
序号	代号	名称	数量	材料	单件	总计	备注
						重量	

标记	处数	分区	更改文件号	签名	年月日			广州理工学院 机电工程学院	
设计	[签名]	[年月日]	标准化	[签名]	[年月日]	段落标记	重量	比例	球阀总装图
审核								1:1	QF-000
工艺		批准				共 1 张 第 1 张			投影符号

图 6-36 零件明细栏制作效果

由于明细栏中数据不全，需要根据情况进行添加与修改，比如，"材料"这一栏中，需要读者根据实际产品用材料进行填写；标准件的相关标准、规格等也需要添加到代号与备注栏中；其余各项也需要进行相应的填写。

完成明细栏（即 UG 中的"明细表"）制作后，可以单击"自动符号标注"按钮，弹出"零件明细表自动符号标注"对话框，单击刚才制作的零件明细栏，然后单击鼠标中键，对话框显示内容为各视图名称，单击要在其中标注序号的视图（可以多选），再单击鼠标中键，就完成了自动序号的标注。可以看到，序号比较乱，需要读者拖动重新摆放，此时不需要考虑序号的顺序，只要将序号摆放较整齐即可，效果如图 6-37 所示。

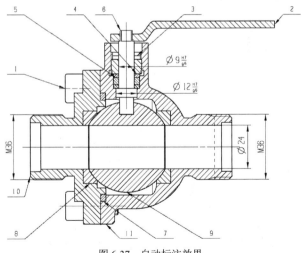

图 6-37 自动标注效果

再单击"装配序号排序"按钮，弹出"装配序号排序"对话框，单击选择最右下角的序号 9，以便让该序号在重新排序后变为序号 1，再单击鼠标中键完成操作，系统会重新排序各序号；分别对各序号的引导线双击，修改其指定点位置，效果如图 6-38 所示。

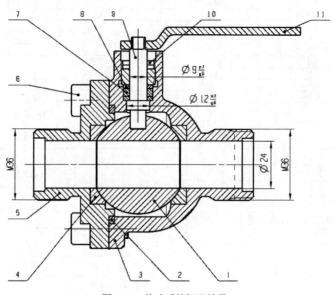

图 6-38　修改后的标注效果

（5）其他操作

完成以上操作后，再给装配工程图加上技术要求，填写标题栏等，最终完成的装配工程
图效果如图 6-39 所示。

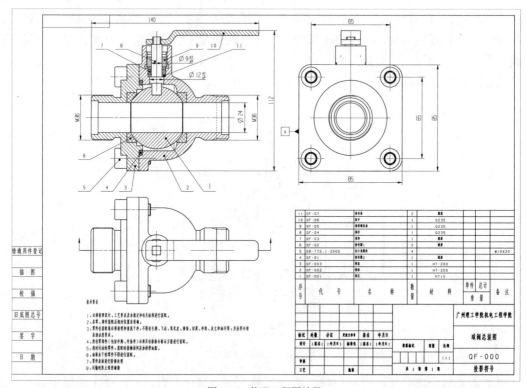

图 6-39　装配工程图效果

3. 实例 2　差速器装配工程图

图 6-40 所示为差速器三维效果图。

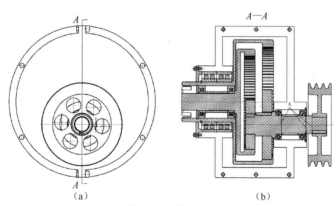

图 6-40　差速器三维效果图

差速器装配工程图制作过程如下。

（1）制作视图

打开本书提供的资源中的差速器文件，单击右侧导航栏中的"中国标准工程图框"按钮，在展开的导航栏中单击"A1-装配横排无视图"按钮，弹出"视图创建向导"对话框，单击"取消"按钮，进入工程图制图环境，单击"基本视图"按钮，弹出"基本视图"对话框，将"比率"由原来的"1:1"修改为"比率"，然后在下面的两个文本框中分别输入 2 与 3，将工程图比率设置为 2:3，在适当位置单击鼠标左键，得到装配工程图主视图，效果如图 6-41（a）所示。

图 6-41　制作过程 1

双击视图边框，弹出"设置"对话框，单击左侧"公共"处的"角度"，然后将右侧面板中的"角度"由原来的"0°"修改为"90°"，单击鼠标中键，完成操作；使用"剖视图"命令，将刚才的主视图从圆心处向右侧制作剖视图，效果如图 6-41（b）所示。

（2）编辑视图

使用"视图相关编辑"命令中的"擦除对象"命令，将图 6-41（b）中 A 所指 3 条竖线删除。同样使用"擦除对象"命令删除其他不需要的曲线。

使用"视图中的剖切"命令将不需要剖开的视图变成非剖切状态，并使用草图命令补齐需要的曲线，效果如图 6-42（a）所示。

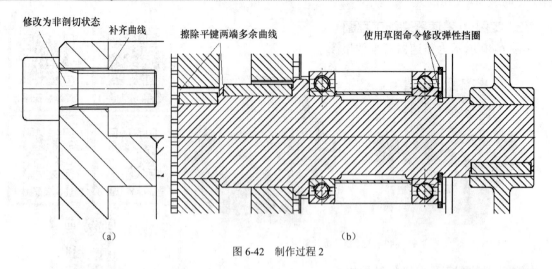

（a） （b）

图 6-42　制作过程 2

使用"擦除对象"命令擦除平键两端多余曲线，并使用草图命令修改各处弹性挡圈，效果如图 6-42（b）所示。

由于使用 UG 制作的齿轮三维图转换成装配工程图时，其效果不符合制图国家标准，因此，使用草图命令进行修改，并将以前的曲线删除，图 6-43（a）所示为齿轮 1、齿轮 2、内啮合齿轮 1 及内啮合齿轮 2 修改后的效果。

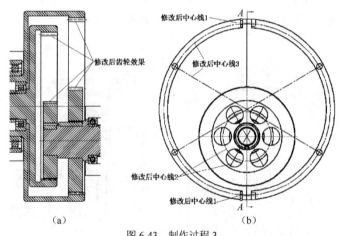

（a） （b）

图 6-43　制作过程 3

完成以上修改后，再对主视图中中心线进行修改，效果如图 6-43（b）所示。

（3）标注尺寸

根据装配工程图尺寸标注要求，进行相关尺寸标注，效果如图 6-44（a）所示。

在"中国标准工程图图框"导航栏（▢）最下方，有一个"自制零件明细表"按钮，单击该按钮后，会有一条水平线随鼠标移动，将鼠标十字形指针的中心对准明细栏的右上角，单击鼠标，完成明细栏的制作，然后对其中的名称与代号进行编辑，其中，非标准件添加代号，标准件给出标准号，并完成其他设置，效果如图 6-44（b）所示。

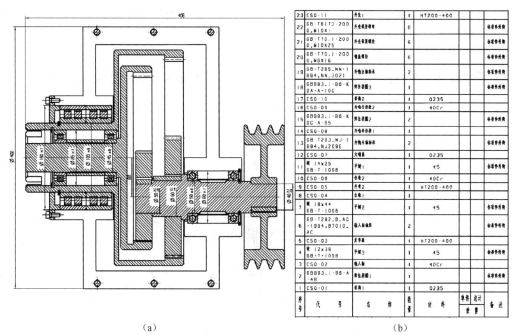

23	CSQ-11	升速I	1	HT200-400		
22	GB-T6173-2000,M10x1	升速锁紧螺母	6			标准件外购
21	GB-T70.1-2000,M10X25	升速锁紧螺钉	6			标准件外购
20	GB-T70.1-2000,M6X16	销盘螺钉	6			标准件外购
19	GB-T285_NN-1884,NN_3021	升速滚柱轴承	2			标准件外购
18	6BB83.1-B6-K DA-A-100	弹性挡圈3	1			标准件外购
17	CSQ-10	销盘I	1	Q235		
16	CSQ-09	升速齿盘2	1	40Cr		
15	6BB83.1-B6-K DC-A-85	弹性挡圈2	2			标准件外购
14	CSQ-08	升速齿盘I	1			
13	GB-T283-NJ-1884,NJ209E	升速滚柱轴承	2			标准件外购
12	CSQ-07	大锥套	1	Q235		
11	键 14x25 GB-T-1096	平键I	1	45		标准件外购
10	CSQ-06	台座2	1	40Cr		
9	CSQ-05	升速2	2	HT200-400		
8	CSQ-04	台座I	1			
7	键 18x44 GB-T-1096	平键2	1	45		标准件外购
6	GB-T292_B_AC-1994,B7010_AC	输入端轴承	2			标准件外购
5	CSQ-03	反导轮	1	HT200-400		
4	键 12x38 GB-T-1096	平键3	1	45		标准件外购
3	CSQ-02	输入轴	1	40Cr		
2	6BB83.1-B6-B-48	弹性挡圈I	1			标准件外购
1	CSQ-01	套筒I	1	Q235		
序号	代 号	名 称	数量	材 料	重量 单件/总计	备注

（a）　　　　　　　　　　　　　　　　　（b）

图 6-44　制作过程 4

（4）自动符号标注

完成明细栏制作后，可以单击"自动符号标注"按钮，弹出"零件明细表自动符号标注"对话框，单击刚才制作的零件明细栏，然后单击鼠标中键，对话框显示内容为各视图名称，单击要在其中标注序号的视图（可以多选），再单击鼠标中键，就完成了自动序号的标注，可以看到，序号比较乱，需要读者拖动重新摆放，此时不需要考虑序号的顺序，只要将序号摆放较整齐即可，即类似图 6-45（b）所示位置（但顺序不正确）。

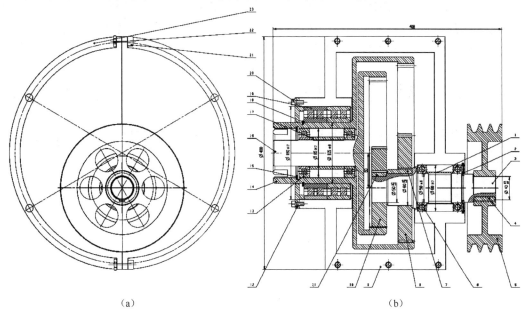

（a）　　　　　　　　　　　　　　　　　（b）

图 6-45　制作过程 5

再单击"装配序号排序"按钮 🔡，弹出"装配序号排序"对话框，单击选择最右上角的序号，再单击鼠标中键完成操作，可将序号按顺序排列，再对所有序号引导线双击，修改其指向点，最终效果如图 6-45（b）所示。

（5）其他操作

最后完成技术要求、明细栏标注等操作，最终装配工程图效果如图 6-46 所示。

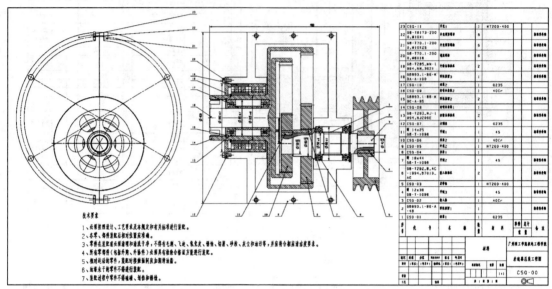

图 6-46　装配工程图效果

 ## 小结

本章讲解了工程图的制作，重点介绍了工程图制作的操作技巧与特殊处理方法。虽然实例不多，但覆盖的制图命令范围广，所用到的制图方法全。因此，读者在学习过程中要注意掌握每一个实例中的每一种技巧与方法。

练习题

1. 作工程图时，如何作螺纹标注与进行尺寸修改？如何作各种特殊视图，如剖视图、局部剖视图等。

2. 重作本章中各实例。

3. 制作图 6-47 所示齿轮箱零件的工程图。

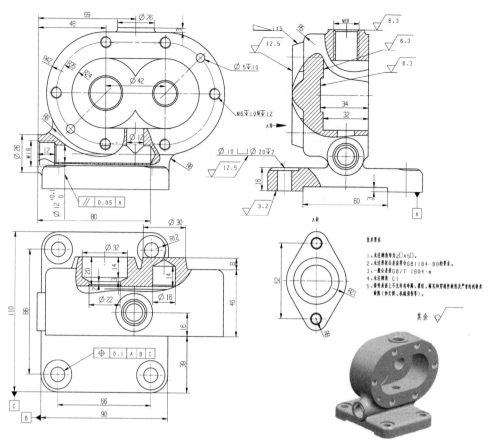

图 6-47　齿轮箱

4. 制作图 6-48 所示支架零件工程图。

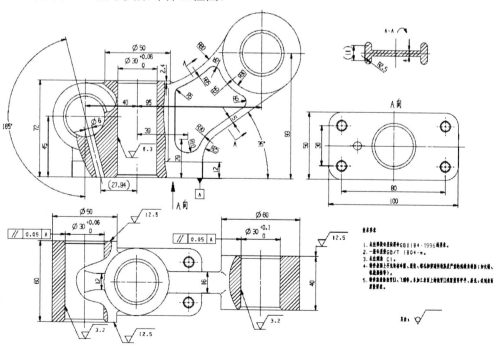

图 6-48　支架零件图

5. 制作图 6-49 所示齿轮泵装配图。

图 6-49 齿轮泵